职业教育计算机网络技术专业校企互动应用型系列教材

计算机网络技术基础

张文库 韩冬梅 兰 翔 主 编
刘 猛 谢爱莲 田鑫瑶 赵常玲 副主编

电子工业出版社·
Publishing House of Electronics Industry
北京·BEIJING

内 容 简 介

为了满足职业院校计算机网络技术及相关专业学生学习计算机网络技术基础与应用的要求，本书从先进性和实用性出发，使读者能比较全面、深入地认识计算机网络技术。本书在内容上遵循"宽、新、浅、用"的原则，强调以能力培养为本位，以职业技能训练为核心，突出理论与实践的深度融合。理论部分包括初识计算机网络、数据通信基础、计算机网络体系结构、局域网技术、网络互联设备、无线网络、广域网技术、Internet 应用、网络安全与管理；实训部分包括 RJ-45 接口标准及网线制作、组建对等网、以太网交换机的基本配置、组建无线网络等实验。这种理论与实践相结合的方式使学生的能力能更好地满足职业或岗位的需要，为培养高素质技能型人才奠定基础。

全书内容安排合理、逻辑性强、文字简明、循序渐进、通俗易懂，可作为计算机网络技术及相关专业或非计算机专业的计算机网络课程教材，也可作为计算机网络培训或技术人员自学的参考资料。

未经许可，不得以任何方式复制或抄袭本书之部分或全部内容。
版权所有，侵权必究。

图书在版编目（CIP）数据

计算机网络技术基础 / 张文库，韩冬梅，兰翔主编. —北京：电子工业出版社，2021.8
ISBN 978-7-121-41808-2

Ⅰ. ①计… Ⅱ. ①张… ②韩… ③兰… Ⅲ. ①计算机网络－中等专业学校－教材 Ⅳ. ①TP393

中国版本图书馆 CIP 数据核字（2021）第 165639 号

责任编辑：罗美娜　　　　　　　　特约编辑：田学清
印　　刷：三河市鑫金马印装有限公司
装　　订：三河市鑫金马印装有限公司
出版发行：电子工业出版社
　　　　　北京市海淀区万寿路 173 信箱　　邮编：100036
开　　本：787×1 092　　1/16　　印张：14.25　　字数：346.6 千字
版　　次：2021 年 8 月第 1 版
印　　次：2024 年 3 月第 7 次印刷
定　　价：39.80 元

凡所购买电子工业出版社图书有缺损问题，请向购买书店调换。若书店售缺，请与本社发行部联系，联系及邮购电话：（010）88254888，88258888。

质量投诉请发邮件至 zlts@phei.com.cn，盗版侵权举报请发邮件至 dbqq@phei.com.cn。
本书咨询联系方式：（010）88254617，luomn@phei.com.cn。

前言

随着计算机技术的迅猛发展,人类社会进入了一个崭新的时代,计算机网络技术正在改变人们的学习、生活和工作方式。许多家庭、单位都组建了计算机网络,如家庭网络、办公网络、校园网络和众多商业性网络。网络技术已经成为计算机网络技术人员、计算机通信技术人员必须掌握的技术,也是计算机网络技术及相关专业学生,以及广大从事计算机应用和信息管理人员应该掌握的基本知识。

1. 本书特色

本书合理组织理论与实训内容,目的是使读者能够组建和管理计算机网络;掌握计算机网络技术的基本知识;了解组建计算机网络所需的硬件设备和软件;掌握使用 Internet 的方法及网络安全知识等。本书共 9 章,为了让读者能够及时检查学习效果、巩固所学知识,每章最后均采用新颖的思维导图形式附有丰富的习题。

2. 课时分配

本书参考学时为 96 学时,可以根据学生的接受能力与专业需求灵活选择,具体课时参考下面的表格。

课时参考分配表

章节	名称	课时分配		
		讲授	实训	合计
1	初识计算机网络	8	2	10
2	数据通信基础	8	2	10
3	计算机网络体系结构	12	4	16
4	局域网技术	8	4	12
5	网络互联设备	6	4	12
6	无线网络	8	4	12
7	广域网技术	8	2	10
8	Internet 应用	8	2	10
9	网络安全与管理	4	0	4

3. 教学资源

为了提高学习效率、改善教学效果并方便教师教学,编者为本书配备了电子课件等配套教学资源,请有此需要的读者登录华信教育资源网免费注册后下载,有问题时请在网站留言板留言或发邮箱 hxedu@phei.com.cn。

4．本书编者

本书由珠海市技师学院张文库、长春市第二中等专业学校韩冬梅和广西纺织工业学校兰翔担任主编，东莞市理工学校刘猛、广西贺州高级技工学校谢爱莲、吉林省工业技师学院田鑫瑶和珠海市鸿海信息科技有限公司赵常玲担任副主编，参加编写的人员还有呼和浩特市第三职业中等专业学校康梅、广西华侨学校何晓明和广西梧州商贸学校林壮志。韩冬梅编写第1章，刘猛编写第2章，张文库编写第3章，康梅编写第4章，谢爱莲编写第5章，田鑫瑶编写第6章，林壮志、何晓明编写第7章，兰翔编写第8章，赵常玲编写第9章。全书由张文库、赵常玲负责统稿。

本书的立项、编写大纲和内容的确定及编写过程都得到了电子工业出版社的领导和编辑的大力支持与帮助，在此表示衷心的感谢。

另外，在本书的编写过程中，还得到了领导、同事、朋友的热情鼓励和支持，对此表示衷心的感谢。由于编者水平有限且时间紧迫，加之计算机网络技术发展迅速，书中难免有不妥之处，希望广大读者批评指正。

目 录

第 1 章 初识计算机网络 1
1.1 计算机网络概述 2
1.1.1 计算机网络的概念 2
1.1.2 计算机网络的形成 3
1.1.3 计算机网络的功能 6
1.1.4 计算机网络的分类 7
1.2 计算机网络的拓扑结构 9
1.2.1 网络拓扑的概念 9
1.2.2 网络拓扑结构的分类 9
1.3 网络协议和标准化组织 12
1.3.1 网络协议 12
1.3.2 标准化组织 12
1.4 传输介质与综合布线 14
1.4.1 有线传输介质 14
1.4.2 无线传输介质 16
1.4.3 综合布线系统简介 17
1.4.4 综合布线系统的设计等级 21
1.5 网络新技术 22
1.5.1 IP 电话 22
1.5.2 三网融合 23
1.5.3 物联网 24
1.5.4 大数据 26
1.5.5 云计算 27
1.6 实验：RJ-45 接口标准及网线制作 30
思考与练习 32

第 2 章 数据通信基础 33
2.1 数据通信技术 34
2.1.1 基本概念 34
2.1.2 数据通信系统 35
2.1.3 数据通信系统的技术指标 37
2.2 数据的传输 39

	2.2.1	信道的通信方式	39
	2.2.2	信号的传输方式	40
	2.2.3	串行传送与并行传送	40
	2.2.4	同步传输和异步传输	41

2.3 信道复用技术 42
　　2.3.1 频分多路复用 43
　　2.3.2 时分多路复用 43
　　2.3.3 波分多路复用 44
　　2.3.4 码分多路复用 45
2.4 数据交换技术 45
　　2.4.1 电路交换 45
　　2.4.2 存储转发交换 47
　　2.4.3 高速交换技术 49
2.5 差错控制 50
　　2.5.1 差错类型、差错控制方法、检错码和纠错码 50
　　2.5.2 差错控制编码方法 51
2.6 实验：组建对等网 52
　　思考与练习 56

第3章 计算机网络体系结构 57

3.1 网络体系结构概述 58
　　3.1.1 分层结构 58
　　3.1.2 层次结构模型 60
3.2 OSI-RM 60
　　3.2.1 OSI-RM 体系结构 60
　　3.2.2 物理层 63
　　3.2.3 数据链路层 64
　　3.2.4 网络层 65
　　3.2.5 传输层及其他高层 67
3.3 TCP/IP 体系结构 68
　　3.3.1 TCP/IP 概述 68
　　3.3.2 TCP/IP 层次结构 68
　　3.3.3 TCP/IP 协议集 69
　　3.3.4 TCP/IP 和 OSI-RM 的比较 72
3.4 IP 编址 73
　　3.4.1 物理地址 73
　　3.4.2 IP 地址 74
　　3.4.3 特殊的 IP 地址 76

3.4.4　IP 地址的作用和管理 ·· 77
　　　3.4.5　子网掩码 ··· 78
　　　3.4.6　默认网关 ··· 78
　3.5　IPv6 简介 ··· 79
　　　3.5.1　IPv6 的主要特点 ·· 79
　　　3.5.2　IPv6 的地址表示 ·· 80
　　　3.5.3　IPv6 与 IPv4 的互通 ·· 81
　3.6　实验：以太网交换机的基本配置 ··· 82
　　　思考与练习 ··· 88

第 4 章　局域网技术 ·· 89

　4.1　局域网概述 ·· 90
　　　4.1.1　局域网的定义 ··· 90
　　　4.1.2　局域网的特点 ··· 90
　　　4.1.3　局域网的层次结构 ·· 91
　　　4.1.4　局域网的标准 ··· 92
　4.2　介质访问控制方法 ··· 93
　　　4.2.1　带冲突检测的载波监听多路访问 ··· 94
　　　4.2.2　令牌访问控制 ··· 95
　4.3　以太网 ··· 96
　　　4.3.1　以太网的产生和发展 ··· 96
　　　4.3.2　标准以太网 ·· 97
　　　4.3.3　快速以太网 ·· 99
　　　4.3.4　千兆以太网 ··· 100
　　　4.3.5　万兆以太网 ··· 101
　4.4　交换式以太网 ·· 102
　　　4.4.1　交换概念的提出 ·· 102
　　　4.4.2　交换式以太网的工作原理 ·· 102
　　　4.4.3　共享式以太网和交换式以太网的比较 ·· 103
　4.5　虚拟局域网 ··· 104
　　　4.5.1　虚拟局域网概述 ·· 104
　　　4.5.2　划分虚拟局域网的方法 ··· 106
　　　4.5.3　虚拟局域网的特点 ·· 107
　4.6　局域网连接设备 ··· 108
　　　4.6.1　网卡 ·· 108
　　　4.6.2　集线器 ··· 109
　　　4.6.3　交换机 ··· 110
　4.7　实验：组建交换式以太网 ·· 111
　　　思考与练习 ·· 115

第 5 章 网络互联设备 116

5.1 网络互联概述 117
- 5.1.1 网络互联的概念 117
- 5.1.2 网络互联的类型 118
- 5.1.3 网络互联的层次 118

5.2 物理层互联设备 119
- 5.2.1 中继器 120
- 5.2.2 集线器 120

5.3 数据链路层互联设备 121
- 5.3.1 网桥 121
- 5.3.2 交换机 123

5.4 网络层互联设备 127
- 5.4.1 路由器的基本概念 127
- 5.4.2 路由器的工作原理 128
- 5.4.3 路由器的分类和功能 128

5.5 高层互联设备 129
- 5.5.1 网关的功能 129
- 5.5.2 网关的分类 130

5.6 三层交换 130
- 5.6.1 三层交换的概念 130
- 5.6.2 三层交换技术 132

5.7 实验：使用交换机配置 VLAN 132
思考与练习 136

第 6 章 无线网络 137

6.1 无线传输技术 138
- 6.1.1 无线网络概述 138
- 6.1.2 光学传输 139
- 6.1.3 无线电波传输 140

6.2 无线广域网 141
- 6.2.1 GSM 和 GPRS 141
- 6.2.2 码分多址 142
- 6.2.3 无线应用协议 143
- 6.2.4 3G 网络 143
- 6.2.5 4G 网络 145
- 6.2.6 5G 网络 146

6.3 无线局域网 150

    6.3.1　WLAN 标准 150
    6.3.2　WLAN 硬件设备 152
    6.3.3　WLAN 的安全性 154
  6.4　Wi-Fi 和蓝牙技术 155
    6.4.1　Wi-Fi 155
    6.4.2　蓝牙技术 155
  6.5　实验：组建无线网络 158
  思考与练习 165

第 7 章　广域网技术 166
  7.1　公共电话交换网 167
    7.1.1　SLIP/PPP 167
    7.1.2　拨号入网 169
  7.2　综合业务数字网 170
    7.2.1　ISDN 的信道和用户接口 171
    7.2.2　宽带 ISDN 171
  7.3　数字用户线路 172
    7.3.1　xDSL 的工作原理 172
    7.3.2　xDSL 的种类 173
    7.3.3　xDSL 的接入 174
  7.4　光纤接入 174
  7.5　CATV 接入 175
  7.6　实验：路由器基本配置（背靠背模拟广域网） 176
  思考与练习 179

第 8 章　Internet 应用 180
  8.1　Internet 概述 181
    8.1.1　Internet 的管理机构 182
    8.1.2　Internet 的资源 182
    8.1.3　Internet 的高速发展 183
    8.1.4　Internet 在我国的发展 184
  8.2　基本服务 185
    8.2.1　域名系统服务 185
    8.2.2　远程登录 188
    8.2.3　FTP 和 TFTP 189
    8.2.4　简单邮件传输协议 190
    8.2.5　超文本传输协议和万维网 190
  8.3　常用网络命令 193
    8.3.1　ipconfig 命令 193

       8.3.2 ping 命令……………………………………………………………194
       8.3.3 arp 命令……………………………………………………………197
       8.3.4 tracert 命令…………………………………………………………199
       8.3.5 telnet 命令…………………………………………………………200
   8.4 实验：常用网络命令的使用……………………………………………………201
       思考与练习…………………………………………………………………203

第 9 章 网络安全与管理……………………………………………………………204
   9.1 网络安全…………………………………………………………………………205
       9.1.1 网络安全的概念………………………………………………………205
       9.1.2 网络安全的意义………………………………………………………205
       9.1.3 安全等级与网络安全机制……………………………………………206
       9.1.4 加密技术………………………………………………………………207
       9.1.5 防火墙技术……………………………………………………………207
   9.2 网络管理…………………………………………………………………………211
       9.2.1 网络管理的概念………………………………………………………212
       9.2.2 配置管理………………………………………………………………212
       9.2.3 故障管理………………………………………………………………212
       9.2.4 性能管理………………………………………………………………212
       9.2.5 记账管理………………………………………………………………213
       9.2.6 安全管理………………………………………………………………213
       9.2.7 简单网络管理协议……………………………………………………213
       思考与练习…………………………………………………………………215

参考文献……………………………………………………………………………216

第1章 初识计算机网络

主要内容

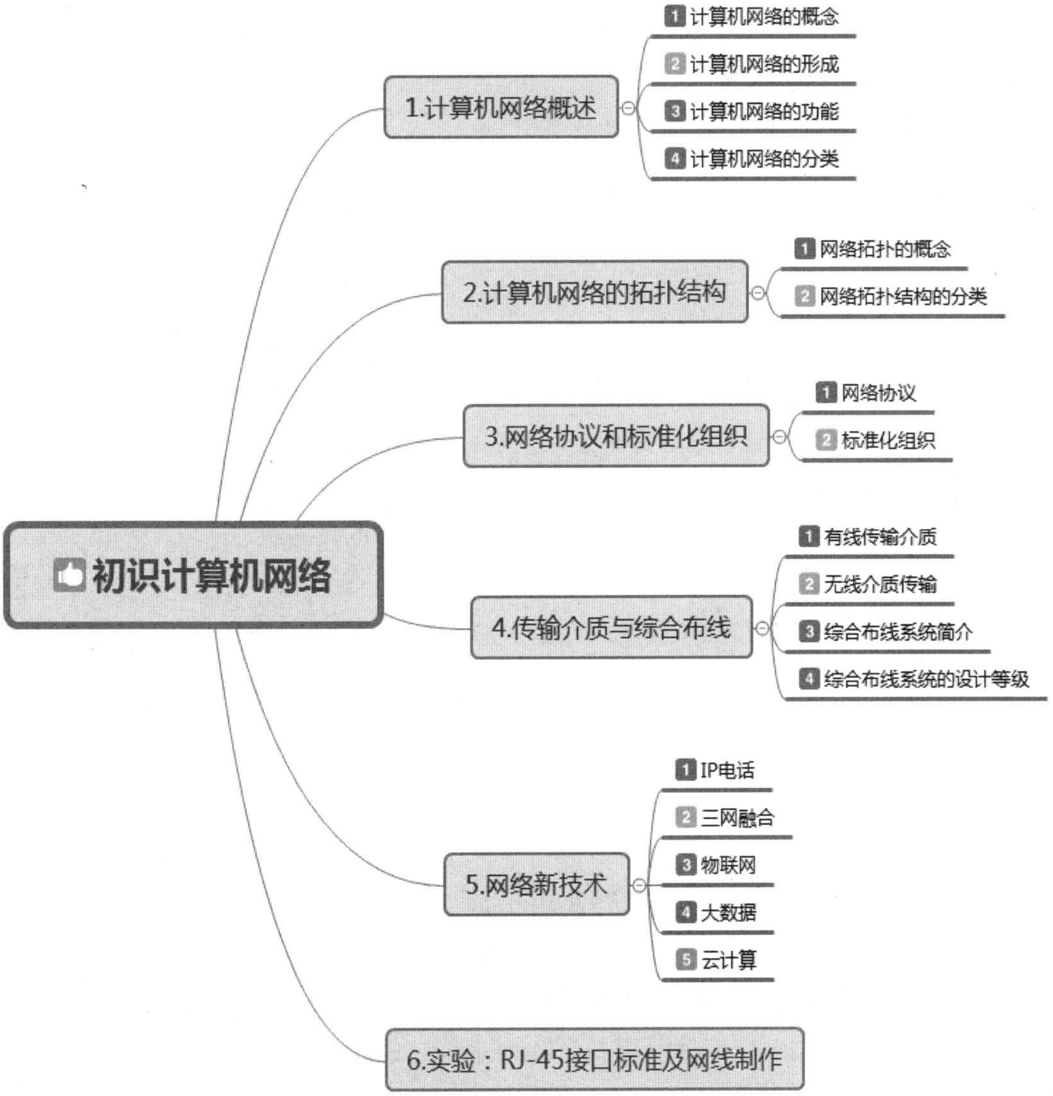

- 初识计算机网络
  - 1. 计算机网络概述
    - 1 计算机网络的概念
    - 2 计算机网络的形成
    - 3 计算机网络的功能
    - 4 计算机网络的分类
  - 2. 计算机网络的拓扑结构
    - 1 网络拓扑的概念
    - 2 网络拓扑结构的分类
  - 3. 网络协议和标准化组织
    - 1 网络协议
    - 2 标准化组织
  - 4. 传输介质与综合布线
    - 1 有线传输介质
    - 2 无线介质传输
    - 3 综合布线系统简介
    - 4 综合布线系统的设计等级
  - 5. 网络新技术
    - 1 IP电话
    - 2 三网融合
    - 3 物联网
    - 4 大数据
    - 5 云计算
  - 6. 实验：RJ-45接口标准及网线制作

知识目标

（1）掌握计算机网络的概念。
（2）了解计算机网络的产生和发展。
（3）理解计算机网络的组成。

技能目标

（1）能够举例表述计算机网络的分类及其应用情况。
（2）能够表述某一具体单位的计算机网络的结构及其应用。
（3）能够表述网络新技术的应用领域。

1.1 计算机网络概述

计算机网络是计算机技术与通信技术相结合的产物。计算机网络是信息收集、分配、存储、处理、消费的最重要的载体，是网络经济的核心，深刻影响着经济、社会、文化、科技各方面，是工作和生活中最重要的工具之一。

1.1.1 计算机网络的概念

什么是计算机网络？这里给出如下定义：凡将地理位置不同并具有独立功能的多个计算机系统通过通信设备和线路连接起来，且以功能完善的网络软件（网络协议、信息交换方式及网络操作系统等）实现网络资源共享的系统，都可称为计算机网络。

早期，计算机网络只包括两台用缆线彼此连接起来的计算机，其目的是实时共享数据。如今，无论多么复杂的网络，都是从这个简单系统和最初目的发展起来的。

人们使用网络主要是为了资源共享和进行实时通信。其中，资源包括数据、硬件和软件；实时通信是指通过计算机网络实时传输信息。

1．共享数据

网络存在之前，人们限于通过如下方法共享信息。

（1）彼此通过电话、信函等告诉对方信息。
（2）把信息复制到软盘上，再在另一台计算机上读取。

使用计算机网络，就可以将公共数据信息存放在网络服务器上。这样，接入网络的用户就可以使用这些公共数据信息，而不必把数据复制到本地计算机中。

2．硬件资源共享

硬件资源共享可以在全网范围内提供对处理资源、存储资源、输入/输出资源等昂贵设备的共享，使用户节省投资，也便于集中管理和均衡分担负荷。

3．软件资源共享

软件资源共享允许 Internet 上的用户远程访问各类大型数据库，可以享受网络文件传送服务、远地进程管理服务和远程文件访问服务，从而避免软件研制上的重复劳动及数据资源的重复存储，也便于集中管理。

4．实时通信

电子邮件是计算机网络在线通信的经典形式，至今仍在广泛使用。企业或部门投资建网的目的之一就是可以收/发电子邮件和进行各种任务的协调工作。电子邮件可以在数秒钟或数分内把信件传递到世界各地，且费用便宜。现在，电子邮件不仅可以传递文本文件，还可以传递声音、图形、图像等多媒体文件。

此外，利用网络打长途电话、召开视频会议、进行远程医疗会诊和远程教育等已成为切实可行和有效的应用手段。

1.1.2　计算机网络的形成

早在 1951 年，当计算机还处于第一代的电子管时期时，美国就建立了一套 SAGE（Semi Automatic Ground Environment），即半自动地面防空系统。该系统将远距离的雷达和其他设备的信息通过通信线路汇集到一台旋风型计算机中，第一次实现了利用计算机远距离地集中控制和人机对话。SAGE 的诞生被誉为计算机通信发展史上的里程碑。从此，计算机网络开始逐步形成、发展。

计算机网络的发展大致可分为 3 个阶段：面向终端的计算机网络、计算机通信网络和计算机网络。

1．面向终端的计算机网络

面向终端的计算机网络又称为分时多用户联机系统，其结构如图 1-1 所示。

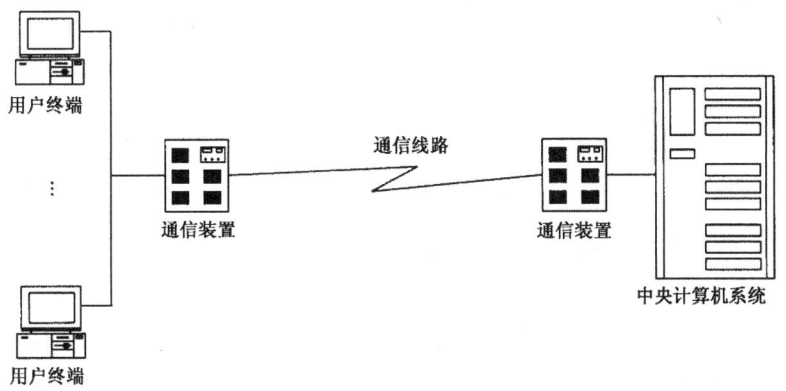

图 1-1　面向终端的计算机网络的结构

早期的计算机系统规模庞大、价格昂贵，设置在专用机房，并利用通信设备和线路连接多个终端设备。在通信软件的控制下，各用户可以在自己的终端上分时轮流地使用中央计算机系统的资源，这样既解决了到机房排队等待的问题，又提高了计算机的效率和系统资源的利用率。

终端设备是用户访问中央计算机系统的窗口，具有特殊的编辑和会话功能。一台计算机能连接的终端设备的数量随其中央计算机系统的性能而定，处理能力强且运行速度快的计算机连接的终端设备就多些，而处理能力弱且运行速度稍慢的计算机连接的终端设备就相对少一些。

20世纪50年代末期，随着集成电路的发展，这种单一计算机系统连接多个终端设备的网络大量出现，从而形成计算机网络发展的第一个阶段。

面向终端的计算机网络存在以下两个主要缺点。

（1）中央计算机系统的负荷较重，它既要承担多终端系统的通信控制和通信数据的处理工作，又要执行每个用户的作业。

（2）由于终端设备的速率低、操作时间长，尤其在远距离时，每个用户独占一条通信线路，因此花费的费用高。另外，这种操作方式还需要频繁地打扰中央计算机系统，也影响了其工作效率。

目前，我国金融系统等领域广泛使用的多用户终端系统就属于计算机终端网络，只不过其软/硬件设备和通信设施都已更新换代，从而提高了网络的运行效率。

2．计算机通信网络

20世纪60年代中期，计算机获得日益广泛的应用。在一些大型公司、企事业部门和军事部门中，往往拥有若干分散的计算机终端网络系统，系统之间迫切需要交换数据、进行业务联系。为了满足应用的需要，将多个计算机终端网络连接起来，就形成了以传输信息为主要目的的计算机通信网络。

计算机终端网络是以中央计算机系统为核心的集中式系统，只有"终端—计算机"之间的通信。而计算机通信网络是含有前端处理机的多机系统，它不仅在系统内部，还在互联的系统间实现了"计算机—计算机"之间的通信，其结构模型如图1-2所示。

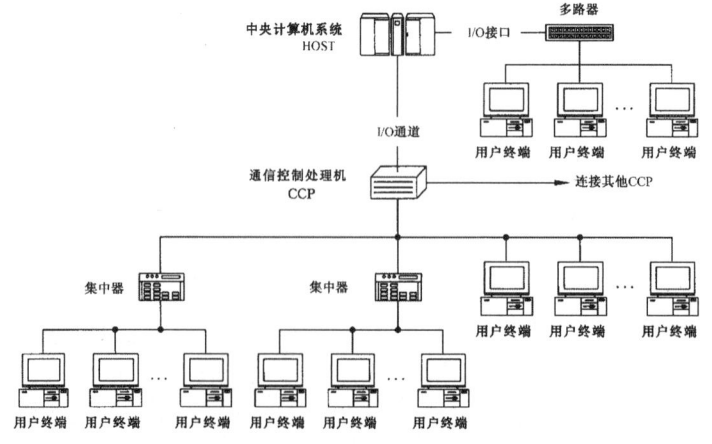

图1-2　计算机通信网络的结构模型

在终端设备和中央计算机系统（HOST）之间增加一台功能简单的计算机，专门用于处理终端设备的通信信息及控制通信线路，并能对用户的作业进行某些预处理操作，因此称之为前端处理机（Front End Processor，FEP）或通信控制处理机（Communication Control Processor，CCP）。

集中器用于终端设备较密集的地方，以减少终端对前端处理机的频繁打扰。它以高速线路和前端处理机相连，以低速线路和终端相连，从而提高了通信线路的性价比。

计算机通信网络的工作过程：终端设备先把信息送到集中器，并由集中器集中存储、装配成用户的作业信息；再传给前端处理机，前端处理机以中断方式把接收到的数据送给中央计算机系统进行处理（前端处理机有时先进行一些预处理操作）。当中央计算机系统要向终端发送数据时，先送到前端处理机，然后由前端处理机传给集中器，再由集中器按照信息中指定的终端设备地址分配给相应的用户终端。

在计算机通信网络中，主机系统之间的数据传输都是通过各自的前端处理机实现的，由于全网缺乏统一的软件控制信息交换和资源共享，因此它仍属于计算机网络的低级形式，这一时期被视为计算机网络发展的第二个阶段。

3．计算机网络

20世纪60年代末期，美国国防部高级研究计划局成功地开发了ARPA网络（Advanced Research Projects Agency Network），它是世界上第一个以资源共享为主要目的的计算机网络，它的诞生标志着计算机网络的发展进入第三个阶段。ARPA网络在1969年建立时仅有4个节点，到1976年便发展为在全国有60个IMP（接口信息处理机）和100个主机系统的网络，并在地理上从美国本土延伸到夏威夷和欧洲。到了20世纪80年代，又发展成为具有100个IMP和300个主机系统的世界网络。虽然ARPA网络已于1990年退役，但它为今天的Internet的诞生与发展奠定了基础。

计算机网络与计算机通信网络的硬件组成一样，都是由中央计算机系统、终端设备、通信设备和通信线路四大部分组成的。在结构上，两者都将若干个多机系统用高速通信线路连接起来，使它们的中央计算机系统之间能相互交换信息、调用软件，以及调用其中任一中央计算机系统中的任何资源。

计算机网络与计算机通信网络的根本区别是，计算机网络是由网络操作系统软件实现网络资源的共享和管理的；而在计算机通信网络中，用户只能把网络看作若干功能不同的计算机系统的集合，为了访问这些资源，用户需要自行确定其所在位置，然后才能调用。因此，计算机网络不只是计算机系统的简单连接，还必须有网络操作系统的支持。

计算机网络是计算机应用的高级形式，它充分体现了信息传输与分配手段和信息处理手段的有机联系。从功能角度出发，计算机网络可以看成是由通信子网和资源子网两部分构成的，如图1-3所示；从用户角度来看，计算机网络是一个透明的数据传输机构，网上的用户不必考虑网络的存在，可以访问网络中的任何资源。

需要说明的是，上述计算机网络发展的3个阶段的划分并不是绝对的，各阶段之间也不是能迥然分得很清的。例如，第一阶段以面向终端为主，而第二阶段也属于面向终端的范畴，第二阶段和第三阶段同样存在着交叉，甚至有的书刊并不把它们分开，而都将其视为计算机网络。

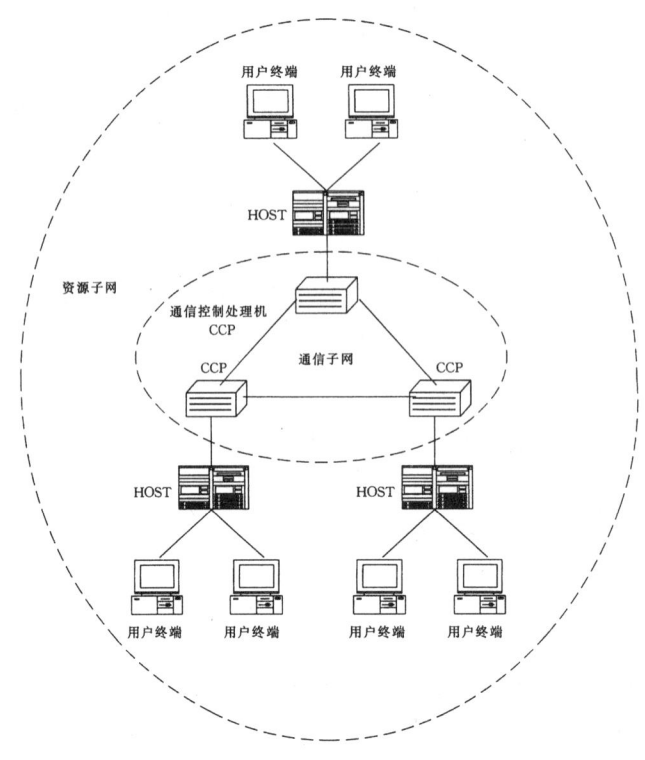

图 1-3 通信子网和资源子网

现在，计算机网络正在向第四个阶段发展，即向通信的互联、高速、智能化方向发展。

1.1.3 计算机网络的功能

以资源共享为目标的计算机网络一般具有如下 5 方面的功能。

1．资源共享功能

充分利用计算机系统软/硬件资源是组建计算机网络的主要目标之一。计算机的许多资源都是十分昂贵的，如大的计算中心、大容量硬盘、数据库、应用软件及某些特殊外部设备等。组建计算机网络后，网络中的用户就可以共享分散在不同地点的各种软/硬件资源及数据库，为用户提供了极大的方便。例如，在局域网中，服务器通常会提供大容量的硬盘，每个用户工作站不仅可以共享服务器硬盘中的文件，还可以独占部分硬盘空间，从而降低了工作站对硬盘容量配置的要求，甚至只用无盘工作站就可以完成用户作业。另外，共享数据库、扩大信息使用的范围对信息社会的发展也具有重大的意义。

2．均衡负荷及分布处理功能

当某个主机系统的负荷过重时，可以将某些作业通过网络送至其他主机系统来处理，以便均衡负荷，减轻局部负担，提高设备的利用率。对于综合性的大型问题，可以采用适当的算法，将任务分散到不同的计算机上进行分布式处理，或者用各地的计算机资源共同协作，进行重大科研项目的联合开发和研究。

3．信息的快速传输和集中处理功能

终端与计算机之间或计算机与计算机之间能快速可靠地相互传送信息，并根据需要对这些信息进行分散、分级或集中处理与管理，这是计算机网络最基本的功能。例如，全国范围或地区性的信息系统的数据采集、加工处理、预测决策等，都需要大型计算机网络系统来支持。我国在"七五普法"期间就已初步建成了11个全国性的大型计算机网络信息系统，这对我国的经济建设起到了重大的促进作用。

4．综合信息服务功能

通过计算机网络向全社会提供各种经济信息、科技情报和咨询服务，在国内外已十分普及。正在发展的综合业务数据网（ISDN）将电话、传真机、电视机和复印机等办公设备纳入计算机网络，可提供数字、语音、图形、图像和视频等多种信息的传输。

5．提高系统的性价比，维护方便，扩展灵活

大型计算机的处理能力强、运算速度快，但价格昂贵。小型机虽然有较高的性价比，但普及率远远低于个人计算机。这种不平衡使许多系统设计者用多台功能较强的个人计算机来组成计算机网络系统，由于可以资源共享、使用方便，所以性价比明显提高。当系统工作负荷加重时，只要增加更多的个人计算机，就能逐步改善系统的性能。此外，系统扩充也很方便。

1.1.4 计算机网络的分类

计算机网络的品种繁多、性能各异，根据不同的分类原则，可以分为各种不同类型的计算机网络。例如，按通信距离可分为广域网、城域网和局域网；按信息交换方式可分为电路交换网、分组交换网和综合交换网；按网络拓扑结构可分为星型网、树型网、环型网和总线型网等；按通信介质可分为有线网和无线网；按传输带宽可分为基带网和宽带网，凡此种种都是为了从不同角度对计算机网络技术进行研究。为便于理解，这里先对广域网、城域网和局域网的概念进行简要介绍，其他有关概念将在后续章节中说明。

根据计算机网络的覆盖范围和各计算机之间距离的不同，可以将计算机网络分成广域网、城域网和局域网。

1．广域网

广域网（Wide Area Network，WAN）又称远程网。当人们提到计算机网络时，通常指的是广域网。广域网最根本的特点就是其计算机分布范围广，一般从几十到几千km，因此，网络涉及的范围可为市、地区、省、国家，甚至全世界。广域网的这一特点决定了它的一系列特性。单独建造一个广域网是极其昂贵和不现实的。因此，常常借用传统的公共传输网（如电话网）来实现。由于这些公共传输网原来是用于传送声音信号的，所以使广域网的数据传输率较低，最大不超过64kbit/s。由于传输距离远，又依靠传统的公共传输网，所以错误率较高，其传错率一般在 $10^{-5} \sim 10^{-3}$。此外，广域网的布局不规则，使得网络的通信控制比较复杂。尤其在使用公共传输网时,要求连到网上的所有用户都必须严格遵守控制当局制定的各种标准和规程。

2. 城域网

城域网(Metropolitan Area Network,MAN)的规模介于广域网和局域网之间,其大小通常覆盖一座城市。最初,MAN 的主要应用是连接城市范围内的许多局域网。如今,MAN 的应用范围已大大拓宽,能用来传输不同类型的业务,包括突发和实时数据、语音和视频等。MAN 能有效地工作于多种环境中,如一栋建筑物内、一所校园和分布于一座城市范围内的园区、企业各部门等。

MAN 的主要特性如下。

(1)地理覆盖范围可达 100km。

(2)传输速率为 45~150Mbit/s。

(3)工作站数目大于 500 个。

(4)传错率小于 10^{-9}。

(5)传输介质主要是光纤。

(6)既可用于专用网,又可用于公用网。

3. 局域网

对于局域网(Local Area Network,LAN),美国电气和电子工程师协会(IEEE)的局部地区网络标准委员会曾提出如下定义:"局部地区网络在下列方面与其他类型的数据网络不同:通信一般被限制在中等规模的地理区域内,如一座办公楼、一个仓库或一所学校;能够依靠具有从中等到较高数据传输速率的物理通信信道,而且这种信道具有始终一致的低误码率;局部地区网是专用的,由单一组织机构使用。"

IEEE 的上述定义虽然还没有成为普遍公认的定义,但它确实反映了局域网的一些根本特点。

局域网的主要特点可以归纳如下。

(1)地理范围有限。参加组网的计算机通常处在 1~2km 内。

(2)具有较高的通频带宽,数据传输速率高,一般为 1~20Mbit/s。

(3)数据传输可靠、误码率低。传错率一般为 10^{-12}~10^{-7}。

(4)大多采用总线型及环型拓扑结构,结构简单,实现容易。网上的计算机一般采用多路访问技术访问信道。

(5)网络的控制一般趋向于分布式,从而减小了对某个节点的依赖性,避免或减小了一个节点故障对整个网络的影响。

(6)通常,网络归一个单一组织拥有和使用,也不受任何公共网络当局的规定约束,容易进行设备的更新和新技术的引用,从而可以不断增强网络功能。

需要指出的是，通常连接在局域网上的计算机不一定是微型计算机，但是，局域网迅速发展的背景是微型计算机。如果组成局域网的计算机都是微型计算机的话，则称这种网络为微机局域网。

1.2 计算机网络的拓扑结构

1.2.1 网络拓扑的概念

所谓拓扑，就是把实体抽象成与其大小、形状无关的"点"，而把连接实体的线路抽象成"线"，进而以图的形式来表示这些点与线之间关系的方法，其目的在于研究这些点、线之间的关系。表示点和线之间关系的图称为拓扑结构图。

计算机网络的拓扑结构是指网络中的通信线路和节点间的几何排序，并用以表示网络的整体结构外貌，同时反映各个模块之间的结构关系。它影响着整个网络的设计、功能、可靠性和通信费用等，是研究计算机网络的主要环节之一。

计算机网络的节点有两类：一类是转换和交换信息的转接节点，包括节点交换机、集线器和终端控制器等；另一类是访问节点，包括计算机主机和终端等。而线则代表各种传输媒介，包括有形的和无形的。

1.2.2 网络拓扑结构的分类

计算机网络的拓扑结构按通信系统的传输方式可分成两大类：点对点传输结构和广播式传输结构。

1. 点对点传输结构

所谓点对点传输，就是指存储转发传输。它以点到点的连接方式把各个模块的通信控制处理机连接起来，形成特定的信息传输网。点对点传输结构通常为远程网和大城市网所采用，网络的拓扑结构有星型、树型、环型和分布式，如图1-4所示。

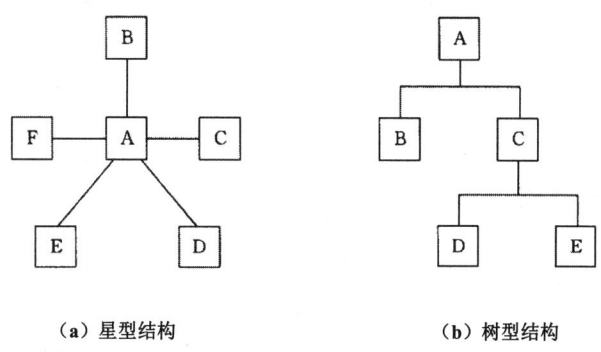

(a) 星型结构　　　　　　(b) 树型结构

图1-4　点对点连接方式的拓扑结构

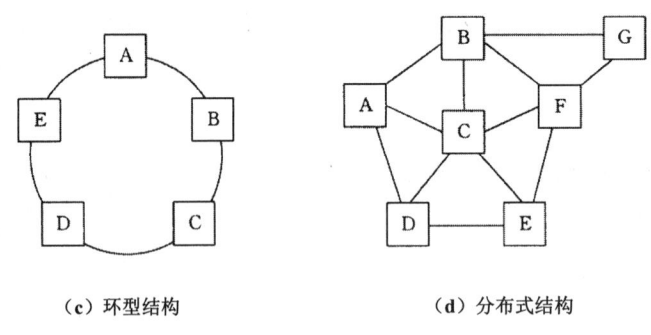

(c) 环型结构　　　　　　　　(d) 分布式结构

图 1-4　点对点连接方式的拓扑结构（续）

（1）星型结构。

星型结构以中央节点为中心，并用单独的线路使中央节点与其他各节点相连，相邻节点之间的通信都要通过中央节点。这种结构主要用于分级的主从式网络，采用集中控制，中央节点就是控制中心。星型结构的优点是增加节点时成本低，缺点是中央节点设备出故障时，整个系统瘫痪，可靠性较低。

（2）树型结构。

树型结构网络又称为多处理中心集中式网络，其特点是网络中虽有多个计算中心（位于根或子树根节点上），但各个计算中心之间很少有单独的信息流通，信息流主要在位于叶节点的计算机之间及按树型结构上下相邻的计算中心之间，各个主计算机均能独立处理业务，但最上面的主计算机有统管整个网络的能力，即通过各级主计算机去分级管理。从这个意义上来说，它是一个在分级管理基础上的集中式网络，适用于各种统计管理工作。树型结构的优点是通信线路连接较简单、网络管理软件也不复杂、维护方便；缺点是资源共享能力差、可靠性低，如果主机出现故障，则和该主机连接的终端均不能工作。

（3）环型结构。

在环型结构中，各主计算机地位相等，网络中通信设备和线路比较节省；网络中的信息流是定向的，网络传输延迟也是确定的；由于无信道选择问题，所以网络管理软件比较简单。环型结构的缺点是网络吞吐能力差，不适于大信息流量的情况，因此常用于较小范围的局域网中。

（4）分布式结构。

分布式结构无严格的布点规定和构形，节点之间有多条线路可供选择，当某一线路或节点发生故障时，不会影响整个网络的工作，具有较高的可靠性，而且资源共享方便。由于各个节点通常和另外多个节点相连，所以各个节点都应具有选道和信息流控制的功能，因此网络管理软件比较复杂、硬件成本较高。一般情况下，在局域网中很少采用分布式结构。

2．广播式传输结构

所谓广播式传输结构，就是指用一个共同的传输媒介把各个计算机模块连接起来。这样，任何一台计算机在向网络系统发送信息时，连接在总线上的所有计算机均可以接收到。广播式传输结构主要有总线型信道、卫星信道和微波信道等网络结构，如图 1-5 所示。

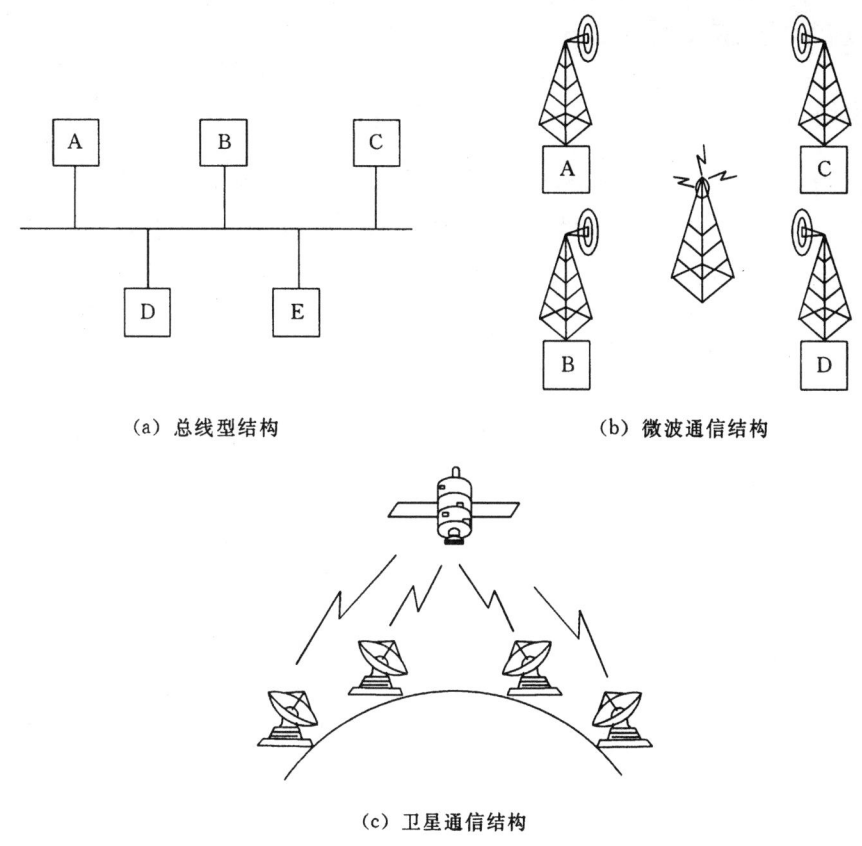

(a) 总线型结构　　　　　　　　(b) 微波通信结构

(c) 卫星通信结构

图 1-5　广播式传输结构

（1）总线型。

总线型结构就是将各个节点设备用一根总线（如同轴电缆、光缆等）挂接起来，当然也可以通过中继器再和总线挂接。在这种结构中，节点的插入或拆卸是非常方便的，易于网络的扩充。另外，当网络上的某个节点发生故障时，对整个系统的影响很小，因此，网络的可靠性较高。目前的局域网大多数都采用这种结构。

（2）任意型。

由于卫星通信和微波通信是采用无线电波传输的，因此就无所谓网络的构形，也可以设计一种任意形或无约束的网状结构。值得注意的是，近年来，卫星通信技术有了很大的发展，利用卫星通信组成广域网并实现国家与国家的互联是未来全球网络的重要技术手段。

1.3 网络协议和标准化组织

1.3.1 网络协议

网络协议指的是计算机网络中互相通信的对等实体交换信息所必须遵守的规则的集合。网络中为了能进行通信,规定每个终端都要将各自字符集中的字符先变换为标准字符集的字符,才能进入网络传送,到达目的终端,再变换为该终端字符集的字符。对于不相容的终端,除了需要变换字符集字符,还需要转换其他特性,如显示格式、行长、行数、屏幕滚动方式等。

网络协议主要由以下 3 个要素组成。

(1)语法,即数据与控制信息的结构或格式。它规定了需要发出何种控制信息,以及完成的动作与做出什么样的响应。

(2)语义,即需要发出何种控制信息、完成何种动作及做出何种应答。

(3)时序,也叫同步,是对事件发生顺序的详细说明。

1.3.2 标准化组织

相同体系结构的计算机网络之间比较容易实现互联,而不同体系结构的计算机网络之间要实现互联就存在诸多问题,为了解决这些问题而制定了相应的标准。这些标准为生产厂商、供应商、政府机构及其他服务提供者提供了实现互联的指导方针,使得产品或设备可得以相互兼容。本节主要介绍的几个标准化组织制定了许多计算机网络软/硬件方面的标准,为计算机网络的发展做出了重要贡献。

1.国际标准化组织

国际标准化组织(International Organization for Standardization,ISO)是标准化领域中的一个国际性非政府组织,成立于 1947 年,我国是 ISO 的正式成员,代表我国参加 ISO 的国家机构是中国国家标准化管理委员会(由国家市场监督管理总局管理)。ISO 于 1984 年公布了开放系统互连参考模型(Open System Interconnect)网络体系结构,简称 OSI,推动了计算机网络的发展。

2.美国国家标准学会(American National Standards Institute,ANSI)

美国国家标准学会成立于 1918 年。

ANSI 标准广泛应用于各个领域,典型应用有美国信息交换标准代码(ASCII)和光纤分布式数据接口(FDDI)等。

3. 电气与电子工程师协会

电气与电子工程师协会（Institute of Electrical and Electronics Engineers，IEEE）成立于 1963 年，由电气工程、电子和计算机等有关领域的专业人员组成，是世界上最大的专业技术组织。IEEE 下设许多专业委员会，其定义或开发的标准在工业界有极大的影响力和作用力。例如，1980 年成立的 IEEE 802 委员会负责有关局域网标准的制定事宜，制定了著名的 IEEE 802 系列标准，如 IEEE 802.3 总线以太网标准、IEEE 802.4 令牌总线网标准和 IEEE 802.5 令牌环网标准等。

4. 国际电信联盟-电信标准化部门(ITU-T)

国际电信联盟（International Telecommunication Union，ITU）是联合国的一个重要专门机构。20 世纪 70 年代，许多国家开始制定自己电信业的国家标准，但相互之间互不兼容。国际电信联盟在其内部成立了国际电报电话咨询委员会（CCITT），CCITT 主要致力于研究和建立适用于一般电信领域或特定的电话和数据系统的标准，1993 年 3 月，更名为 ITU-TSS，简称 ITU-T。ITU 制定了两个普及标准，即 V 系列和 X 系列，V 系列中的 V.32 和 V.42 规定了利用电话线传输数据的标准；X 系列（X.25、X.400、X.500）规定了利用公用数字网络传输数据的标准，并规定了综合业务数字网（ISDN）和宽带综合业务数字网（B-ISDN）传输数据的标准。

5. 国际电工委员会

国际电工委员会（International Electrotechnical Commission，IEC）是一个为办公设备的互联、安全，以及数据处理制定标准的非政府机构。该组织参与了联合图像专家组（JPEG）为图像压缩制定标准的工作。

6. 美国国家标准与技术研究院

美国国家标准与技术研究院（National Institute of Standards and Technology，NIST）成立于 1901 年，前身是美国国家标准局（NBS）。NIST 的主要任务是建立国家计量基准与标准；发展为工业和国防服务的测试技术；提供计量检定和校准服务；提供研制与销售标准服务；参加标准化技术委员会制定标准；技术转让，帮助中小型企业开发新产品等。NIST 下设 8 个研究所，涉及电子电工、制造工程、化学科学技术、物理、建筑防火、计算机与应用数学、材料科学工程、计算机系统。

7. Internet 标准化组织

Internet 最初的研究和开发是由 Internet 体系结构局（InternetArchitectureBoard，IAB）负责指导的，后更名为因特网体系结构委员会（Internet Architecture Board，IAB）。目前，IAB 隶属于 Internet 协会，它制定的标准就是 TCP/IP。TCP/IP 是事实上的工业标准，现代计算机网络大多数采用这一标准。

所有的 Internet 标准都是以请求评论（Request For Comments，RFC）的形式在 Internet 上发表的。但应注意的是，并非所有的 RFC 文档都是 Internet 标准，只有一小部分 RFC 文档最后才能变成 Internet 标准。

1.4 传输介质与综合布线

传输介质是网络中信息传输的媒体,是网络通信的物质基础之一。计算机网络中使用的传输介质可以分为有线传输介质和无线传输介质。其中,无线传输介质主要包括无线电波、微波、红外线等;有线传输介质主要包括双绞线、同轴电缆和光纤等。

局域网通常分布在一栋大楼之中,其网络连线和设备可能要跨越不同的房间,甚至跨越不同的楼层。对于当今的中小高新技术企业来说,大多使用的是局域网,它们的网络变化可能会比较频繁,如增加新设备、更换新系统、办公座位变动、搬迁到新的办公场所等。因此,用户可能要重新敷设和更改网络线路。而随意布线可能会造成布线空间拥挤或天花板超重,或者楼道内飞线走壁、墙壁和门框孔眼四起,既影响外观又影响网络性能,严重的还可能引起火灾等意外事故。因此,迫切需要采用规范化的技术,在建筑物中预先埋设具有灵活和扩展能力的线缆,以满足用户的网络连线需要。

综合布线系统很好地解决了上述局域网布线问题,它不但能够满足计算机网络和现代通信技术的要求,而且已成为一种国际性的标准。

1.4.1 有线传输介质

1. 双绞线

双绞线是综合布线工程中最常用的一种传输介质。双绞线由两根绝缘的铜导线用规定的方法绞合而成,目的是减小信号在传输过程中的串扰和电磁干扰。现行双绞线电缆中一般包含 4 个双绞线对,具体为橙白/橙、蓝白/蓝、绿白/绿、棕白/棕。一般的计算机网络使用 1-2、3-6 两组线对来分别发送和接收数据。

双绞线分为屏蔽双绞线(STP)和非屏蔽双绞线(UTP)。

(1)屏蔽双绞线。

屏蔽双绞线的双绞线与外层绝缘皮之间有一层金属材料,以减小辐射、防止信息被窃听,具有较高的数据传输速率。但它并不能完全消除辐射,屏蔽双绞线价格相对较高,安装时要比非屏蔽双绞线困难。

目前,屏蔽双绞线有 5 类和 6 类之分,主要用于安全性要求较高的网络中。理论上,屏蔽双绞线的带宽在 100m 内可达到 500Mbit/s。现在常用的为 5 类非屏蔽双绞线,其频率带宽为 100MHz。

(2)非屏蔽双绞线。

非屏蔽双绞线外部只有一层绝缘胶皮,易弯曲、组网灵活,非常适合网络布线,在小型局域网中使用广泛。非屏蔽双绞线常布线于小型企业单位、学校宿舍和家中等。其中,5 类和超 5 类是目前的主流,6 类、7 类非屏蔽双绞线分别可工作于 250MHz 和 600MHz 的频率带宽上，且采用特殊设计的 RJ-45 插头（座），如图 1-6 所示。

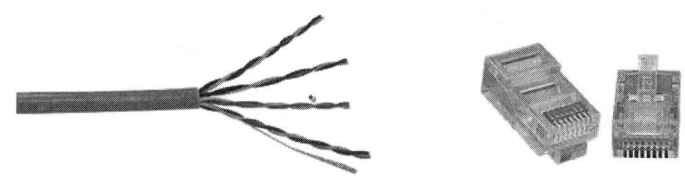

图 1-6　非屏蔽双绞线与 RJ-45 插头

2．同轴电缆

同轴电缆是由一根空心的外圆柱导体及其包围的单根内导线组成的，柱体与导线用绝缘材料隔开，频率特性比较好、能进行较高速率的传输、屏蔽性能好、抗干扰能力强，通常用于基带传输。同轴电缆的结构如图 1-7 所示。

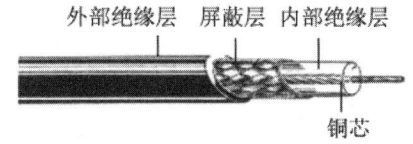

图 1-7　同轴电缆的结构

同轴电缆是局域网中常见的传输介质，主要用于环型结构的小型局域网中，优点是网络构建成本较低、具有较好的抗干扰性、传输速率高，适用于网络布线。广泛使用的同轴电缆有两种：一种为 50Ω（指沿电缆导体方向各点的电磁电压与电流之比）同轴电缆，用于数字信号的传输，即基带同轴电缆；另一种为 75Ω 同轴电缆，用于宽带模拟信号的传输，即宽带同轴电缆。同轴电缆以单根铜导线为内芯，外裹一层绝缘材料，外覆密集网状导体，最外面是一层保护性塑料。金属屏蔽层能将磁场反射回中心导体，同时使中心导体免受外界干扰，故同轴电缆比双绞线具有更高的带宽和更好的噪声抑制特性。

3．光纤

光纤是光导纤维的简称，是一种传输光束的细而柔韧的介质。光纤电缆由一捆纤维组成，简称光缆。光纤是利用内部全反射原理传导光束的传输介质，有单模和多模之分。光纤和光缆的结构如图 1-8 所示。

（1）单模光纤多用于通信业。单模光纤采用激光二极管 LD 作为光源，光纤直径较小，使用单个频率的光，其数据传输速率较高、传输距离也较远，但价格昂贵、成本较高。

（2）多模光纤多用于网络布线系统。多模光纤采用发光二极管 LED 产生的可见光作为光源，光束不断地反射而向前传播。多模光纤相对于单模光纤，其传输速率低、传输距离短，但价格便宜。网络布线多使用多模光纤。

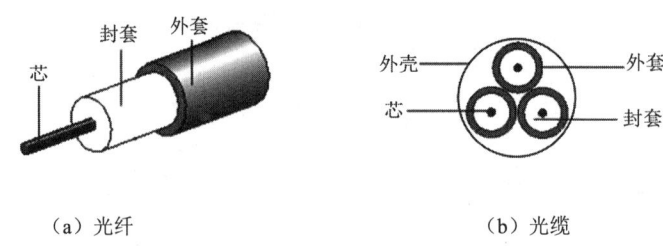

图1-8 光纤和光缆的结构

与铜质电缆相比,光纤明显具有其他传输介质无法比拟的优点。

(1)传输信号的频带宽,通信容量大。

(2)信号衰减小,传输距离长。

(3)抗干扰能力强,保密性好,无串音干扰。

(4)抗化学腐蚀能力强,适用于一些特殊环境下的布线。

(5)原材料资源丰富。

由于光纤具有数据传输速率高、传输距离远(不需要转发器、传输距离达6～8km)的特点,所以在计算机网络布线中得到了广泛的应用。目前,光缆主要用于交换机之间、集线器之间的连接,但随着吉比特以太网应用的不断普及和光纤产品及其设备价格的不断下降,光纤连接到桌面已成为网络发展的一个趋势。

1.4.2 无线传输介质

无线传输介质可以在自由空间利用电磁波发送和接收信号,即进行通信。无线通信的方式主要有微波通信、激光通信和红外线通信。

1. 微波通信

微波通信在长途大容量的数据通信中占有极其重要的地位,其频率为300MHz～300GHz。微波通信主要有地面系统和卫星系统两种形式。

2. 激光通信

激光是一种方向性极好的单色相干光。利用激光来有效地传送信息,就叫作激光通信。激光的工作频率为10^{14}～10^{15}Hz。激光通信系统由视野范围内的两个互相对准的激光调制解调器组成,激光调制解调器通过对相关激光进行调制和解调来实现激光通信。激光的优点是方向性很强、不易受电磁波干扰;缺点是外界气候条件对激光通信的影响较大,如在空气污染、雨雾天气及能见度较差的情况下,可能导致通信中断。

3. 红外线通信

红外线通信建立在红外线光的基础上,采用发光二极管、激光二极管或光电二极管进行站点之间的数据交换。红外线的工作频率为10^{11}～10^{14}Hz。在视野范围内的两个互相对准的红外线收发器之间,通过将电信号调制成非相干红外线而形成通信链路,从而可以准确地进行数据通信。红外线的优点是方向性很强、不易受电磁波干扰;缺点是由于红外线的穿透能力较差,所以易受障碍物的阻隔。红外线比较适合于近距离楼宇之间的数据通信。

1.4.3 综合布线系统简介

一般来说,在总体的计算机网络体系结构确定之后,布线系统的基本构架也就确定了。例如,采用 FDDI 网络技术作为主干,就必然要使用光缆作为传输介质;而 X.25 技术则使用铜线为多。但值得注意的是,同一种网络体系结构也可能有多种介质作为支持,如以太网 IEEE 802.3 协议,有粗同轴电缆、细同轴电缆、双绞线、光缆(在建筑物结构化布线系统的标准中已建议尽量不采用同轴电缆,而用双绞线和光缆)等多种实现方法。由于技术的不断进步和发展,同一种网络标准会有多种介质作为支持,以适应不同的用户环境。

以拓扑结构来说,总线型和环型都用于计算机网络环境,特别是局域网;而星型则同时适用于电话系统和计算机通信。

1. 传统网络布线的问题

传统网络布线存在的主要的问题是不具有开放性和扩展性。此外,还体现在以下几方面。

(1)布线杂乱,难以管理。传统的网络布线设计复杂,各系统互不关联,不能兼容,需要分别独立设计。

(2)布线灵活性差,不能保护前期投资。当网络用户位置变动或改用新系统时,需要重新布线,而且经常要破坏装饰结构,造成很大的浪费。

(3)占用建筑面积大,建设成本高。在传统网络布线中,电话和计算机网络的管线分别建设,一般都使用独立的竖井,同轴电缆粗大,需要很大的管道容量。

(4)可靠性低,不易维护。传统网络布线没有统一的标准和传输介质,更缺乏统一的标准插件,多采用焊点接续,布线系统的品质不易控制;用户难以自行维护和管理。

(5)电话和计算机信息点不具备通用性。电话和计算机信息点通常在不同的位置,使用的传输介质和信息出口各异,不能互换使用。

针对上述问题,人们希望有一种能满足所有网络传输需要并能长期支持声音、数据和图像等信息的布线系统。

2. 综合布线系统

为了使建筑物内的布线系统得到统一,美国电子工业协会(EIA)制定了商用建筑物布线标准 ANSI/EIA/TIA-568A 及其他相关标准,在以下几方面制定了相应的规范。

(1)规范一个通用于语音和数据的电信布线标准,以支持多设备、多用户环境。

(2)为服务于商业的电信设备和布线产品的设计提供方便。

(3)能够对商用建筑物中的结构化布线系统进行规划和安装,使之满足用户的多种电信要求。

(4)为各种类型的缆线、连接件,以及布线系统的设计和安装建立性能与技术标准。

综合布线系统是一个模块化的系统，它规定了所用介质、拓扑结构、布线距离、用户接口、线缆及连接件性能、安装程序和链路性能，目的是满足用户不断变化的需要，同时帮助管理者简便、廉价、无损地进行任何变动，尽可能减少业主长期用于建筑物的花费。一个综合布线系统的使用寿命要求是 10 年以上。

综合布线系统采用模块化的结构。按照每个模块的作用，可以把综合布线系统分成 6 部分，即工作区子系统、水平子系统、垂直子系统、设备间子系统、管理子系统和建筑群子系统，如图 1-9 所示。

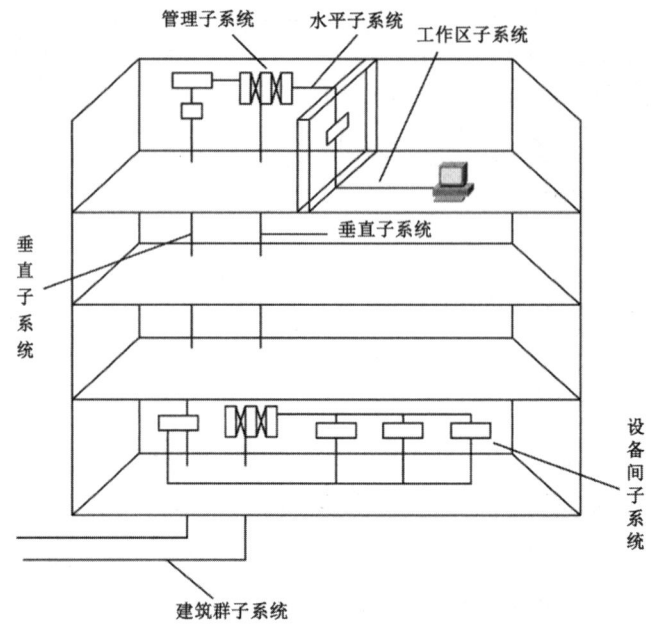

图 1-9　综合布线系统的组成

（1）工作区子系统。

工作区子系统包括 I/O 信息插座、连接跳线和介质转换设备，它将用户终端经由连接跳线和 I/O 信息插座连接起来。I/O 信息插座又与水平子系统中的 UTP 或光缆连在一起。

（2）水平子系统。

水平子系统从工作区子系统的 I/O 信息插座开始延伸到管理子系统的配线架，结构一般为星型结构。它总是在一个楼层上与 I/O 信息插座、管理间连接，并由 4 对 UTP（非屏蔽双绞线）组成，能支持大多数现代化通信设备。当有磁场干扰或需要信息保密时，可用屏蔽双绞线；在高宽带应用时，可以采用光缆。

（3）垂直子系统。

垂直子系统也称骨干（Riser Backbone）子系统，它提供建筑物的干线电缆，负责连接管理子系统与设备间子系统，一般使用光缆或大对数的非屏蔽双绞线。它也提供了建筑物垂直干线电缆的路由。该子系统通常在两个单元之间，特别是在位于中央节点的公共系统设备处，可以提供多个线路设施。该子系统由所有的布线电缆组成,或者由导线和光缆及将此光缆连到其他地方的相关支撑硬件组合而成。传输介质可能包括一栋多层建筑物的楼层之间用于垂直布线的内部电缆或从主要单元(如计算机房)和其他干线接线间来的电缆。

为了与建筑群的其他建筑物进行通信,垂直子系统将中继线交叉连接点和网络接口(由电话局提供的网络设施的一部分)连接起来。网络接口通常放在与设备相邻的房间中。垂直子系统还包括以下几部分。

① 垂直干线或远程通信(卫星)接线间、设备间之间的竖向或横向的电缆走向用的通道。

② 设备间和网络接口之间的连接电缆或设备与建筑群子系统各设备间的电缆。

③ 垂直干线接线间与各远程通信(卫星)接线间之间的连接电缆。

④ 主设备间和计算机主机房之间的干线电缆。

(4) 设备间子系统。

设备间子系统也称设备(Equipment)子系统,由电缆、连接器和相关支撑硬件组成。它把各种公共系统设备连接起来,其中包括运营商部门的光缆、同轴电缆和程控交换机等。

(5) 管理子系统。

管理子系统由交连(Cross Connect)、互连(Interconnect)和 I/O 组成。管理间为连接其他子系统提供支持,用来连接垂直子系统和水平子系统,其主要设备是配线架、HUB(多端口转发器)、机柜及电源。

交连和互连允许将通信线路定位或重定位在建筑物的不同部分,以便能更容易地管理通信线路。I/O 位于用户工作区和其他房间或办公室,使得移动终端设备在被使用时能够方便地进行插拔。

(6) 建筑群子系统。

建筑群子系统也称校园(Campus Backbone)子系统,用来将一栋建筑物中的电缆延伸到另一栋建筑物的通信设备和装置上,通常是由光缆和相应设备组成的。建筑群子系统支持楼宇之间通信所需的硬件,其中包括导线电缆、光缆,以及防止电缆上的脉冲电压进入建筑物的电气保护装置。

在建筑群子系统中,会遇到室外敷设电缆问题,一般有 3 种情况:架空电缆、直埋电缆和地下管道电缆。还有可能是这 3 种情况的任何组合,具体情况应根据现场的环境而定。

电信业务经营者在进线间设置安装的入口配线设备应与建筑物配线设备或建筑群配线设备之间敷设相应的连接电缆、光缆,实现路由互通。缆线类型与容量应与配线设备相一致。

3. 综合布线系统的优点

综合布线系统的主要优点如下。

(1) 结构清晰,便于管理和维护。综合布线系统采取标准化的统一材料、统一设计、统一布线和统一安装施工,因此结构清晰,便于集中管理和维护。

(2) 材料统一、先进,可以适应今后的发展需要。综合布线系统采用先进的材料,如 5

类非屏蔽双绞线,传输速率在100Mbit/s以上。

(3) 灵活性强,可以满足各种不同的需求。综合布线系统使用起来非常灵活,一个标准的插座既可接入电话,又可用来连接计算机终端,实现语音/数据点互换,可适应各种不同拓扑结构的局域网。

(4) 便于扩充,既节约费用又提高了系统的可靠性。综合布线系统采用冗余布线和星型结构的布线方式,既提高了设备的工作能力,又便于用户扩充。由于在统一布线的情况下可统一安排线路走向,统一施工,所以减少了用料和施工费用,也减小了使用大楼的空间,而且使用的线材具有较高的质量。

4. 综合布线系统的标准

目前,国际上通行的布线标准有两类:一类是EIA/TIA-568A(商用建筑物布线标准)和EIA/TIA-569A(国际商务建筑布线管理标准);另一类是ISO和国际电工委员会的ISO/IEC 11801。我国也由中国工程建设标准化协会负责制定了GB/T 50311—2000。

上述标准都支持下列计算机网络标准。

(1) IEEE 802.3总线局域网络标准。

(2) IEEE 802.5令牌环网络标准。

(3) FDDI光纤分布数据接口高速网络标准。

(4) CDDI铜线分布数据接口高速网络标准。

(5) ATM异步传输模式。

无论是GB/T 50311—2000,还是国际标准,其涉及范围和要点均如下。

(1) 水平子系统。涉及水平跳线架,水平线缆;线缆出入口/连接器,转换点等。

(2) 垂直子系统。涉及主跳线架,中间跳线架;建筑外主干线缆,建筑内主干线缆等。

(3) UTP布线系统。UTP布线系统的传输特性划分为以下几类线缆。

- 5类:指100MHz以下的传输特性。
- 4类:指20MHz以下的传输特性。
- 3类:指16MHz以下的传输特性。
- 超5类:指155MHz以下的传输特性。
- 6类:指200MHz以下的传输特性。

目前主要使用5类、超5类和6类布线系统,较新的7类布线产品也已上市,并开始在工程上使用。

(4) 光缆布线系统。在光缆布线中,分水平子系统和垂直子系统,它们分别使用不同类型的光缆。

- 水平子系统:62.5/125μm多模光缆(入/出口有两条光缆),多数为室内型光缆。

- 垂直子系统：62.5/125μm 多模光缆或 10/125μm 单模光缆。

综合布线系统标准是一个开放型的系统标准，被广泛应用。因此，按照综合布线系统进行布线，可为用户今后的应用提供方便，也节省了用户的投资，使用户投入较少的费用，便能向高一级的应用范围转移。

1.4.4 综合布线系统的设计等级

对于建筑物的综合布线系统，一般分为 3 种不同的布线系统等级。

1．基本型综合布线系统

基本型综合布线系统方案是一个经济有效的布线方案。它支持语音或综合型语音/数据产品，并能够全面过渡到数据的异步传输或综合型布线系统。它的基本配置如下。

（1）每个工作区都有一个 I/O 信息插座。

（2）每个工作区都有一条水平布线 4 对 UTP 系统。

（3）完全采用 110A 交叉连接硬件，并与未来的附加设备兼容。

（4）每个工作区的干线电缆至少有两对双绞线。

它的特性如下。

（1）能够支持所有语音和数据传输应用。

（2）支持语音及综合型语音/数据高速传输。

（3）便于维护与管理。

（4）能够支持众多厂商的产品设备和特殊信息的传输。

2．增强型综合布线系统

增强型综合布线系统不仅支持语音和数据传输应用，还支持图像、影像、影视及视频会议等。它具有为增加功能提供发展的余地，并能够利用接线板进行管理。它的基本配置如下。

（1）每个工作区都有两个以上 I/O 信息插座。

（2）每个 I/O 信息插座均有水平布线 4 对 UTP 系统。

（3）具有 110A 交叉连接硬件。

（4）每个工作区的电缆至少有 8 对双绞线。

它的特点如下。

（1）每个工作区都有两个 I/O 信息插座，这样不但灵活方便，而且功能齐全。

（2）任何一个 I/O 信息插座都可以提供语音和高速数据传输。

（3）便于管理与维护。

（4）能够为众多厂商提供服务环境的布线方案。

3．综合型综合布线系统

综合型综合布线系统是将双绞线和光缆纳入建筑物布线的系统。它的基本配置如下。

（1）在建筑、建筑群的垂直子系统或水平子系统中配置 62.5μm 的光缆。

（2）在每个工作区的电缆内都配有 4 对双绞线。

（3）每个工作区的电缆中都应有两条双绞线和两个以上的 I/O 信息插座。

它的特点如下。

（1）每个工作区都有两个以上的 I/O 信息插座，这样不但灵活方便，而且功能齐全。

（2）任何一个 I/O 信息插座都可提供语音和高速数据传输。

（3）有一个很好的环境为客户提供服务。

1.5 网络新技术

21 世纪已进入计算机网络时代。计算机网络被极大地普及，计算机应用已进入更高层次，出现了大量计算机网络新技术。

1.5.1 IP 电话

IP 电话（Internet Phone）也称为 VoIP（Voice over IP），运行在 IP 协议之上，利用计算机网络传输语音信息，实际上就是部分或全部利用 Internet 为语音传输媒介的电话业务。IP 电话最吸引人的地方是其低廉的通信费用，因此也有人称之为廉价电话或经济电话。在 ARPANET 刚开始运行不久，美国就着手研究如何在网络上传输语音信息，即分组语音通信。

IP 电话的基本原理是：由专门设备或软件将呼叫方语音/传真信号采样并数字化，并经过压缩、打包，形成一个个语音分组，经过 IP 网络传输给对方，对方的专门设备或软件接收到语音包，解压缩后还原成模拟信号送给电话听筒或传真机。

IP 电话的特点如下。

（1）传输有延迟。

（2）传输有抖动。由于网络拥塞的情况不同，所以，在同一路径上，传输同样的一个语音分组的时间有长有短，造成语音有抖动的情形。

（3）无声抑制。传输线路上不能完全静音，否则认为出现了断线现象。因此，需要加入一些噪声来处理这种情况。

（4）价格低廉。与传统的公用电话网相比，IP 电话的话费是比较低的。

现在大家都使用微信、QQ 等社交软件实现语音和视频通话功能，使用 IP 电话的人越来越少，但它们的原理和技术都差不多。

解决网络语音质量的技术很多，主要体现在两方面：一方面是采用资源预留协议（RSVP）预先为语音数据保留一部分带宽；另一方面是为语音数据设置高优先级队列或定制队列（PQ/CQ），当网络中有语音数据时，优先发送语言数据。

目前，网络上可以使用的网络电话种类很多，如 Skype、UUCall、KC、钉钉、触宝电话等，用户可以根据自己的需要进行选择并使用。

1.5.2 三网融合

三网融合中的三网是指电信网、互联网和有线电视网，它们原来都是独立设计运营的，而且规模都很大，使用的技术也很多。但是现在，这三种网络正在逐步演变，都力图使自己也具有其他网络的功能，因此出现了三网融合。所谓三网融合，就是指三种网络在业务、市场和产业等方面通过各种方式相互渗透和融合。

三网融合并不是三个机构的合并，也不是三大网络在物理上的合一。它主要是指高层业务应用的融合，三大网络的运行和管理仍然是分开的。例如，电信网可以有有线电视网和互联网的业务；有线电视网也可以有互联网和电信网的业务；互联网也具有电信网和有线电视网的功能。这样将打破行业垄断，形成竞争的局面。电信、广电、Internet 三大产业的技术发展已相当成熟，三大网络通过技术改造，都能够提供语音、数据、图像等综合多媒体通信业务。三网融合已成为未来信息产业发展的趋势。

三网融合可以将信息服务由单一业务转向文字、语音、数据、图像、视频等多媒体综合业务，有利于极大地减少对基础建设的投入，并简化网络管理、降低维护成本，使网络从各自独立的专业网络向综合性网络转变，提升网络性能，进一步提高资源利用水平。三网融合是业务的整合，它不仅继承了原有的语音、数据和广播电视业务，还通过网络整合衍生出了更加丰富的增值业务，如有线电视宽带、基于 IP 的语音传输（VoIP）、基于线缆的语音传输（VoCable）和网络视频等，极大地拓展了业务范围。三网融合涉及的业务体系如图 1-10 所示。

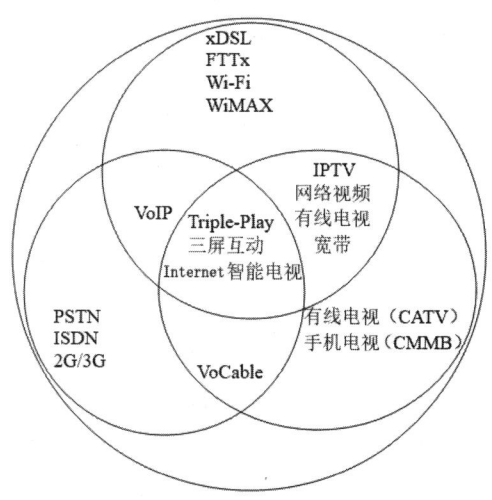

图 1-10 三网融合涉及的业务体系

1.5.3 物联网

1．物联网的提出

物联网（Internet of Things，IoT）的概念是在 1999 年提出的，当时的名称是"传感网"。中国科学院在 1999 年就启动了对传感网的研究和开发。2009 年，物联网被正式列为国家战略性新兴产业之一，并写入政府工作报告，自此物联网在我国受到了极大的关注。物联网是新一代信息技术的重要组成部分。顾名思义，物联网就是物物相连的互联网，这包含两层意思：其一，物联网的核心和基础仍然是互联网，这是在互联网的基础上延伸和扩展的网络；其二，其用户端延伸和扩展到了任何物品与物品之间进行信息交换和通信，即物物相息。

2．物联网的概念

物联网是通过各种信息传感设备及系统（如传感器、射频识别系统、红外感应器、激光扫描器等）、条码与二维码、全球定位系统，按约定的通信协议将物与物、人与物、人与人连接起来，通过各种接入网、互联网进行信息交换，以实现智能化识别、定位、跟踪、监控和管理的一种信息网络。

这个定义的核心，即物联网的主要特征是每个物件都可以寻址，每个物件都可以被控制，每个物件都可以通信。物联网的架构如图 1-11 所示。

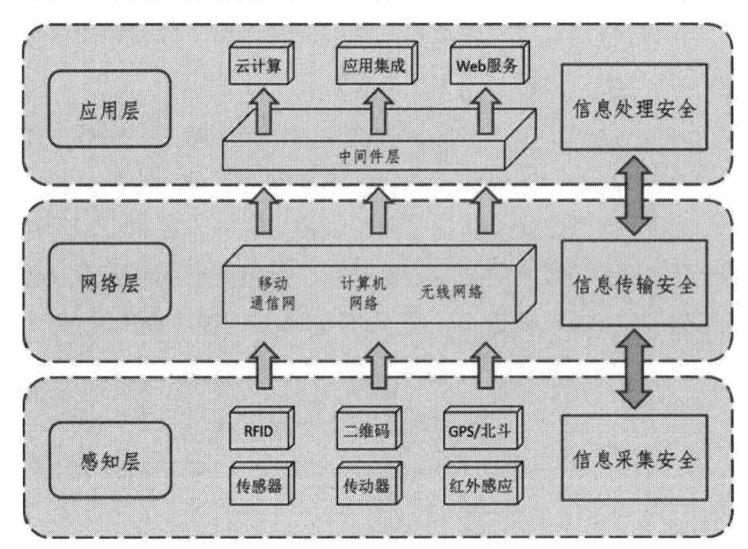

图 1-11　物联网的架构

3．物联网的特点

物联网和传统的互联网相比有着鲜明的特点：首先，它是各种感知技术的广泛应用，物联网上部署了海量的多种类型的传感器，每个传感器都是一个信息源，不同类别的传感器捕获的信息内容和信息格式不同，传感器获得的数据具有实时性，按一定的频率周期性地采集环境信息，不断更新数据；其次，它是一种建立在互联网上的泛在网络，物联网技术的重要基础和核心仍旧是互联网，它通过各种有线和无线的网络与互联网融合，将物体的信息实时、准确地传递出去，物联网上的传感器定时采集的信息需要通过网络来传输，由于其数量极其庞大，形成了海量信息,因此,在传输过程中,为了保障数据的正确性和及时性,物联网必须适应各种异构网络和协议;最后,物联网不仅提供了传感器的连接,其本身还具有智能处理的能力,能够对物体实施智能控制。物联网将传感器和智能处理相结合,利用云计算、模式识别等各种智能技术扩充其应用领域;从传感器获得的海量信息中分析、加工和处理出有意义的数据,以适应不同用户的不同需求,并发现新的应用领域和应用模式。

4．物联网的分类

物联网可分为私有物联网(Private IoT)、公有物联网(Public IoT)、社区物联网(Community IoT)和混合物联网(Hybrid IoT)4种。其中,私有物联网一般面向单一机构内部提供服务;公有物联网基于互联网向公众或大型用户群体提供服务;社区物联网向一个关联的"社区"或机构群体提供服务;混合物联网是上述两种或两种以上的物联网的组合,但其后台有统一的运维实体。

5．物联网的主要应用领域

物联网的应用领域非常广阔,从日常的家庭个人应用到工业自动化应用,以至军事、城建交通等领域都有涉及。当物联网与互联网、移动通信网相连时,可随时随地全方位"感知"对方,人们的生活方式将从"感觉"跨入"感知",从"感知"变为"控制"。目前,物联网已经在智能交通、智能安防、智能物流、公共安全等领域得到实际应用。2018年,北京市某医院通过RFID手环等设备保存患者的医疗档案和个人信息,并由医院服务器负责接收、处理、存储这些医疗数据。医护人员在对患者做医护处理前,可通过PDA读取患者RFID医疗卡上的信息,了解患者的相关信息。除了获取信息,医护人员还可通过PDA记录患者的伤情信息和简单救治情况,并利用无线通信发送给医院,使得医院在第一时间了解状况,做好术前准备。

物联网比较典型的应用包括水电行业的无线远程自动抄表系统、数字城市系统、智能交通系统、危险源和家居监控系统、产品质量监管系统和农业生产管理系统等。农业物联网的应用如图1-12所示。

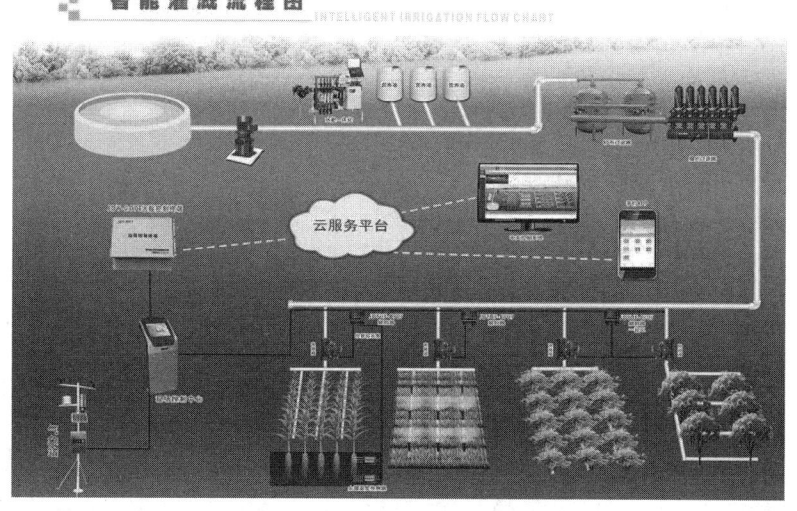

图1-12　农业物联网的应用

1.5.4 大数据

现在的社会是一个高速发展的社会，科技发达，信息流通，人与人之间的交流越来越密切，生活也越来越方便，大数据就是这个高科技时代的产物。阿里巴巴集团创始人马云在演讲中就提到过，未来的时代将不是IT时代，而是DT的时代。DT就是数据技术（Data Technology）。说明大数据对阿里巴巴集团来说举足轻重。

1．大数据的定义

大数据是一个较为抽象的概念，正如信息学领域大多数新兴的概念一样，大数据至今尚无确切、统一的定义。在维基百科中，关于大数据的定义是利用常用软件工具来获取、管理和处理数据所耗时间超过可容忍时间的数据集。这并不是一个精确的定义，因为无法确定常用软件工具的范围，可容忍时间也是个概略描述。互联网数据中心对大数据做出的定义为：大数据一般会涉及两种或两种以上的数据形式，它要收集超过100TB的数据，并且是高速、实时的数据流；或者从小数据开始，但数据每年会增长60%以上。这个定义给出了量化标准，但只强调了数据量大、种类多、增长快等数据本身的特征。高德纳咨询公司给出了这样的定义：大数据是需要新处理模式才能具有更强的决策力、洞察力和流程优化能力的海量、高增长率和多样化的信息资产。这也是一个描述性的定义，在对数据描述的基础上加入了处理此类数据的一些特征，用这些特征来描述大数据。

2．大数据的特征

大数据的四大特征如下。

（1）规模性（Volume）。规模性指的是大数据巨大的数据量及其规模的完整性。目前，数据的存储级别已从TB扩大到ZB。这与数据存储和网络技术的发展密切相关。数据加工处理技术的提高、网络宽带的成倍增加及社交网络技术的迅速发展，使得数据产生量和存储量成倍地增长。实质上，从某种角度来说，数据数量级的大小并不重要，重要的是数据具有完整性。数据规模性的应用可体现在对每天12TB的tweets（Twitter上的信息）数据进行分析，了解人们的心理状态，可以用于情感性产品的研究和开发；对Facebook上的成千上万条信息进行分析，可以帮助人们处理现实中朋友圈的利益关系等。

（2）高速性（Velocity）。高速性主要表现为数据流和大数据的移动性。现实中体现在对数据的实时性需求上。随着移动网络的发展，人们对数据的实时应用需求更加普遍，如通过手持终端设备关注天气、交通、物流等信息。高速性要求具有时间敏感性和决策性的分析，即能在第一时间抓住重要事件产生的信息。例如，当有大量的数据输入时，需要排除一些无用的数据或需要马上做出决定的情况，如需要在尽可能短的时间之内分析5亿条实时呼叫的详细记录，以预测客户的流失率。

（3）多样性（Variety）。多样性是指大数据有多种途径来源的关系型和非关系型数据。这也意味着要在海量的、种类繁多的数据中发现其内在关联。在互联网时代，各种设备通过网络连成了一个整体。进入以互动为特征的Web 2.0时代后，个人计算机用户不仅可以通过网络获取信息，其本身还成了信息的制造者和传播者。在这个阶段，数据量开始爆炸式增长，数据种类也开始变得繁多。除了简单的文本分析，还可以对传感器数据、音频、视频、日志文件、点击流及其他任何可用的信息进行分析。例如，客户数据库中不仅要包括客户的姓名和地址，还要包括客户所从事的职业、兴趣爱好、社会关系等。利用大数据多样性的原理就是保留一切我们需要并对我们有用的信息，舍弃那些我们不需要的信息；发现那些有关联的数据，加以收集、分析、加工，使其变为可用的信息。

（4）价值性（Value）。价值性体现出的是大数据运用的真实意义，其价值具有稀疏性、不确定性和多样性。"互联网女皇"玛丽·米克尔（Mary Meeker）在《2012年互联网趋势》报告中，用两幅生动的图像来描述大数据，一幅是整整齐齐的稻草堆，另一幅是稻草中缝衣针的特写，如图 1-13 所示。这两幅图的寓意是通过大数据技术的帮助，可以在稻草堆中找到我们需要的东西，哪怕是一枚小小的缝衣针。这两幅图揭示了大数据技术一个很重要的特点，即价值的稀疏性。

图 1-13　玛丽·米克尔的两幅图解释了大数据价值的稀疏性

1.5.5　云计算

云计算是指将大量用网络连接的计算资源进行统一管理和调度，构成一个计算资源池以向用户按需提供服务。用户通过网络获得所需的计算资源和服务。

1. 云计算的由来

云计算（Cloud Computing）是 IT 产业发展到一定阶段的必然产物。在云计算概念诞生之前，很多公司就可以通过互联网提供诸多服务，如订票、地图、搜索及硬件租赁业务。随着服务内容和用户规模的不断增长，市场对于服务的可靠性、可用性的要求急剧增加。这种需求变化通过集群等方式很难满足，于是各地纷纷开始建设数据中心。一些有实力的大公司有能力建设分散于全球各地的数据中心来满足各自业务发展的需求，并且有富余的可用资源，于是这些公司就可以将自己的基础设施作为服务提供给相关用户。这就是云计算的由来。

云计算是一种新兴的商业计算模型。它将计算任务分布在由大量计算机构成的资源池中，使各种应用系统能够根据需要获取计算能力、存储空间和各种软件服务。之所以称之为"云"，是因为它在某些方面具有现实中云的特征，如规模较大、可以动态伸缩、边界模糊等。人们无法也无须确定云的具体位置，但它确实存在于某处。云计算的本质是实现以资源到架构的全面弹性，如图 1-14 所示。

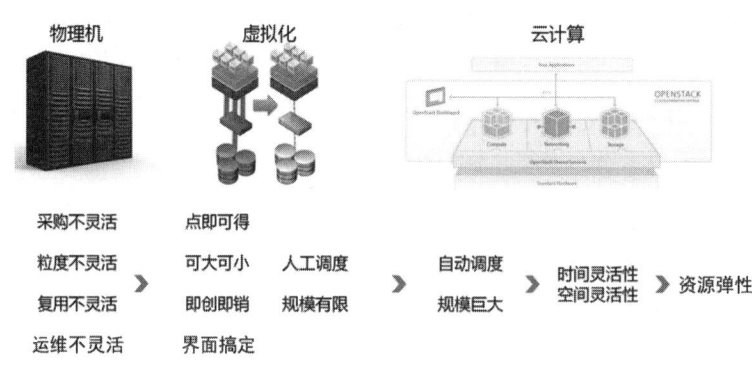

图 1-14 云计算的本质

2. 云计算的概念

云计算以公开的标准和服务为基础，以互联网为中心，提供安全、快速、便捷的数据存储和网络计算服务，让互联网这片"云"成为每个用户的数据中心和计算中心。

美国国家标准与技术研究院（NIST）对云计算的定义是：云计算是一种按使用量付费的模式，这种模式可以提供可用的、便捷的、按需的网络访问，进入可配置的计算资源共享池（资源包括网络、服务器、存储、应用软件、服务），这些资源能够被快速提供，只需完成很少的管理工作或与服务供应商进行很少的交互。

通俗地理解，云计算的"云"就是存在于互联网上的服务器集群上的资源，它包括硬件资源（如服务器、存储器、CPU 等）和软件资源（如应用软件、集成开发环境等），本地计算机只需通过互联网发送一个需求信息，远端就会有成千上万台计算机提供所需的资源并将结果返回到本地计算机。这样，本地计算机几乎不需要做什么，所有的处理都由云计算提供商提供的计算机群完成。

3. 云计算的特点

云计算使计算分布在大量的分布式计算机上，而非本地计算机或远程服务器中。这使得企业能够将资源切换到需要的应用上，并根据需求访问计算机和存储系统。企业数据中心的运行将与互联网的运行更为相似。从研究现状上看，云计算具有以下特点。

（1）便捷性强。用户可以使用任意一种云终端设备，在地球上任意地方获取相应的云服务。用户请求的所有资源并不是有形的、固定不变的实体，而是来自庞大的"云"。用户不需要担心，更不用了解应用服务在"云"中的具体位置，只需使用云终端设备，如计算机或手机，就可以通过网络服务满足需要。

（2）可靠性高。"云"是一个特别庞大的资源集合体。云服务可按需购买，就像在日常生活中购买煤气、水、电一样。"云"本身使用了多种措施来保障所提供的服务的高可靠性，如数据多副本容错、计算节点同构可互换等，使用户使用云计算比使用本地计算机更加可靠、高效。

(3) 成本低。未来，用户仅需要花费很少的时间和金钱就能完成以前需要大量时间和金钱才能完成的任务。这正是"云"采用廉价的节点来施行特殊容错措施带来的巨大好处。因此，提供云服务的企业也不必再为"云"的自动化、集中式管理承担过高的管理数据的费用了。

(4) 潜在的危险性。目前，云计算服务被部分企业垄断，而用户在使用云服务时都会涉及一些"数据"，因此，用户在选择云计算服务时必须保持高度警惕，避免让这些提供云服务的机构以"数据"的重要性挟制用户。与此同时，商业机构也要考虑在使用国外企业提供的云服务时，商业机密的泄露风险、数据的安全等因素。这些都是未来在"云"领域需要改善的地方。

4．云计算的应用

云计算的应用范围很广，如云物联、云服务、云计算、云存储、云安全、云游戏、云会议、云教育等。下面从云服务、云计算、云存储、云安全这 4 方面来分析云计算的应用。

(1) 云服务。云服务是一种更广义的服务方式，其中的典型代表就是苹果公司的云服务 iCloud。这是一款可与 iPhone、iPad、iPod touch、Mac 和计算机应用程序完美兼容的突破性云服务免费套件，它能够无线存储某个苹果设备上的数据内容，并自动无线推送给用户的所有苹果设备。也就是说，当用户修改某个苹果设备上的信息时，所有设备上的信息几乎同时以无线的方式得到更新。此外，iCloud 还增加了云备份与音乐自动同步功能，云备份可以每天自动备份用户购买的音乐、应用、电子书、音频、视频、属性设置及软件数据等，但以上备份仅支持通过 Wi-Fi 上传或下载数据。

iCloud 的 Photostream 服务可自动上传用户拍摄的照片，导入任意设备，并无线推送至用户的所有苹果设备。当用户用 iPhone 为好友拍摄照片后，回家后即可与 iPad（或 Apple TV）上的整个群组共享。这项服务非常受欢迎。

(2) 云计算。云计算其实是一种资源交付和使用模式，指通过网络获得应用所需的资源。提供资源的网络被称为"云"。云计算具有按需服务、无限扩展、成本低和规模化四大特征。狭义云计算是指 IT 基础设施的交付和使用模式，指通过网络以按需、易扩展的方式获得所需资源；广义云计算是指服务的交付和使用模式，指通过网络以按需、易扩展的方式获得所需服务，这种服务可以与软件、互联网相关，也可以是其他服务。

云计算的核心思想是将大量用网络连接的计算资源进行统一管理和调度，构成一个计算资源池，以根据用户需要提供服务。"云"中的资源在使用者看来是可以无限扩展的，并且是可以随时获取的，即按需使用、随时扩展、按使用付费。

(3) 云存储。云存储是在云计算的概念上延伸和发展出来的一个新概念。云计算时代，用户可以抛弃 U 盘等移动设备，只需进入诸如 Google Docs 的页面，新建文档并编辑内容，然后直接将文档的 URL 地址分享给朋友或领导，对方就可以直接打开浏览器访问 URL 以查看文档。这样，再也不用担心因计算机硬盘的损坏或 U 盘打不开而发生资料丢失的情况。

(4) 云安全。云安全（Cloud Security）是网络时代信息安全的新产物，它融合了并行处理、网格计算、未知病毒行为判断等新兴技术和概念，通过网状的大量客户端对网络中软件行为的异常进行监测，获取互联网中的木马、恶意程序的最新信息，并将其传送到服务器端进行分析和处理，再把病毒和木马的解决方案分发给每个客户端。

云安全的策略构想是使用者越多，每个使用者就越安全，因为如此庞大的用户群足以覆盖互联网的每个角落，只要某个网站被挂马或某个新木马病毒出现，就会立刻被截获。

1.6 实验：RJ-45 接口标准及网线制作

1．实验目的

（1）了解 RJ-45 接口标准。

（2）掌握 UTP 直通连接线和交叉连接线的制作方法。

（3）掌握测试仪的使用方法。

2．实验环境

分组实训。每组准备若干超 5 类 UTP，RJ-45 水晶头每人两个，双绞线剥线钳 1 把，网线测试仪 1 套。

3．实验课时

本实验需要 2 课时。

4．实验内容

制作网络线缆，并使用测试仪进行测试。

5．实验步骤

步骤 1：知识准备——RJ-45 接口标准。

RJ-45 接口分为介质相关接口（Medium Dependent Interface，MDI）和交叉介质相关接口（MDIX）两类。MDI 也称上行接口，是集线器或交换机上使用直通线连接到其他集线器或交换机的接口。MDIX 是常规接口，其内部已完成交叉连接任务，终端设备使用直通线直接连接到该接口。集线器或交换机等网络设备一般会有 1~2 个 MDI 或 MDIX。通常，主机和路由器的接口为 MDI，集线器和交换机的接口为 MDIX。

在进行设备连接时，需要正确选择直通连接线或交叉连接线。一般，同一种设备之间直接连接时使用交叉连接线，除非一个接口为 MDI，另一个接口为 MDIX；不同类型的接口连接时使用直通连接线。

需要说明的是，随着技术的发展，一些新的网络设备可以自动识别连接线类型，此时，用户采用交叉连接线或直通连接线都可以正确连接设备，如 H3C S3526 等。

（1）直通连接线：用于计算机和交换机（集线器）进行直接连接，双绞线的两端采用同一个接线标准。在网络施工中，建议使用 T568B 标准。

（2）交叉连接线：主要用于两台计算机等终端设备的直接连接；也用于两个没有级联口

（Uplink）的集线器或交换机的连接。不过，现在的网络设备都能进行智能识别，基本上不用交叉连接线。制作时，一端的 1、2 分别和另一端的 3、6 对调位置进行交叉连接，或者说一头使用 T568B 标准，另一头需要使用 T568A 标准。

步骤 2：直通连接线 RJ-45 接口的制作。

（1）利用双绞线剥线钳剪取一段 UTP，剥去双绞线一端的一段外皮，露出 4 对双绞线。剥线口有一个限位片，剥去外皮露出双绞线的长度正好符合要求。

（2）把双绞线分开，颜色和顺序按照 T568B 标准排列整齐，并将每根线尽量拉直，然后用压线钳的剪切口把 8 根线剪齐。这一步一定要细心，以免排列顺序出错。

（3）使 RJ-45 接口的引脚向上，并面对引脚，从左到右的编号依次为 1~8。将排列好的双绞线插入 RJ-45 接口，尽量插到底。如果插入不到位，则会使 RJ-45 的金属引脚接触不到线缆。

（4）把此 RJ-45 接口插入压线钳的压线口，用力紧握手柄，将 RJ-45 的金属引脚片插入 8 根双绞线中。

（5）放开手柄，取出 RJ-45 接口。肉眼观察接口的每个引脚是否都被压下，8 根线是否都被引脚片卡住。如果有引脚未被压下（当压线钳质量较差时，常会出现这种问题），则把 RJ-45 接口重新插入压线口，再压一次。

（6）按照同样的方法，使用 T568B 标准制作双绞线的另一端。

步骤 3：测试制作好的双绞线。

把一端的 RJ-45 接口插入测试仪的发送端，将另一端插入测试仪的接收端。将测试仪的测试选择开关置于"直通"挡位，开启测试仪电源，观察测试仪的指示灯，如果 8 个指示灯都是亮的，则表明制作成功。如果有一个或一个以上的指示灯不亮，则说明 RJ-45 接口的金属引脚没有全部接触到线缆。例如，当第 2 个和第 5 个灯不亮时，说明第 2 根和第 5 根线没有连通，需要重新制作（或尝试用压线钳再压一次）。

制作不成功的原因可能是操作人员技术不熟练，也有可能是双绞线剥线钳的质量不过关，需要分析原因，积累经验。

步骤 4：交叉连接线的制作和测试。

交叉连接线的制作和测试方法与直通连接线的制作和测试方法类似，只是制作时另一头的 1-3、2-6 对调位置（一头使用 T568B 标准，另一头使用 T568A 标准）。测试时，把测试仪的选择开关置于"交叉"挡位，开启测试仪电源，观察指示灯的闪亮情况。如果没将选择开关置于"交叉"挡位，则制作完成的交叉连接线在进行测试时，两头的 1-3、2-6、3-1、4-4、6-2、5-5、7-7、8-8 指示灯会同时点亮。

6．实验小结

线缆的好坏对网络能否正常运行起着关键性的作用，很多网络故障通常都来自网络的物理连接。因此，网线的制作是非常重要的。现在工作中通常使用的都是直通连接线。

思考与练习

- 初识计算机网络
  - 1.计算机网络概述
    - ① 计算机网络的概念
      - 1.概念：_____
      - 2.为什么使用网络？( ) ( ) ( ) ( )
    - ② 计算机网络的形成 ( ) ( ) ( ) ( )
    - ③ 计算机网络的功能 ( ) ( ) ( ) ( )
    - ④ 计算机网络的分类
      - 按通信距离分 ( ) ( ) ( )
      - 按信息交换方式分 ( ) ( ) ( )
      - 按网络拓扑结构分 ( ) ( ) ( ) ( )
      - 按通信介质分 ( ) ( )
      - 按传输带宽分 ( ) ( )
  - 2.计算机网络的拓扑结构
    - ① 网络拓扑的概念 — 概念：_____
    - ② 网络的拓扑结构
      - 点对点传输结构 ( ) ( ) ( ) ( )
      - 广播式传输结构 ( ) ( )
  - 3.网络协议和标准化组织
    - ① 网络协议 — 协议三要素 ( ) ( ) ( )
    - ② 标准化组织 ( ) ( ) ( ) ( ) ( )
  - 4.传输介质与综合布线
    - ① 有线传输介质
      - ( )
      - ( )
      - ( )
      - ( )
    - ② 无线介质传输 ( ) ( ) ( )
    - ③ 综合布线系统简介
      - 1.6个子系统：( ) ( ) ( ) ( ) ( ) ( )
      - 2.优点：( ) ( ) ( ) ( )
    - ④ 综合布线系统的设计等级
      - ( )
      - ( )
      - ( )
  - 5.网络新技术
    - ① IP电话 — 特点：( ) ( ) ( ) ( )
    - ② 三网融合 — 三网包含：( ) ( ) ( )
    - ③ 物联网
      - 1.概念：_____
      - 2.分类：( ) ( ) ( ) ( )
    - ④ 大数据
      - 1.概念：_____
      - 2.特征：( ) ( ) ( ) ( )
    - ⑤ 云计算
      - 1.概念：_____
      - 2.特点：( ) ( ) ( ) ( )
  - 6.实验：RJ-45接口标准及网线制作
    - T568A线序 ( ) ( ) ( ) ( ) ( ) ( ) ( ) ( )
    - T568B线序 ( ) ( ) ( ) ( ) ( ) ( ) ( ) ( )

第 2 章 数据通信基础

主要内容

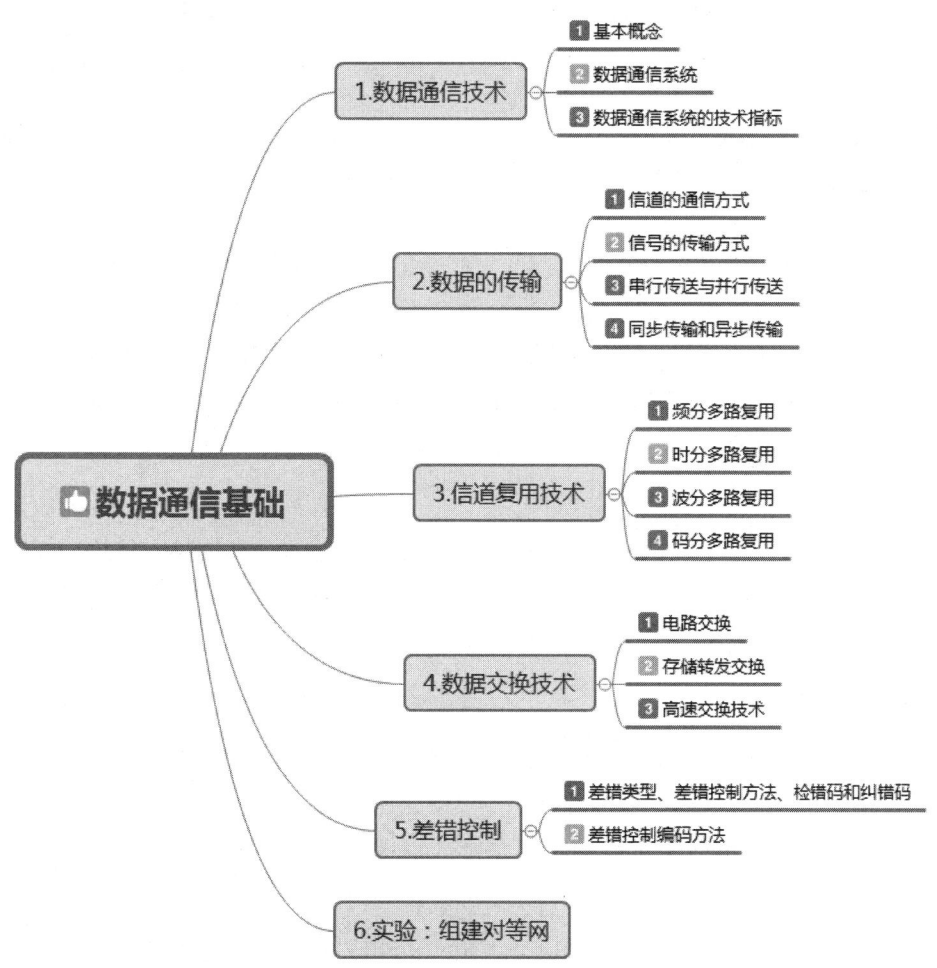

知识目标

（1）掌握数据通信技术的基本概念。
（2）理解数据的传输方式。
（3）了解信道复用技术和数据交换技术。

技能目标

（1）能够进行与数据通信传输速率相关的计算。
（2）能够表述数据通信的优势并举例说明。
（3）能够清晰表述差错控制技术的原理及其在计算机网络中的应用。

2.1 数据通信技术

2.1.1 基本概念

1．数据（Data）

数据是把事件的某些属性规范化后的表现形式，它分为数字数据和模拟数据。模拟数据是在某区间连续变化的值，如声音的强弱、温度的高低等都是连续变化的模拟数据。数字数据在时间上的取值是离散的，如计算机内部传输的二进制数字序列。

2．信息（Information）

信息，简单来说就是数据的内容和解释。它表征了客观事物的属性和特性，反映出客观事物的存在形式与运动状态。信息是字母、数字及符号的集合，其载体可以是数字、文字、音频语音、视频和图像等。

3．信号（Signal）

信号，简单来说就是携带信息的传输介质。它是数据的电子或电磁编码。表示信息的数据通常要被转变为信号才能进行传输。

根据信号参量取值不同，它有两种表示形式：模拟信号（Analog Signal）与数字信号（Digital Signal）。

（1）模拟信号是随时间连续变化的电流、电压或电磁波，其信号的幅度、频率、相位随时间连续变化，如图 2-1 所示。

（2）数字信号是一系列离散的电脉冲。模拟信号与数字信号在一定条件下是可以相互转换的。模拟信号可以通过采样、量化、编码等步骤转变成数字信号，数字信号也可以通过解码、平滑等步骤转变成模拟信号。数字信号波形图如图 2-2 所示。

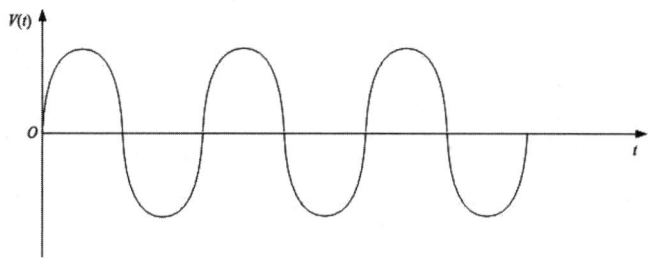

图 2-1　模拟信号波形图

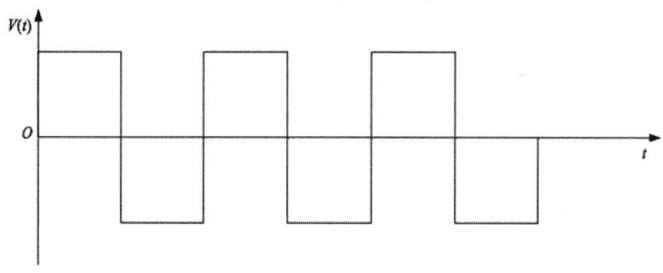

图 2-2　数字信号波形图

4．噪声

噪声就是信号在信道上传输过程中受到的各种干扰。

2.1.2　数据通信系统

简单地说，数据通信就是将数据信息通过适当的传输线路，从一台机器传送到另一台机器。这里的机器可以是计算机、终端设备或其他任何通信设备。数据通信的实质就是实现信息的有效传递。在计算机网络中，数据处理的工作主要由计算机系统完成，而数据传输是靠数据通信系统来实现的。

1．数据通信系统的组成

数据通信系统的基本机构可以用一个简单的通信模型来标识。数据通信系统的基本组成有 3 个要素，分别是信源、信宿和信道，如图 2-3 所示。

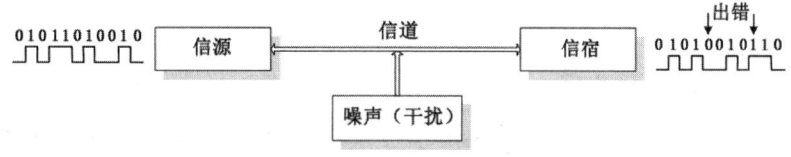

图 2-3　数据通信系统的简单模型

（1）信源。

信源就是发送信号的一端，包括源站和发送器。其中，源站是产生要传输的数据的计算机或服务器等设备；发送器是对要传输的数据进行编码的设备，如调制解调器等。常见的网卡中也包括收发器组件和功能。

（2）信宿。

信宿就是接收发送端发送的信号的一端，包括目的站和接收器。其中，目的站是从接收器获取从发送端发送的信息的计算机或服务器等设备；接收器接收从发送端发来的信号，并把它们转换为能被目的站设备识别和处理的信息，它也可以是调制解调器之类的设备，不过此时它的功能就不再是调制了，而是解调。常见的网卡中也包括接收器组件和功能。

（3）信道。

信道是信息从发送地传输到接收地的一个通路，一般由传输介质（线路）及相应的传输设备组成。同一传输介质上可以同时存在多条信号通路，即一条传输线路上可以有多条信道。

2．数据通信系统的分类

数据通信系统可分为模拟通信系统和数字通信系统两类。

（1）模拟通信系统。

在数据通信系统中，传输模拟信号的系统称为模拟通信系统。模拟通信系统由信源、调制器、信道、解调器、信宿及噪声源组成，如图2-4所示。信源产生的原始信号一般都要先经过调制，再通过信道传输（距离很近的有线通信也可以不调制，如市内电话）。调制器是用发送的消息对载波的某个参数进行调制的设备。解调器是实现上述过程逆转换的设备。普通电话、广播、电视等都属于模拟通信系统。

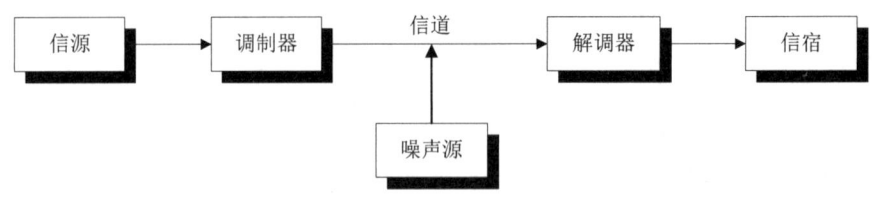

图 2-4 模拟通信系统的结构模型

（2）数字通信系统。

传输数字信号的系统称为数字通信系统。数字通信系统由信源、信源编码器、信道编码器、调制器、信道、解调器、信道译码器、信源译码器、信宿、噪声源及发送端和接收端时钟同步组成。数字通信系统的结构模型如图 2-5 所示。计算机通信、数字电话及数字电视都属于数字通信系统。

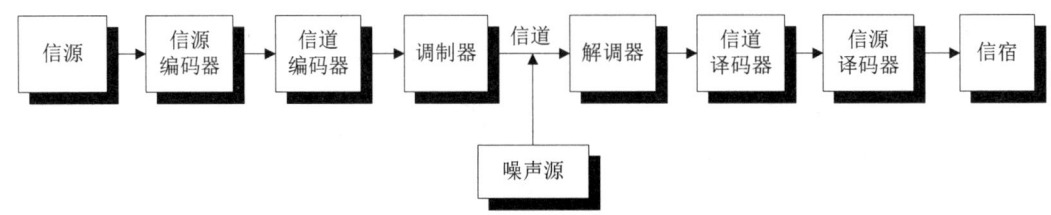

图 2-5 数字通信系统的结构模型

近年来，数字通信系统无论在理论上还是在技术上都有了突飞猛进的发展。数字通信系统和模拟通信系统相比,具有抗干扰能力强、可以再生中继、便于加密、易于集成化等一系列优点。另外,各种通信业务,无论是语音、电报,还是数据、图像等信号,经过数字化后都可以在数字通信网中传输、交换并进行处理,这就更显示出数字通信系统的优越性。

数字通信系统的五大特征:第一,抗干扰能力强;第二,可实现高质量的远距离通信;第三,能适应各种通信业务;第四,能实现高保密通信;第五,通信设备的集成化和微型化等。

2.1.3 数据通信系统的技术指标

数据通信系统的技术指标是衡量网络性能的参数,主要从传输速率的高低和传输数据的质量方面来考虑。数据传输速率有信息速率(比特率)和码元速率(波特率)两种度量方法;传输数据的质量可以用误码率、延迟、抖动、吞吐量和丢包率等来衡量。

1. 数据传输速率

数据传输速率是指数据在信道中传输的速度。数据传输速率分为两种:码元速率和信息速率。

码元速率 R_B:每秒钟传送的码元数,单位为波特/秒(Baud/s),又称为波特率。在数字通信系统中,由于数字信号是用离散值表示的,因此,每个离散值就是一个码元。

信息速率 R_b:每秒钟传送的信息量,单位为比特/秒(bit/s),又称为比特率。对于一个用二进制格式表示的信号(两级电平),每个码元包含 1bit 信息,其信息速率与码元速率相等;对于一个用四进制格式表示的信号(四级电平),每个码元包含 2bit 信息,因此,它的信息速率应该是码元速率的 2 倍,如图 2-6 所示。

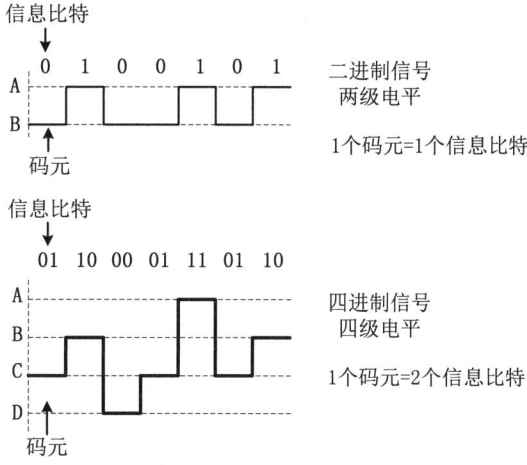

图 2-6 码元速率与信息速率的比较

一般来说,当采用 M 进制电平传输信号时,信息速率和码元速率之间的关系如下:

$$R_b = R_B \log_2 M$$

2. 误码率和误比特率

误码率和误比特率是衡量数据传输系统正常工作状态下传输可靠性的重要参数。误码率是指二进制码元在数据传输系统中被传错的概率，误比特率是指在传输中出错比特的概率：

$$误码率 P_e = \frac{传输出错的码元数}{传输的总码元数}$$

$$误比特率 P_b = \frac{传输出错的比特数}{传输的总比特数}$$

在实际的数据传输系统中，当电话线路的传输速率为 300～2400bit/s 时，平均误码率为 10^{-2}～10^{-6}，当传输速率为 4800～9600bit/s 时，平均误码率为 10^{-2}～10^{-4}。而计算机通信的平均误码率要求低于 10^{-9}。

3. 带宽与信道容量

带宽是指信道中传输的信号在不失真的情况下所占用的频率范围，通常称为信道的通频带，单位用赫兹（Hz）表示。信道带宽是由信道的物理特性决定的。常用的单位换算关系如下：

$$1kHz=1000Hz$$

$$1MHz=1000kHz$$

$$1GHz=1000MHz$$

$$1THz=1000GHz$$

例如，一条电话线可以接收频率为 300～3400Hz 的信号，此时这条传输线上的带宽就是 3100Hz。

信道容量是衡量一个信道传输数字信号的重要参数。信道容量是指单位时间内信道上能传输的最大比特数，用 bit/s 表示。当传输的信号速率超过信道的最大信号速率时，就会产生失真。

信道的带宽由传输介质、接口部件、传输协议及传输信息的特性等因素决定，它在一定程度上体现了信道的传输性能，是衡量传输系统的一个重要指标。信道的容量、传输速率和抗干扰性等均与带宽有着密切的联系。一般来说，信道的带宽大，信道的容量也大，其传输速率相应也高。

4. 延迟、抖动、吞吐量和丢包率

延迟也称时延，是指将 1bit 信息从网络的一端传输到另一端所花费的时间。延迟是严格用时间来测量的。

抖动也称可变延迟，是指在同一个路由上发送的一组数据中的数据包之间的时间差异。

吞吐量是指网络中发送数据包的速率，可用平均速率和峰值速率表示。

丢包率是指在网络中发送数据包时丢弃数据包的最高比率。数据包的丢包现象是由网络拥塞引起的。

这 4 个参数都是服务质量 QoS 的主要度量参数。

2.2 数据的传输

2.2.1 信道的通信方式

数据通信通常需要双向通信，能否实现双向通信是通道的一个重要特征。从通信双方信息交互的方式来看，信道的通信方式可以分为 3 种：单工、半双工和全双工。

1. 单工通信方式

单工通信就是指信息的传送始终保持一个方向，而不进行与此相反方向的传送，如图 2-7（a）所示。其中，A 端只能作为发送端发送数据，B 端只能作为接收端接收数据。

2. 半双工通信方式

半双工通信就是指信息流可在两个方向上传输，但同一时刻只限于一个方向的传输，如图 2-7（b）所示。其中，A 端和 B 端都具有发送和接收功能，但传输线路只有一条，即 A 端发送 B 端接收，或者 B 端发送 A 端接收。

3. 全双工通信方式

全双工通信能在两个方向上同时发送和接收信息，如图 2-7（c）所示。就好像 A、B 两端分别用上行专用线和下行专用线连接一样，双方都可以一边发送信息，一边接收信息。

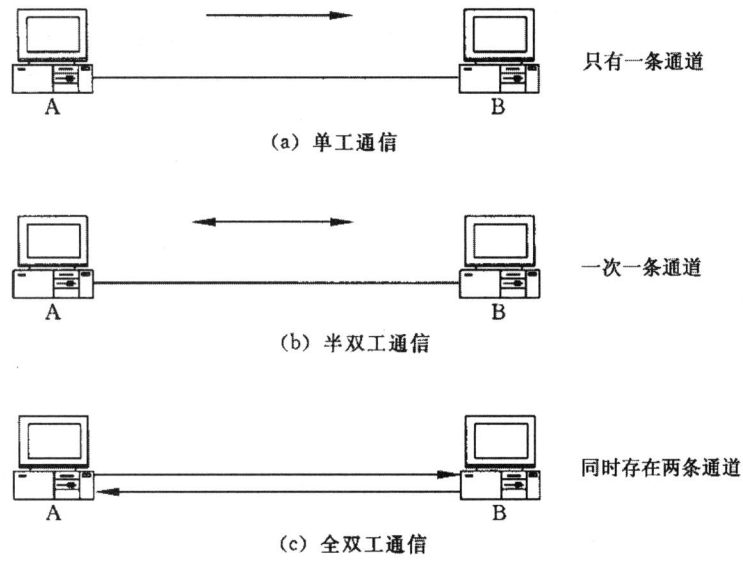

图 2-7　信道的通信方式（箭头表示信息流向）

2.2.2 信号的传输方式

1. 基带传输

所谓基带,就是指电信号固有的基本频率。例如,电视信号的基本频带为 0~6MHz;数字信号的基本频带为零至若干 MHz,由传输速率决定。当利用数据传输系统直接传输基带信号时,称为基带传输。

2. 频带传输

所谓频带传输,就是指利用调制器把二进制电信号调制成能在公共电话线上传输的音频信号(模拟信号),将音频信号在传输介质中传送到接收端,再经过解调器的解调,把音频信号还原成二进制的电信号。这种把数字信号经过调制后传输到接收端再解调还原成数字信号的传输就称为频带传输。频带传输克服了电话线上不能直接传送基带信号的缺点,并且能够达到多路复用的目的,从而提高了通信线路的利用率。

3. 宽带传输

宽带是指比音频带宽更宽的频带,它包括大部分电磁波频谱。使用这种宽带进行传输的系统,称为宽带传输系统。它可以容纳全部广播,并可进行高速数据传输。宽带传输系统允许在同一信道上进行数字信息和模拟信息服务。计算机局域网的数据传输系统使用基带传输和宽带传输两种方式,它们的主要区别在于数据传输速率不同。基带数据传输速率为 0~10Mbit/s,更典型的是 1~2.5Mbit/s;宽带数据传输速率为 0~400Mbit/s,常用的是 5~10Mbit/s。一个宽带信道能被划分为多个逻辑信道,这样就能把声音、图像和数据信息的传输综合在一个物理信道中进行了。

2.2.3 串行传送与并行传送

1. 串行传送

串行传送就是以比特为单位,按照字符包含的比特位的顺序,一位接一位地传送,到达对方后,由通信接收装置将串行比特流还原成字符,如图 2-8 所示。串行传送虽然速度较慢,但在接收端与发送端之间只需一根传输线即可,因而造价低,在计算机网络中被普遍采用。

图 2-8 串行传送

2. 并行传送

并行传送就是以字符为单位,一个字节一个字节地传送,即将一个字符包含的几个比特位同时在线路上进行传送,如图 2-9 所示。并行传送在单位时间内传送的信息量比串行传送在单位时间内传送的信息量高出好几倍，但是同时传送几个比特位就需要几根传输线，传输设备的费用也就相应提高，因此，并行传送一般用于近距离传输。

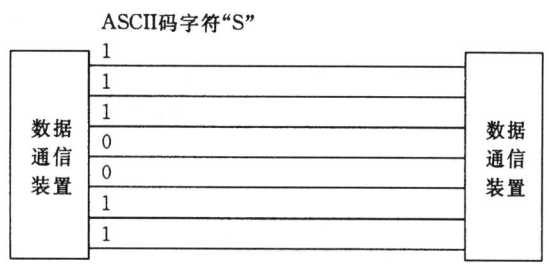

图 2-9　并行传送

2.2.4　同步传输和异步传输

在串行传送方式中，为了保证接收的二进制序列与发送的数据一致，并将其组合成字符，需要依靠收/发双方之间的定时机制来实现，这个定时机制就是通信中的同步技术。同步技术主要解决的是何时发送数据、双方传输速率是否一致、每个比特持续时间、比特间的时间间隔等问题，它直接影响通信质量。常用的同步技术有同步传输方式和异步传输方式两种，计算机网络主要采用同步传输方式。

1．同步传输

同步传输是以同步的时钟节拍发送数据信号的。因此，在一个串行的数据流中，各信号码元之间的相对位置都是固定的，接收方为了从收到的数据流中正确地区分出一个个信号码元，首先必须建立准确的时钟信号。在同步传输中，数据的发送一般以组（或称帧、包）为单位，一组数据包含多个字符的代码或多个独立的比特位，在组的开头和结束需要加上预先规定的起始序列和终止序列作为标志，如图 2-10 所示。

因为同步传输以数据块的方式传输，所以线路利用率高，它不需要起始位、停止位，中间不留空格也不用停顿，可连续不断地发送，多用于字符信息块的高速传输。一般在发送几千比特之后需要进行一次同步。但这种方式的收/发双方控制复杂，需要精度较高的时钟装置，对线路的要求也高。

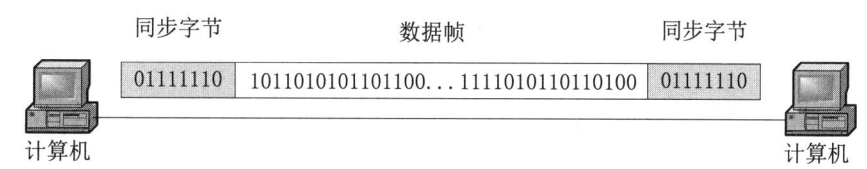

图 2-10　同步传输方式

2．异步传输

异步传输将比特分成小组进行传送，小组可以是 8bit（或更长）的 1 个字符。发送方可以在任何时刻发送这些比特组，而接收方不知道它们会在什么时候到达。这就像使用键盘输入字符到主机的过程一样,它允许码字之间存在不确定的空闲时间,即码字之间没有确定的时间关系。

在异步传输方式中,因为每个字符都带有起始位和停止位,所以可随时发送字符。当没有数据发送时,传输线一直处于高电平状态(停止位/逻辑1),一旦接收方检测到传输线上有从1到0的跳变,就意味着发送方已开始发送字符。接收方利用这个电平从高到低的跳变,启动定时机构并按发送的速率顺序接收字符,一个字符发送结束,发送方又使传输线处于高电平,直到发送下一个字符。由于每个字符都是相对独立传输的,因此,为了防止发送方和接收方的时钟漂移,要求它们的时钟必须同步,但因为一次只接收一个字符,所以对接收时钟的精度要求降低了。时钟同步的另一种方法是在发送方和接收方之间提供一条单独的时钟线。另外,还可以把时钟信息放入数据信号中实现时钟同步,如图2-11所示。

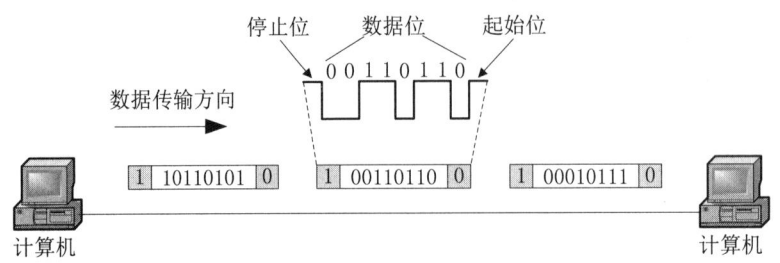

图2-11 异步传输方式

同步传输的效率高于异步传输的效率,缺点是线路控制比较复杂、要有发送检测同步字符的线路,如果时钟失步,就会破坏整个数据块的正确性。而异步传输以串行方式发送数据,并附有起始位和停止位,字符间通过空号(高电平)分隔,设备简单、技术容易、费用不高,但速率较低。对于异步传输,即使有一次时钟失步(实际是不太可能的),也只影响一个字符的正确接收。

2.3 信道复用技术

多路复用就是把来自许多信号源(如终端)的信号组合起来,再通过一条传输线路同时发送出去的过程。实现这一功能的设备是多路复用器。多路复用器连接有许多低速线路,并按一定的方法将它们的输入信号组合在一起,使特定的组合信号可以在一条高速线路上传送,从而提高线路的利用率,减少线路的接口数量,如图2-12所示。

目前常用的多路复用技术有4种:频分多路复用(Frequency Division Multiplexing,FDM)、时分多路复用(Time Division Multiplexing,TDM)、波分多路复用(Wavelength Division Multiplexing,WDM)和码分多路复用(Code Division Multiplexing Access,CDMA)。不管采用哪种技术,多路复用对用户来说都是完全透明的。

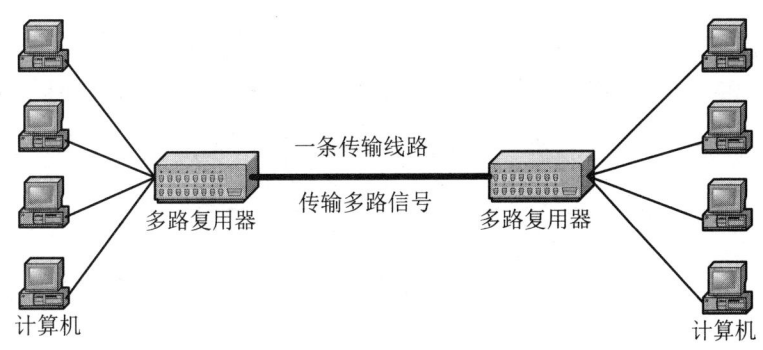

图 2-12 多路复用技术

2.3.1 频分多路复用

频分多路复用就是把传输线的可用带宽按不同的频率分割成若干独立的子频带信道,并把它们分配给每一个通信装置。这样,通信装置就能分别在自己的子频带信道上同时传输各自的信号,就好像一条马路按不同的速度划分成多个行车道一样。

频分多路复用适用于传输模拟信号的场合。例如,双绞线的带宽是 100kHz,每路电话信号需要 300Hz～3kHz,因此,利用频分多路复用技术,可以在同一根双绞线上同时传输多达 24 路电话信号,如图 2-13 所示,可以通过在频率调制时采用不同的载波来实现。

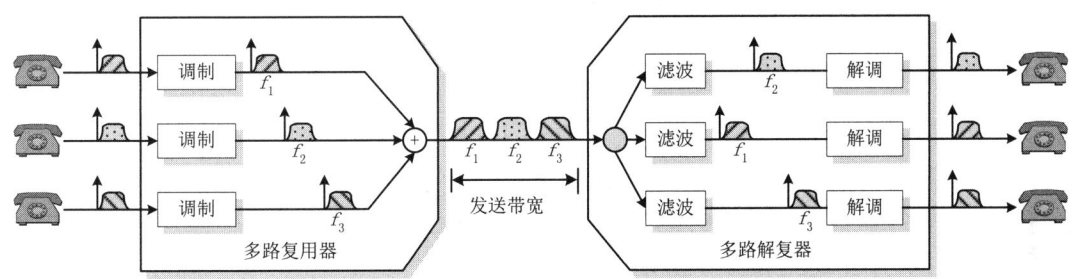

图 2-13 频分多路复用原理图

2.3.2 时分多路复用

时分多路复用适用于传输数字信号的场合,它在传输线路上建立高速数据流,把利用线路的时间分成周期性的时间片,再将时间片分配给各个独立的信道。也就是说,各个终端用户轮流分时地占有整个信道。这样,从宏观上看,各个终端用户是在同时利用一条传输线路进行通信,并都拥有整个信道带宽。由于时间片极小,所以用户感觉不出其他人也在使用线路。

时分多路复用技术又可分为同步时分多路复用(Synchronous Time Division Multiplexing,STDM)技术和异步时分多路复用(Asynchronous Time Division Multiplexing,ATDM)技术。

1. 同步时分多路复用技术

同步时分多路复用技术按照信号复用的路数划分时间片,每路信号具有相同大小的时间片。将时间片轮流分配给每路信号,该路信号在时间使用完毕以后要停止通信,并把物理信道让给下一路信号使用。当其他各路信号把分配到的时间片都使用完以后,该路信号再次取得时间片进行数据传输,这种方法叫作同步时分多路复用技术,如图 2-14 所示。

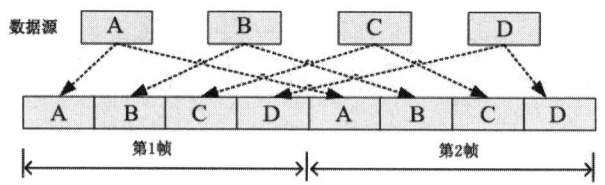

图 2-14　同步时分多路复用技术

同步时分多路复用技术的优点是控制简单、实现起来比较容易。同步时分多路复用技术的缺点是如果某路信号没有足够多的数据,则不能有效地使用它的时间片,从而造成资源的浪费;而有大量数据要发送的信道又由于没有足够多的时间片可利用,所以要等很长一段时间,从而降低了设备的利用率。

2. 异步时分多路复用技术

异步时分多路复用技术是指为大数据量传输的用户分配较多的时间片,为小数据量传输的用户分配较少的时间片,没有数据传输的用户就不再为其分配时间片。这时,为了区分哪个时间片是哪个用户的,必须在时间片上加上用户的标识。因为一个用户的数据并不按照固定的时间间隔发送,所以称为"异步",如图 2-15 所示。

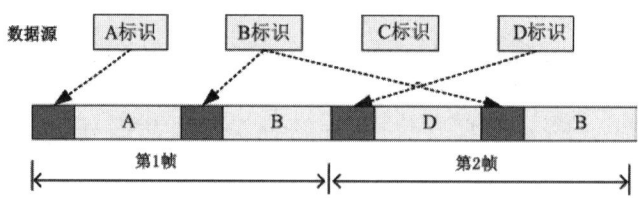

图 2-15　异步时分多路复用技术

这种方法提高了设备的利用率,但是技术复杂性也比较高,因此,这种方法主要应用于高速远程通信过程,如异步传输模式 ATM。

2.3.3　波分多路复用

波分多路复用主要用于全光纤网组成的通信系统。波分复用就是光的频分复用。人们借用传统载波电话的频分复用的概念,可以做到使用一根光纤同时传输多路频率很接近的光载波信号,从而提高了光纤的传输能力。

波分多路复用最初只能在一根光纤上复用两路光载波信号,而现在可以在一根光纤上复用 80 路或更多路数的光载波信号,这就是密集波分多路复用(Dense WDM,DWDM)。

图 2-16 显示的是一种在光纤上获得波分多路复用的简单方法:将两根光纤连接到一个棱镜/光栅上,每根光纤的能量处于不同的波段,两束光通过棱镜/光栅合成到一根共享光纤上,待传输到目的地,再将它们通过同样的方法解开。

图 2-16　波分多路复用

2.3.4 码分多路复用

码分多路复用又称码分多址，它既共享信道的频率，又共享时间，是一种真正的动态复用技术。码分多路复用原理是每个用户都可在同一时间使用同样的频带进行通信，但使用的是基于码型的分割信道的方法，即为每个用户分配一个地址码，各个码型互不重叠，通信各方之间不会相互干扰，且抗干扰能力强。码分多路复用技术主要应用于无线通信系统。关于码分多路复用，将在第 6 章进行详细介绍。

2.4 数据交换技术

在数据通信系统中，若终端与计算机之间，或者计算机与计算机之间不是直通专线连接，而是要经过通信子网的接续来建立连接，则两端系统之间的传输通路就是通过通信子网中的若干节点转接而成的"交换线路"，这类交换网络的拓扑结构如图 2-17 所示。数据交换是指数据在通信子网中各节点间的传输过程。采用交换技术，可以使通信传输线路为各个用户所公用，以提高传输设备的利用率、降低系统费用。

目前实现交换的方法很多，概括起来主要有电路交换、存储转发交换和高速交换技术三大类。

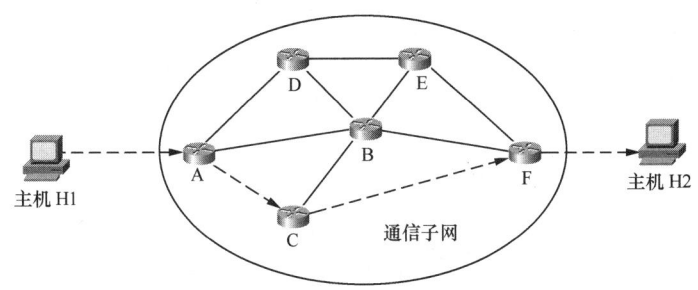

图 2-17　交换网络的拓扑结构

2.4.1 电路交换

电路交换也称线路交换，是一种直接的交换方式，用来为一对需要进行通信的节点提供一条临时的专用通道，即提供一条专用的传输通道，既可以是物理通道，又可以是逻辑通道（使用时分或频分多路复用技术）。这条通道是由节点内部电路对节点间传输路径经过适当选择、连接而完成的,是一条由多个节点和多条节点间的传输路径组成的链路。

1. 电路交换的过程

电路交换的过程分成电路建立、数据传输和电路拆除 3 个阶段。

(1) 电路建立。此阶段是通过源节点请求完成交换网中相应节点的连接过程,这个过程会建立起一条由源节点到目的节点的传输通道。在传输数据之前,要先经过呼叫过程建立一条端到端的电路,如图 2-17 所示,若主机 H1 要与主机 H2 通信,那么典型的做法是主机 H1 先向与其相连的 A 节点提出请求,然后 A 节点在通向 F 节点的路径中找到下一条支路。例如,A 节点选择经 B 节点的电路,在此电路上分配一个未用的通道,并告诉 B 节点要连接 F 节点;B 节点再呼叫 F 节点,建立电路 BF。最后,节点 F 完成到主机 H2 的连接。这样,节点 A 与节点 F 之间就有一条专用电路 ABF,用于主机 H1 与主机 H2 之间的数据传输。

(2) 数据传输。电路建立完成后,就可以在这条临时的专用电路上传输数据了,通常为全双工传输。如图 2-17 所示,电路 ABF 建立以后,数据就可以从节点 A 发送到节点 B,再由节点 B 交换到节点 F;节点 F 也可以经节点 B 向节点 A 发送数据。在整个数据传输过程中,建立的电路必须始终保持连接状态。

(3) 电路拆除。在完成数据传输后,源节点发出释放请求信息,请求终止通信,若目的节点接受释放请求,则发回释放应答信息。在电路拆除阶段,各节点相应地拆除该电路的对应连接,释放由该电路占用的节点和信道资源。如图 2-17 所示,数据传输结束后,由某一方(节点 A 或节点 F)发出拆除请求,然后逐节拆除到对方节点。

2. 电路交换的特征

电路交换的特征如下。

(1) 电路交换的优点是数据传输可靠、迅速,数据不会丢失且会保持原来的序列。

(2) 电路交换的缺点是电路一经建立,就归通信双方所有,因此利用率低、浪费严重。它适用于系统间要求高质量的大量数据传输的情况。

(3) 电路交换的特点是在数据传送开始之前,必须先设置一条专用的通道。在通道释放之前,该通道由一对用户完全占用。对于猝发式通信,电路交换效率不高。

电路交换所用的时间如图 2-18 所示。

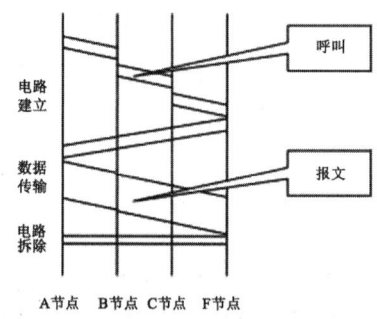

图 2-18 电路交换所用的时间

2.4.2 存储转发交换

存储转发交换就是在通信处理机中对所传信息进行存储转发的一种工作方式。当节点收到要求转发的信息后,不管是否接通了目的节点,都让发送节点发送信息,中间节点只起传递信息的作用,不要求必须把发送节点和接收节点连接之后才允许发送信息。这种交换方式要求信息有一定的格式。根据信息的大小,存储转发交换又可分为报文交换和分组交换。

1. 报文交换方式

报文交换方式就是指用户把需要传输的数据分割成一定大小的报文,每个报文要包含一个目的地址,以报文为单位在网络中传输。当某个节点收到一个不是传送给自己的报文且该报文所去目的地址的路径不空闲时,将该报文存储到本节点的外存储器中,并登入输出待发报文登记表中,等到该节点至该报文目的地址的路径空闲时,再将该报文往目的地址的方向发送。报文交换所用的时间如图2-19所示。

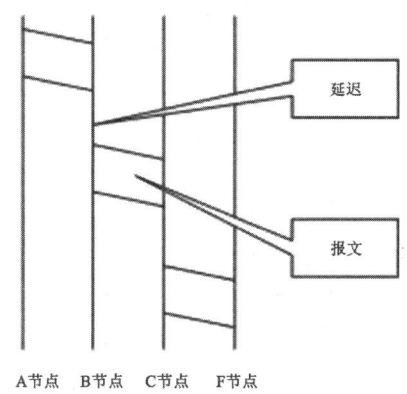

图 2-19 报文交换所用的时间

报文交换方式的主要优点:信道可被许多报文同时共享,线路效率比较高;在网络通信量较大时,报文不会被拒收,而且当原始报文不能通过网络时,报文可以复制、编写和存档;两个数据传输速率不同的站可以通过网络中的其他节点连接起来。报文交换方式的缺点是不适合用于实时通信或交互通信,网络传输延迟较长。报文交换的主要应用领域是电子邮件、电报、非紧急的业务查询和应答。

2. 分组交换方式

分组交换方式也称包交换方式,是报文交换的一种改进方式。它将用户发送的一个报文分割成若干规定长度的信息组,即分组信息,接着这些分组信息逐一地在网络上通过多个地点(分组交换)发送出去,当这些分组信息到达终点后,将它们重新装配成完整的报文。对于这种交换方式,在主机中产生的信息是以报文形式出现的,送到主机中的信息也是报文形式。也就是说,主机与主机间是以报文形式进行通信的。报文是面向用户的,是根据用户需要而定的,其格式和长度都是与用户使用要求紧密相连的。而分组是面向网络的,是为传输方便而采取的措施,无论什么用户,在同一个计算机网络中,其分组的格式都是一样的。分组交换方式具有电路交换方式和报文交换方式的共同优点,并将它们的缺点减至最少。分组交换的主要应用领域是需要快速查询和应答的任何场合，如信用核实、储备、电子转账及股票牌价等。

（1）虚电路分组交换。

虚电路分组交换将存储转发交换方式和电路交换方式结合起来，发挥两种方式的优点，以达到最佳的数据交换效果。如图 2-20 所示，虚电路分组交换需要在发送方（主机 H1）与接收方（主机 H2）之间建立一条逻辑通路（如 ACF），每个分组除了包含数据，还包含一个虚电路标识符。预先建好的路径上的每个节点能把这些分组引导到哪里去不再需要路由来选择判定。之所以称之为"虚"电路，是因为这条电路不是专用的。虚电路分组交换所用的时间如图 2-21 所示。

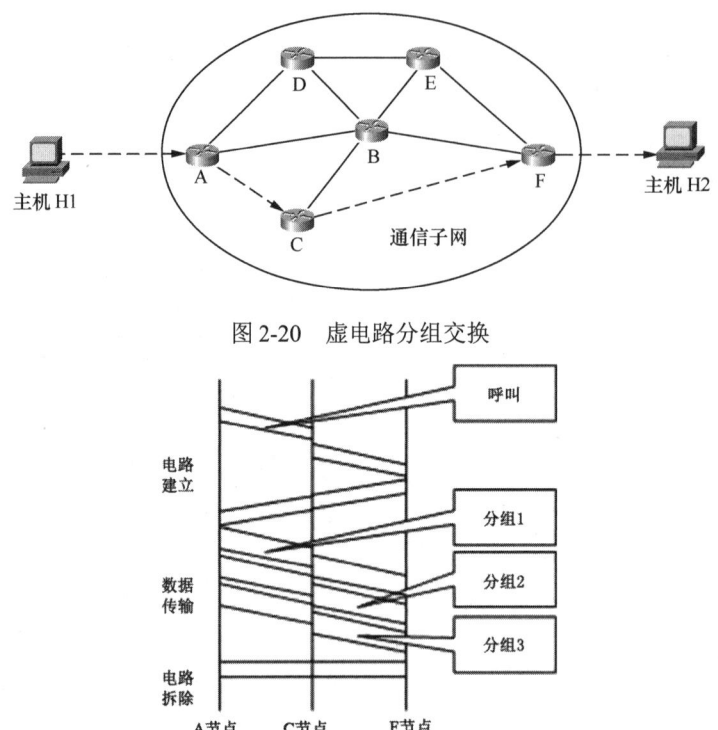

图 2-20　虚电路分组交换

2-21　虚电路分组交换所用的时间

（2）数据报分组交换。

如图 2-22 所示，在进行数据报分组交换时，发送方（主机 H1）发送的每个分组都独立地通过存储转发交换方式传输到接收方（主机 H2），每个分组在通信子网中都可以通过不同的传输路径（ABCF 和 ADEF）传输，到了接收方再组合起来。数据报分组交换所用的时间如图 2-23 所示。

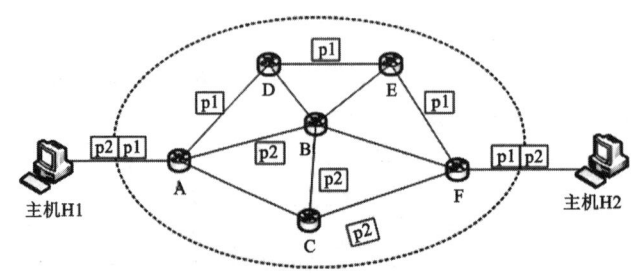

图 2-22　数据报分组交换方式

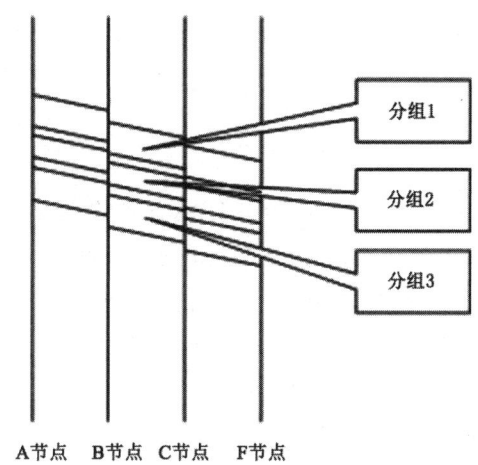

图 2-23　数据报分组交换所用的时间

2.4.3　高速交换技术

传统的交换技术不能满足多媒体业务的应用，提高交换速度的方案有帧中继和 ATM（异步传输模式）等。

1．帧中继交换方式

针对信道质量差、误码率较高问题，分组交换技术采取帧校验、接收确认和流量控制等措施来提高传输的可靠性。但同时严重地限制了帧的传输速率。帧中继是在分组交换（X.25）的基础上简化了差错控制（包括检测、重发和确认）、流量控制和路由选择功能而形成的一种新型的交换技术。帧中继以帧为单位进行交换，传输速率可达 2.048Mbit/s。

帧中继的通信子网只有物理层和数据链路层，没有网络层，差错控制仅在源端和目的端进行，并在数据链路层通过永久虚电路的映射进行路由选择。

2．信元交换方式

信元是比帧更小的信息单元，由信头和信息段组成，传输系统通过信头识别通路。在 ATM 中，信元规定为 53 字节，前 5 个字节为信头，其余 48 个字节为信息段。这样，每个信元都花费同样的传输时间，从而可以把信道的时间划分为一个时间片序列，每个时间片用来传输一个信元。当交换器有信元发送时，便逐个时间片地把信元投入信道；接收时，若信道不空，那么也将逐个时间片地取得信元，时间片和信元一一对应。这种对应关系可大大简化对信元的传输控制，便于采用高速硬件对信头进行识别和交换处理。

在 ATM 中，只要信道空闲，便将信元投入信道，这有利于提高信道利用率。由于发送无固定周期，因而称为异步传输模式。

2.5 差错控制

数据通信传送的是数字信号，它比模拟信号（如声音）更容易受到干扰。例如，人讲话的最小音节是 0.1s 左右，而几十 ms 的干扰并不会妨碍语音的接收，加之人在听话时有逻辑判断能力，个别字听不清，有时并不影响对整个句子的正确理解。而数字信号则不同，以最低速率 50bit/s 为例，这时一个二进制信号（1bit）的最小音节才 20ms，因此，几十 ms 的干扰就会造成位信号出错，从而造成传输数据的错误。数据传输速率越高，干扰影响就越大。如果对此不加控制，那么接收方的设备是不会自行发现和纠正的，由此带来的损失也是难以估计的。

所谓差错控制，就是指在进行数据通信时，如何发现所传送的信息是否有错及发现错误时如何处理。网络设计者已经研究出两种基本的策略，用来处理差错：一种策略是在每个要发送的数据块上附加足够的冗余信息，使接收方能够推导出发出的字符应该是什么；另一种策略是只加入足够的冗余位，使接收方知道有差错发生，但不知道是什么样的差错，然后让接收方发出否定回答，请求发送方重传。前者使用纠错码，如汉明码；后者使用检错码，如奇偶校验码和循环冗余校验码等。纠错码适用于单工信道且不可能要求重传的场合，它的附加信息量大。在大多数情况下，采用检错码加重传更好，因为其效率更高。

2.5.1 差错类型、差错控制方法、检错码和纠错码

1. 差错类型

差错可分为单比特差错和突发差错两类。其中，单比特差错是指在传输的数据单元中只有一个比特发生了改变（0 变 1 或 1 变 0）；突发差错是指在传输的数据单元中有两个或两个以上的比特发生了改变，这两个或两个以上的比特不一定连续，只要在一个帧内即可。

2. 差错控制方法

提高通信可靠性的方法有以下两种。

（1）从硬件入手：选用高质量的传输介质并提高信号功率强度，采取最佳的信号编码方式和调制手段，使传输信号特性与信道特性达到最佳匹配度，但这种方法大大增加了通信成本，这也是物理层的事情。

（2）在传输过程中进行差错控制：在数据链路层采用编码的方法进行查错或纠错处理。需要注意的是，数据链路层编码和物理层编码是不同的，物理层编码针对的是单个比特，主要解决传输过程中比特的同步等问题，如曼彻斯特编码；而数据链路层编码针对的是一组比特，它通过冗余码技术来检查一组二进制比特串在传输过程中是否出现了差错。

3. 检错码和纠错码

检错码只能发现错误，不能纠正错误。自动请求重发（Automatic Repeat request，ARQ）使用的是检错码。ARQ 使用了冗余技术，所谓冗余技术，就是在发送方的数据单元中增加一些用

于检查差错的附加位,便于接收端进行检错。一旦传输的正确性被确认,这些附加位就被接收端丢弃,并给发送端发一个确认应答(ACK);当接收端接收到的检错码检测到差错时,就给发送端发送一个否定应答(NAK),并要求发送端重发数据。

纠错码既能检错,又具有自动纠错能力。差错控制方式有前向纠错(Forward Error Correction,FEC)和混合纠错(Hybrid Error Correction,HEC)两种。FEC 利用纠错码,接收端译码器能发现错误并能准确地判断差错的位置,从而自动纠正它们。HEC 接收端译码器收到码组后,首先检验传输差错情况,如果差错在纠错能力以内,则自动进行纠错;如果差错超过了纠错能力,则给发送端反馈信息,请求重发出错的码组。

纠错码比检错码复杂得多,并且需要足够多的冗余位,实现起来较复杂,编码和解码速度慢,效率较低,造价高且费时。纠错码一般用于没有反向信道或线路传输时间长、重发费用较高的场合。大多数纠错技术只纠正一组比特中的 1~3 个比特的差错,因此,在计算机网络中,大多数采用的是检错码。下面介绍几种常用的差错控制编码方法。

2.5.2 差错控制编码方法

1. 奇偶校验码

常用的奇偶校验码有两种,即垂直奇偶校验码和水平奇偶校验码。垂直奇偶校验码的编码规则是在发送的数据块后附加一位校验位,该位的取值由采用的校验方法和原数据块中 1 的个数决定。例如,传输的数据信息为 1010001,当采用偶校验时,附加位为 1,发送的数据信息变为 10100011;当采用奇校验时,附加位为 0,此时数据信息变为 10100010。接收方只需根据校验方法即可知道接收的数据是否有错。水平奇偶校验码是将发送的数据块组成一个 N 列×K 行的比特矩阵,并对每列的奇偶位分别进行计算,形成一个校验行,附加在矩阵的最后(第 $K+1$ 行),然后对矩阵按行发送。当块到达时,接收方检测所有的奇偶位,只要其中任何之一有错,就要重传整个数据块。

奇偶校验的方法简便、易于硬件实现,而且可以把水平和垂直两个方向组合起来,形成水平垂直奇偶校验或斜奇偶校验。这种方法的缺点是校验能力很低,只能校出 1 或 0 有奇数错误,却不能确定是 1 个还是 3 个或更多个奇数错误,它也不能发现偶数个错误及出现 1 错与 0 错次数之和为偶数的错误(但它能改善一个数量级的误码率)。

奇偶校验码的工作过程如图 2-24 所示。

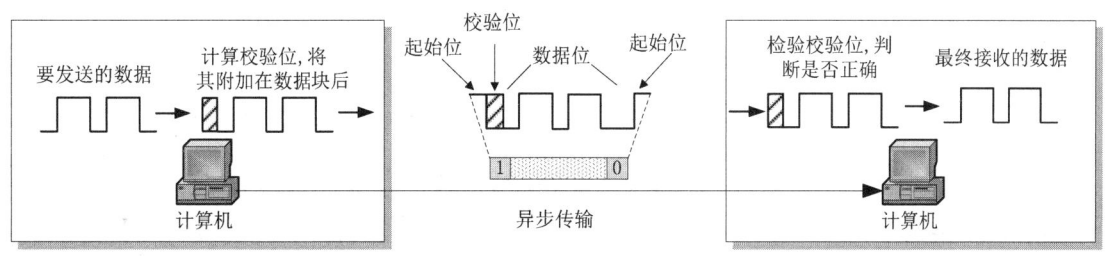

图 2-24 奇偶校验码的工作过程

2. 循环冗余码（CRC）

循环冗余码是一种较为复杂的校验方法，它先将要发送的信息数据与一个通信双方共同约定的数据进行除法运算，并根据余数得出一个校验码；然后将这个校验码附加在信息数据帧之后发送出去。接收端接收数据后，将包括校验码在内的数据帧与约定的数据进行除法运算，若余数为 0，就表示接收的数据正确；若余数不为 0，则表明数据在传输的过程中出错。使用循环冗余码的数据传输过程如图 2-25 所示。

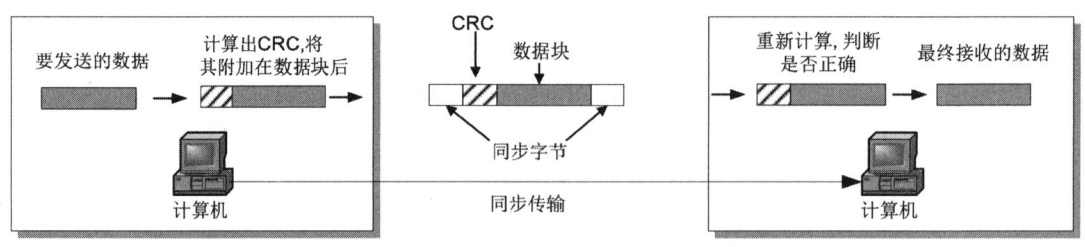

图 2-25　使用循环冗余码的数据传输过程

2.6　实验：组建对等网

1．实验目的

（1）了解网卡、通信协议和计算机中文件共享服务的安装及作用。

（2）掌握局域网客户端计算机的设置方法。

（3）掌握利用交叉连接双绞线组建小型局域网（对等网）的方法。

2．实验环境

每组（有条件的话每个人）安装 Windows 7 系统的计算机两台、交叉连接双绞线 1 根。

3．实验课时

本实验需要 2~4 课时。

4．实验内容

本实验不设置专用服务器，其拓扑结构如图 2-26 所示。

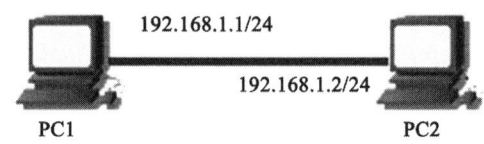

图 2-26　对等网拓扑结构

5．实验步骤

步骤 1：使用第 1 章实验制作的交叉连接线将两台计算机直接相连起来。

步骤 2：设置 PC1 的 IP 地址。

（1）在桌面上单击鼠标右键，然后在弹出的快捷菜单中选择"网络"→"更改适配器设置"选项，打开如图 2-27 所示的"网络连接"窗口。

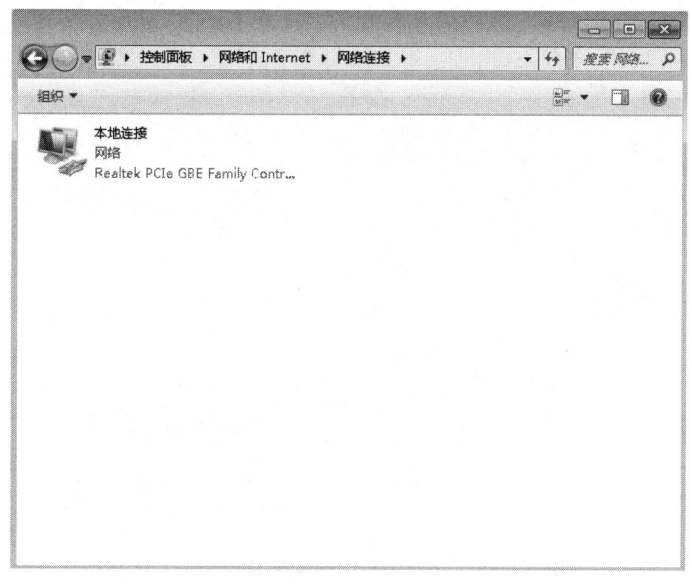

图 2-27　"网络连接"窗口

（2）右击"网络连接"窗口中的"本地连接"图标，在弹出的快捷菜单中选择"属性"命令，打开如图 2-28 所示的"本地连接 属性"对话框。

（3）选择"此连接使用下列项目"列表框中的"Internet 协议版本 4（TCP/IPv4）"选项，再单击"属性"按钮；或者双击"Internet 协议版本 4（TCP/IPv4））"选项，打开如图 2-29 所示的"Internet 协议版本 4（TCP/IPv4）属性"对话框。

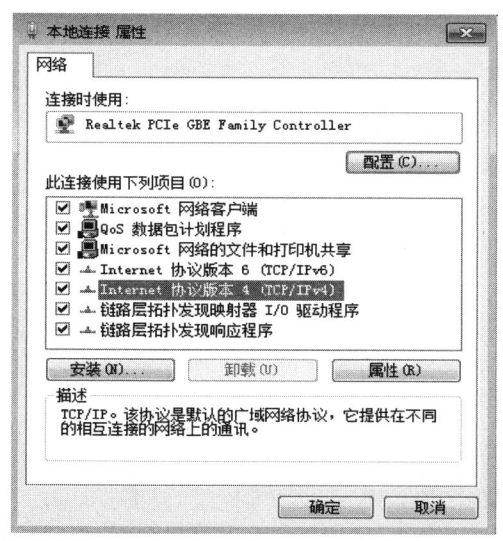
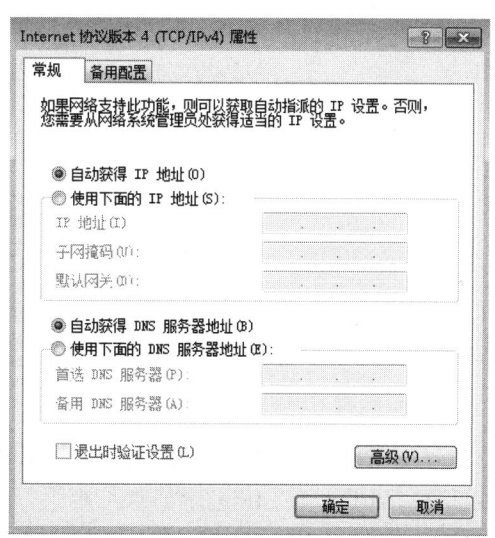

图 2-28　"本地连接 属性"对话框　　　图 2-29　"Internet 协议版本 4（TCP/IPv4）属性"对话框

（4）选择"使用下面的 IP 地址"单选按钮，并在"IP 地址"和"子网掩码"数值框中输入相应的数据，如图 2-30 所示。

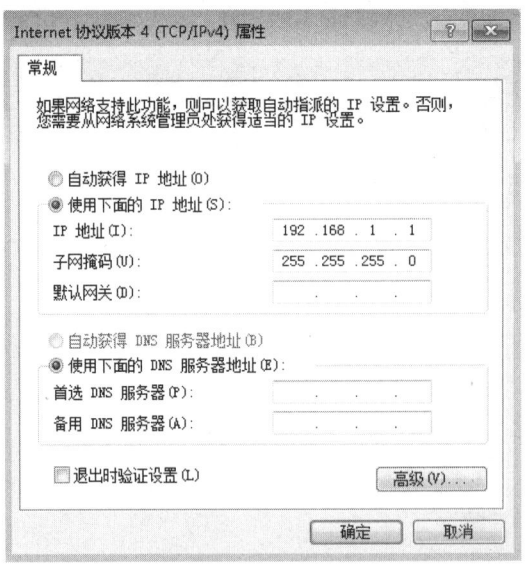

图 2-30　设置 IP 地址

（5）连续单击"确定"按钮，完成设置。至此，IP 地址设置完成。

（6）使用同样的方法，设置 PC2 的 IP 地址为 192.168.1.2，子网掩码为 255.255.255.0。

步骤 3：网络连通性测试与故障排查。

IP 地址设置完成后，应使用 TCP/IP 工具程序 ipconfig 和 ping 检查 TCP/IP 是否已经安装并准确配置。具体操作如下。

（1）执行 ipconfig 命令，检查 TCP/IP 是否已经正常启动、IP 地址是否与其他主机冲突。实现上述功能的步骤如下：选择"开始"→"运行"命令，输入"cmd"，如图 2-31 所示。

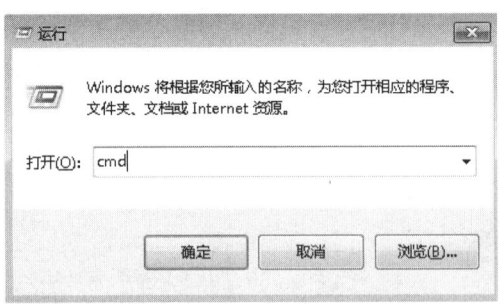

图 2-31　运行 cmd 命令

在打开的窗口中输入"ipconfig"并按 Enter 键，会出现如图 2-32 所示的窗口内容。如果正常，则会出现用户的 IP 地址、子网掩码等信息；如果提示 IP 地址和子网掩码均为 0.0.0.0，则表示 IP 地址与网络上的其他主机冲突；如果使用自动获得 IP 地址方式，但找不到 DHCP 服务器，则会出现一个专用的 IP 地址。

图 2-32 ipconfig 执行结果

（2）使用 ping 命令检测网络连通性。

① 使用 ping 命令测试 lookback 地址 127.0.0.1，验证网卡是否可以正常传送 TCP/IP 数据：可在 cmd 命令窗口中输入"ping 127.0.0.1"进行回环测试，其数据直接由输出缓冲区传回输入缓冲区，并没有离开网卡。通过命令可以检查网卡驱动程序是否正常运行，如果正常，则会出现如图 2-33 所示的结果。

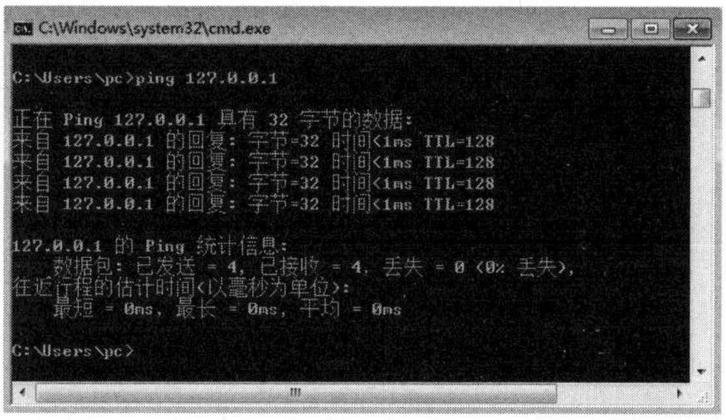

图 2-33 ping 命令检测网卡、TCP/IP 协议运行正常结果

如果应答信息中出现"request time out"，则说明计算机网卡、TCP/IP 配置有问题，需要重新检查网卡和 TCP/IP 的配置。

② ping 网络中的其他主机：若出现如图 2-34 所示的信息，则表示本主机与网络中的其他主机（本例 IP 地址为 192.168.1.2 的主机）能够正常通信。

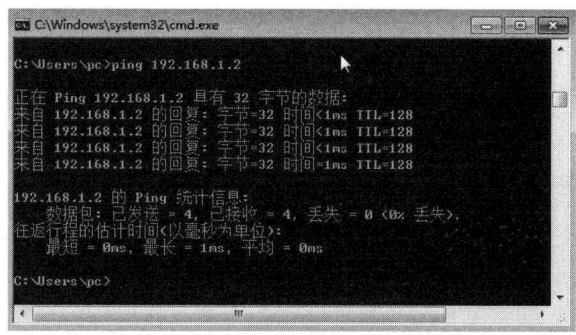

图 2-34 ping 网络中的其他主机

6. 实验小结

实际上，组建对等网非常简单，但 IP 地址等信息设置的正确与否起关键性的作用，再就是很多网络故障通常来自网络的物理连接。因此，在组建对等网时，在保证 IP 地址等信息设置正确的同时，要注意线缆与接口的好坏。

思考与练习

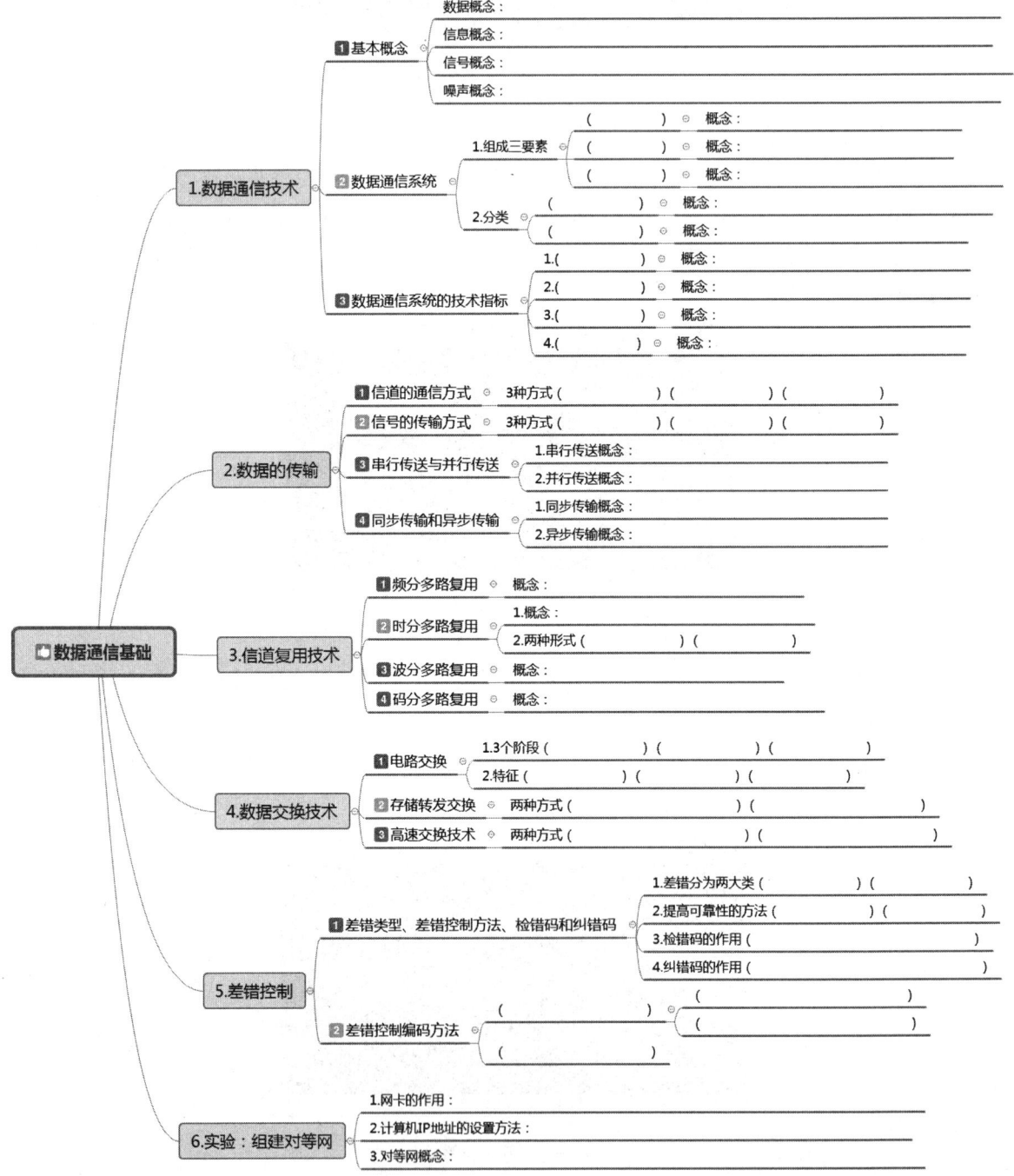

第 3 章

计算机网络体系结构

主要内容

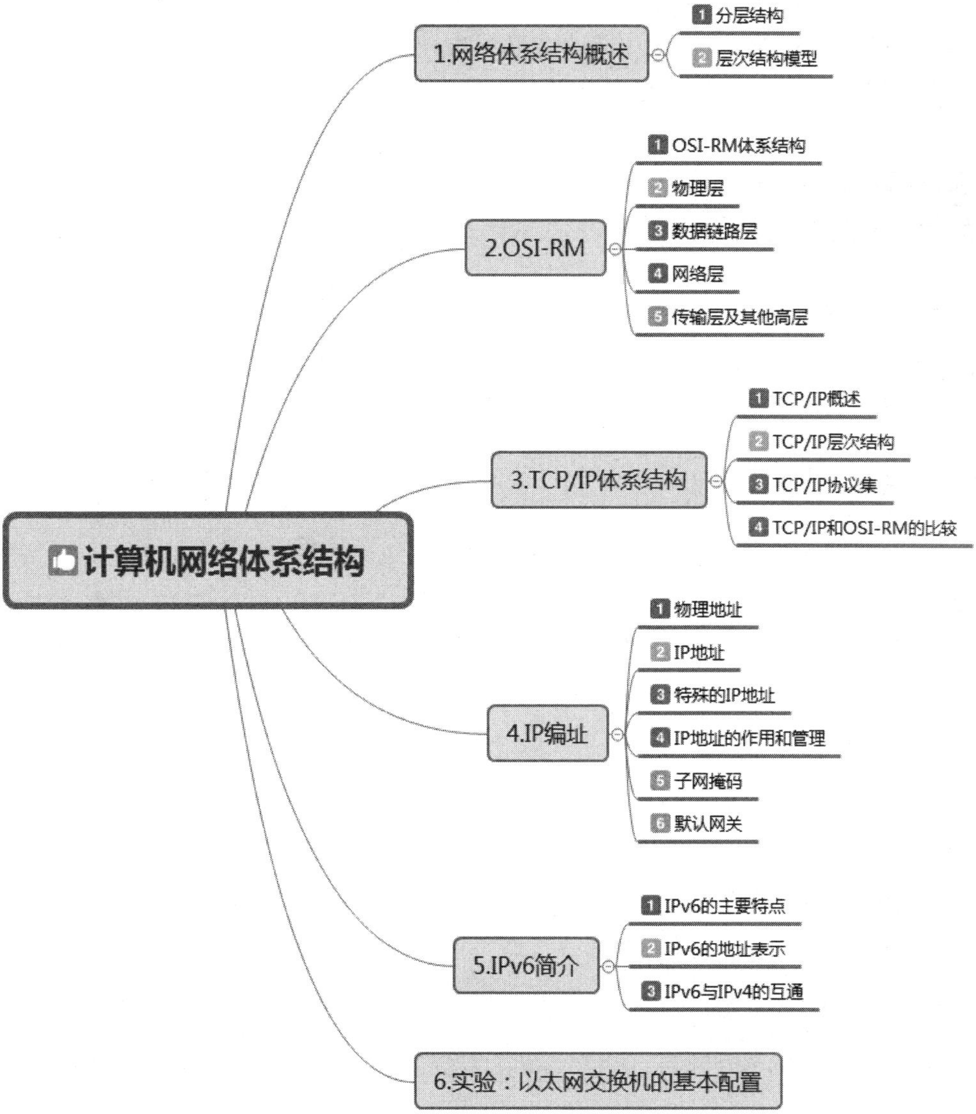

- 计算机网络体系结构
  - 1.网络体系结构概述
    - 1 分层结构
    - 2 层次结构模型
  - 2.OSI-RM
    - 1 OSI-RM体系结构
    - 2 物理层
    - 3 数据链路层
    - 4 网络层
    - 5 传输层及其他高层
  - 3.TCP/IP体系结构
    - 1 TCP/IP概述
    - 2 TCP/IP层次结构
    - 3 TCP/IP协议集
    - 4 TCP/IP和OSI-RM的比较
  - 4.IP编址
    - 1 物理地址
    - 2 IP地址
    - 3 特殊的IP地址
    - 4 IP地址的作用和管理
    - 5 子网掩码
    - 6 默认网关
  - 5.IPv6简介
    - 1 IPv6的主要特点
    - 2 IPv6的地址表示
    - 3 IPv6与IPv4的互通
  - 6.实验：以太网交换机的基本配置

知识目标

（1）掌握网络体系结构的概念。
（2）理解网络协议的概念。
（3）掌握 OSI-RM 的层次结构和各层的功能。
（4）掌握 TCP/IP 体系结构各层的功能。
（5）掌握 IP 地址、子网掩码及 IPv6 的概念。

技能目标

（1）能够清晰地描述 OSI-RM 与 TCP/IP 体系结构的共同点和差别。
（2）能够表述 IP 地址、子网掩码和默认网关的作用。
（3）能够清晰地描述 IPv4 和 IPv6 的差别。

3.1 网络体系结构概述

计算机网络系统的功能强大、规模庞大，通常采用高度结构化的分层设计方法将网络的通信子系统划分成一组功能分明、相对独立和易于操作的层次，依靠各层之间的功能组合提供网络通信服务，从而降低网络系统设计、修改和更新的复杂性。

3.1.1 分层结构

与计算机系统的多级层次体系结构一样，网络系统也按层或级的方式来组织，每层都建立在它的下层之上。不同网络的层的数量、各层的名字、内容和功能都不尽相同。然而，在所有的网络中，每层的目的都是向它的上一层提供一定的服务，而把如何实现这一服务的细节对上层加以隐蔽。

1. 分层结构的原则

计算机网络分层时要遵循的原则如下。

（1）结构清晰，层数适中。层数过多会导致结构过于复杂，在描述和实现各层功能时会遇到困难；层数过少会使功能划分不明确，多种功能聚集在一个层次，每层的协议会很复杂。

（2）层间接口清晰，跨越接口的通信量尽可能小。

（3）每层都通过层间接口使用下层的服务，并为上层提供服务。

（4）网络中各节点都有相同的层次，各节点的对等层按照协议实现对等层之间的通信。

2. 分层结构的优点

将计算机网络结构进行分层是处理复杂问题的一种有效方法，合理的分层结构的优点如下。

（1）易于实现和维护。系统被分割为相对简单的若干层，使得实现和调试一个复杂系统变得易于处理，只需分层去实现和维护即可。

（2）灵活性好。当某层的功能需要发生变化时，只要层间的接口关系保持不变，该层的相邻上下各层就都不会受到影响，这有利于技术进步和模型的改进。当不再需要某层的服务时，可以把该层取消或将其与相邻层合并。

（3）各层功能明确，相对独立。由于每层的功能都是独立的，所以对其进行修改和增加，不会影响其他控制层。这便于各层软硬件和互相连接设备的开发。

（4）易于标准化工作。各层结构清晰，每层的功能服务都有精确的说明，容易理解和标准化。

3. 层次结构中的相关概念

（1）协议（Protocol）。

所谓协议，就是指在两台通信设备之间管理数据交换的一整套规则。任何一种通信协议都包括3个组成部分：语法、语义和定时，即协议的3要素。协议的语法定义了怎样进行通信，它关系到字的排列，并与报文的形式有关，如ASCII码或EBCDIC字符编码。协议的语义定义了什么是通信，它研究字的含义，或者说研究报文的每一部分的含义，如报文的一部分可能是控制信息，而另一部分则是正在通信的数据。协议的定时关系到何时进行通信，如同步传输和异步传输。

为了使两台通信设备能顺利地进行通信，它们必须"讲相同的语言"，这是通过采用通信设备可以相互接受的一整套规则（约定）来完成的。可以这样说，存在通信的地方就有协议。例如，人与人打电话的情况，先要拿起听筒，然后拨通对方的电话号码并等待对方接电话，在对方接电话后，要互相确认身份，接着才进入谈话正题，谈话完毕，相互致意并挂断电话。按照上述顺序（或称为规则）打电话，即遵守了广义上的协议。

（2）实体（Entity）。

在网络分层体系结构中，每层都由一些实体组成，这些实体抽象地表示了通信时的软件元素（如进程或子程序）或硬件元素（如智能I/O芯片等）。实体是通信时能发送和接收信息的任何软/硬件设施。

（3）接口（Interface）。

在分层结构中，各相邻层之间要有一个接口，它定义了较低层向较高层提供的原始操作和服务。相邻层通过它们之间的接口交换信息，高层并不需要知道低层是如何实现的，只需知道该层通过层间的接口提供的服务即可，这样使得两层之间保持了功能的独立性。

（4）服务（Service）。

在网络分层模型中，每层为相邻的上一层提供的功能称为服务。

3.1.2 层次结构模型

层次结构一般以垂直分层模型表示，如图 3-1 所示。

（1）除在物理介质上建立的物理连接是实通信外，其他各对等层之间的连接都是建立在逻辑连接上的虚通信。

（2）各对等层间的虚通信必须遵循层的协议。

（3）n 层的虚通信是通过 n 层和 $n-1$ 层的层间接口处 $n-1$ 层提供的服务及 $n-1$ 层的通信来实现的。

在如图 3-1 所示的结构中，n 层既是 $n-1$ 层的用户，又是 $n+1$ 层的服务提供者。$n+1$ 层直接使用 n 层的服务，间接使用 $n-1$ 层及以下所有各层的服务。

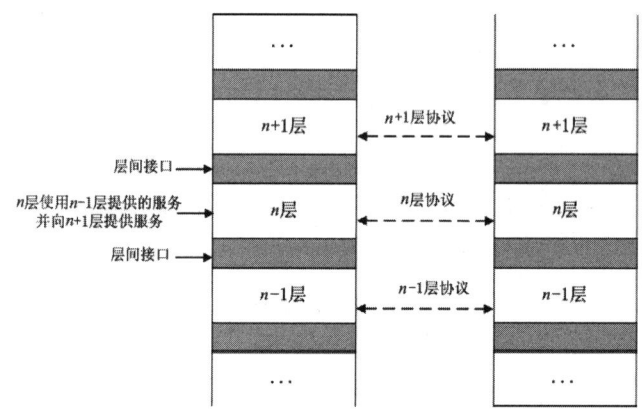

图 3-1 网络分层结构示意图

3.2 OSI-RM

由于各个计算机厂家都有自己的网络体系结构，各个不同的网络体系结构又都有各自不同的分层，所以不同厂家的网络产品很难互连。为了能让不同的计算机网络实现互连，国际标准化组织（ISO）于 1983 年提出了一种让各种计算机在世界范围内实现互连的标准框架，就是著名的开放系统互连参考模型（Open Systems Interconnection Reference Model，OSI-RM）。这是一个标准化开放式计算机网络层次结构模型，只要遵循 OSI-RM 标准，世界上任何地方的两个系统就都能够互相连接并通信。

3.2.1 OSI-RM 体系结构

OSI-RM 采用层次结构，将整个网络的功能划分成 7 个层次，而且两个通信实体之间的通信必须遵循这 7 层结构，如图 3-2 所示，这 7 个层次从下至上依次为物理层（Physical Layer，PL）、数据链路层（Data Link Layer，DLL）、网络层（Network Layer，NL）、传输层（Transport Layer，TL）、会话层（Session Layer，SL）、表示层（Presentation Layer，PL）和应用层（Application

Layer，AL）。

OSI-RM 的最高层为应用层，用以面向用户提供应用服务；最低层为物理层，用以连接通信媒体，实现数据传输。层与层之间的联系是通过各层之间的接口实现的，上层通过接口向下层提出服务请求，下层通过接口向上层提供服务。当两台用户计算机通过网络进行通信时，除物理层之外，其余各对等层之间均不存在直接的通信关系，而是通过各对等层的协议来进行通信的，如两个对等的网络层使用网络层协议进行通信。只有两个物理层之间才通过媒体进行真正的数据通信。

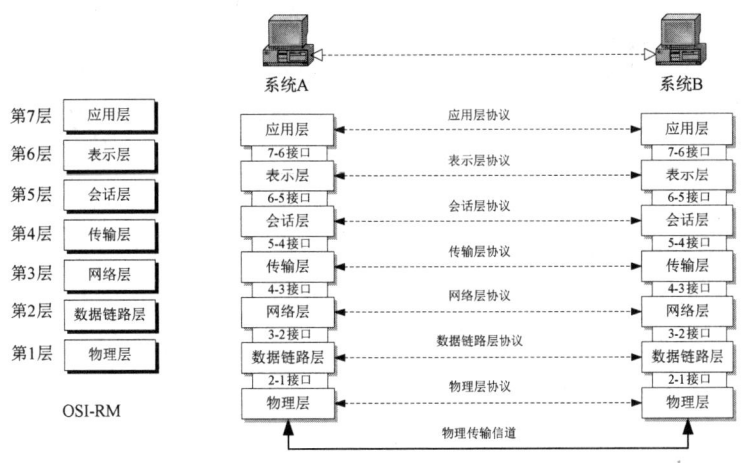

图 3-2　OSI-RM

在 OSI-RM 的 7 层模型中，处于底部的 3 层被称为通信子网，主要通过相关网络硬件来完成通信功能；处于顶部的 3 层主要通过相关协议为用户提供网络服务，称为资源子网；中间的传输层的作用是屏蔽具体通信的细节，起着衔接上、下 3 层的作用，使得高层不用关心具体的通信实现而只进行信息的处理。一般来说，通信子网只涉及低 3 层的结构，因此，两个通信实体之间的层次结构如图 3-3 所示。

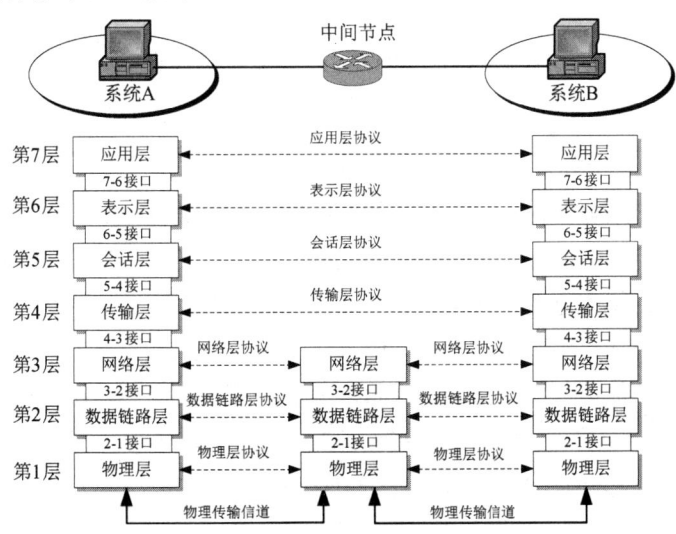

图 3-3　两个通信实体之间的层次结构

值得注意的是，OSI-RM 本身只给出了一些原则性的说明，它并不是一个具体的网络。它并未确切地描述用于各层的服务和协议，而仅仅告诉我们每一层应该做什么。不过，OSI-RM 已经为各层制定了标准，且作为独立的国际标准而公布。

1．OSI-RM 帧的形成

下面通过图 3-4 来说明帧的形成，以帮助读者理解数据传输过程中各层的关系。假定在该实例应用中，所有 7 层都包含规定的协议和功能。

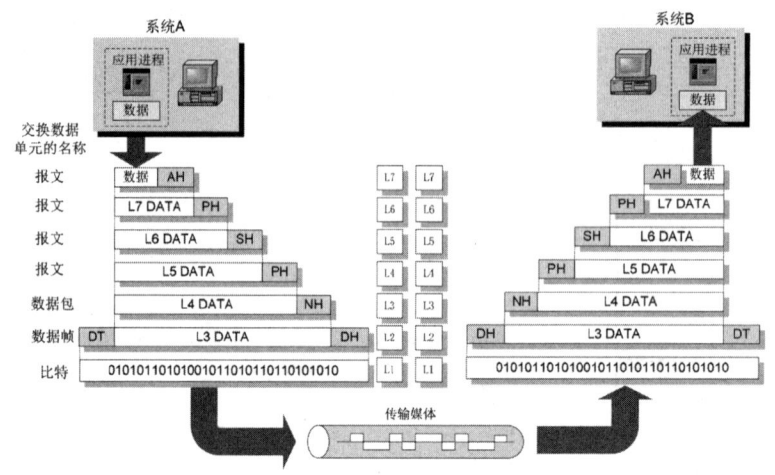

图 3-4　帧的形成与通信顺序

（1）当系统 A 与系统 B 在一条通信信道上进行通信时，数据从 A 传到 B。

（2）当 A 传送给 B 的数据通过第 7 层移到第 3 层时，会采集每层的首标，而首标则加到数据单元上。所有的首标（加上 A 传到 B 的数据）成为第 3 层上的 packet（数据包）。

（3）在数据链路层，帧包括控制字段和数据等信息。帧拥有由数据链路层提供的数据组（数据包）、首标及尾标。

（4）在物理层传送的数据采取原始位的形式。接收方接收原始位，在原始位通过各层时，把首标信息分离出来。

（5）B 接收和解释 A 传给 B 的数据。

整个过程中最关键的概念是，虽然数据的实际传输方向是垂直的，但每层编程时好像数据一直是水平传输似的。例如，当发送方的传输层从会话层得到报文后，会给层加上一个传输层报头，然后把报文发给接收方的传输层。从发送方传输层的观点来看，实际上它必须把报文交给同机内的网络层，但在分层网络体系结构中，这一事实只是并不重要的技术细节。这个过程就像邮政信件的传递，加信封、加邮袋、上邮车等，在各个邮递环节加封、传递，收件时再层层去掉封袋。

2．OSI-RM 各层的基本功能

OSI-RM 各层的基本功能如下。

（1）物理层：在物理信道上传输原始的数据比特（bit）流，提供建立、维护和拆除物理链路连接所需的各种传输介质、通信接口特性等。

（2）数据链路层：在物理层提供比特流服务的基础上建立相邻节点之间的数据链路，通过差错控制提供数据帧，在信道上无差错地传输，并进行数据流量控制。

（3）网络层：为传输层的数据传输提供建立、维护和终止网络连接的手段；把上层传送来的数据组织成数据包并在节点之间进行交换传送；负责路由控制和拥塞控制。

（4）传输层：为上层提供端到端（最终用户到最终用户）的透明、可靠的数据传输服务。所谓透明传输，就是指在通信过程中，传输层对上层屏蔽了通信传输系统的具体细节。

（5）会话层：为表示层提供建立、维护和结束会话连接的功能，并提供会话管理服务。

（6）表示层：为在应用进程之间传送的信息提供表示方法的服务，如数据格式的变换、文本压缩和加密技术等。

（7）应用层：为网络用户或应用程序提供各种服务，如文件传输、电子邮件（E-mail）、分布式数据库、网络管理等。

3.2.2 物理层

物理层是 OSI-RM 分层体系结构中的最底层，向下直接与传输媒体连接，如图 3-5 所示。它是建立在通信介质的基础上，用来实现设备之间连接的物理接口，是数据链路层和传输媒体之间的逻辑接口，实现物理链路的建立、保持和拆除功能；在两个或多个节点互连的链路上，进行发送端到接收端位流的传送。需要注意的是，物理层不是指某个物理设备，而是对通信设备和传输媒体之间互连的接口的描述与规定。

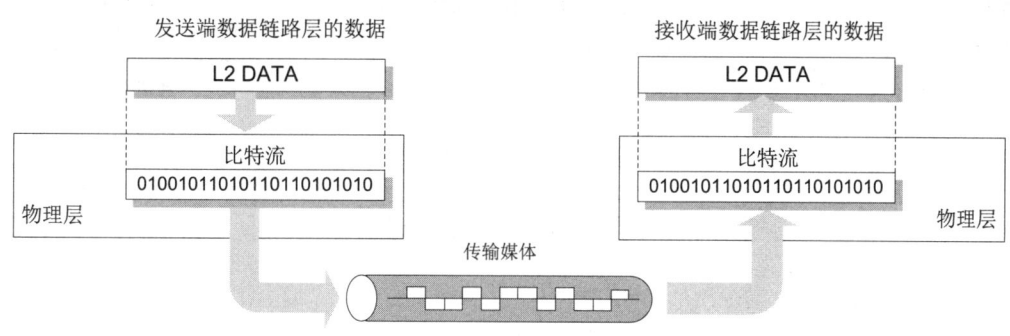

图 3-5 物理层与数据链路层的关系

除了不同的传输媒体自身的物理特性，物理层还对通信设备和传输媒体之间使用的接口做了详细规定。

1．机械特性

机械特性规定了物理连接时所需接插件的规格形状和尺寸、针脚数量和排列情况等。这和平时我们见到的电源插头的形状和尺寸都有严格的规定是一样的。

2. 电气特性

电气特性规定了物理连接中线缆的电气连接和有关电路的特性，包括接收器和发送器电路特性的说明、电压和电流信号的识别、0 和 1 信号的电平表示、收发双方的协调等内容。

3. 功能特性

功能特性定义了各个信号线的确切含义，即各个信号线的功能。这些功能可分成数据、控制、定时和接地四类。

4. 规程特性

规程特性规定了通信双方的初始连接要如何建立、采用的传输方式是哪种、结束通信时如何解除连接等；规定了使用电路进行数据交换的控制步骤，从而保证比特流的传输能够完成，即规定了不同功能的可能事件的出现顺序。

在物理层协议中，各通信标准化组织都制定了相应的接口标准。例如，在数据通信中最重要的、也是完全遵循数据通信标准的 RS-232C 接口标准（由 EIA 制定）；CCITT 为电话和音频传输线上使用的调制解调器制定的 V 系列建议（如 V.24）；CCITT 为数据包分组交换和电路交换数据网的物理接口制定的 X 系列建议（如 X.24）。

RS-232C 是以 EIA 为核心，召集贝尔实验室、调制解调器厂家和计算机厂家等为连接 DTE 与 DCE 设备间接口确立的标准。

RS-232C 接口的机械特性如图 3-6 所示，它和 ISO 2110 标准兼容。

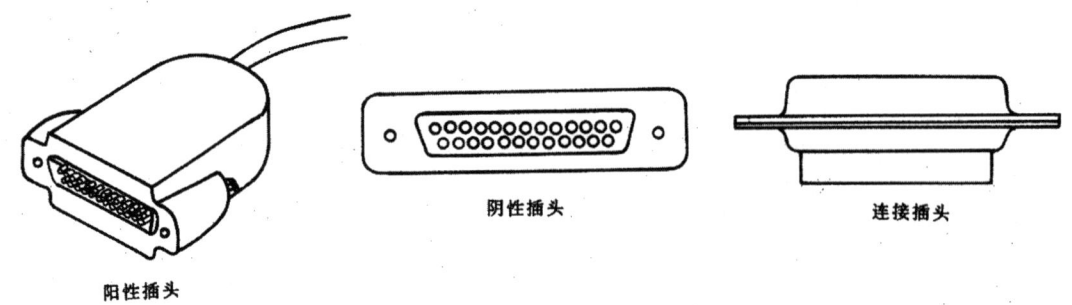

图 3-6　RS-232C 接口的机械特性

3.2.3　数据链路层

数据链路层是 OSI-RM 的第 2 层，介于物理层和网络层之间，用于在相邻节点间建立链路、传送以帧为单位的数据，使其能够有效、可靠地进行数据交换。本层通过差错控制、流量控制等将不可靠的物理传输信道变成无差错的可靠数据链路；将数据组成适合正确传输的帧形式的数据单元，并对网络层屏蔽物理层的特性和差异，使高层协议不必考虑物理介质的可靠性问题而把信道变成无差错的理想信道。数据链路层与网络层的关系如图 3-7 所示。

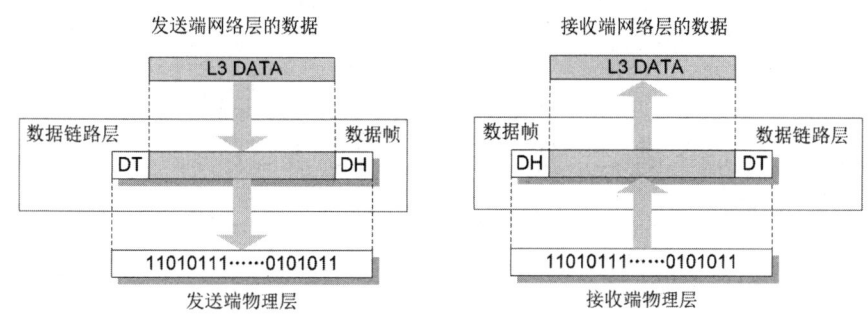

图 3-7 数据链路层与网络层的关系

数据链路层涉及的具体内容有以下几点。

1. 寻址

数据帧在不同的网络中传输时,需要标识出发送数据帧和接收数据帧的节点,用来保证每一帧都能被送到正确的目的站。接收方也应该知道发送方是哪个站。

2. 成帧

数据链路层要将网络层的数据分成可以管理和控制的数据单元,称为帧。因此,数据链路层的数据传输是以帧为单位的。

3. 差错控制

为了保证物理层传输数据的可靠性,数据链路层需要在数据帧中使用一些控制方法,用来检测出错或重复的数据帧,并对错误的数据帧进行纠错或重发。

4. 流量控制

数据链路层对发送数据帧的速率必须进行控制,如果发送的数据帧太多,就会使目的节点来不及处理而造成数据丢失。流量控制通常需要某种反馈机制,使发送方了解接收方是否能跟得上。

5. 链路管理

当网络中的两个节点要进行通信时,数据的发送方必须明确接收方是否已经处在准备接收的状态。为此,通信双方必须先交换一些必要的信息;或者说必须先建立一条数据链路。同样,在传输数据时,要维持数据链路;在通信完毕时,要释放数据链路。数据链路的建立、维持和释放就叫作链路管理。

3.2.4 网络层

网络层是通信子网的最高层,是高层与低层协议之间的界面层。因此,网络层是控制通信子网、处理端到端数据传送的最底层。它在数据链路层提供服务的基础上向资源子网提供服务。网络层与传输层的关系如图 3-8 所示。

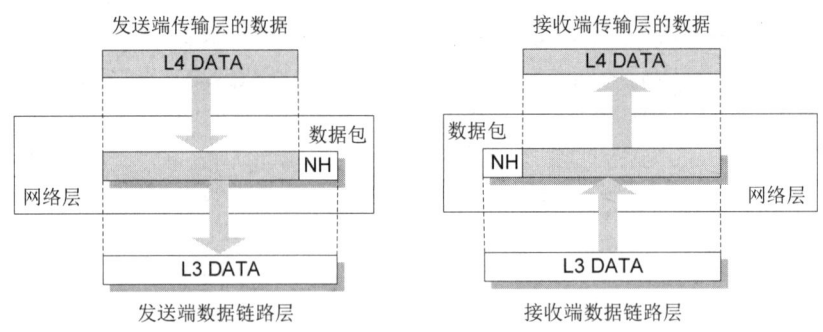

图 3-8 网络层与传输层的关系

网络层的主要功能包括路由选择、拥塞控制、传输确认、中断、差错及故障的恢复等。另外，当源节点与目的节点处于不同网络中时，应由网络层处理这些差异，并解决由此带来的问题。网络层涉及的概念有以下几个。

1. 逻辑地址寻址

数据链路层的物理地址只解决了同一个网络内部的寻址问题，当一个数据包从一个网络跨越到另一个网络时，就需要使用网络层的逻辑地址。当传输层传递给网络层一个数据包时，网络层就在这个数据包的头部加入控制信息，其中就包含源节点和目的节点的逻辑地址。

2. 流量控制

在数据链路层中介绍过流量控制，网络层中同样存在流量控制问题。只不过数据链路层中的流量控制是在两个相邻节点之间进行的，而在网络层中，是完成数据包从源节点到目的节点过程中的流量控制。

3. 路由选择

路由信息是数据包在网络中从源节点到目的节点经过的若干中间节点及其链路的有序集合。从一个节点到另一个节点的路径可能有多条，路由选择就是按照一定的原则和算法从这些可能的路径中选出一条到达目的节点的最佳路径。

4. 拥塞控制

在通信子网内，由于出现过量的数据包而引起网络性能下降的现象称为拥塞。为了避免拥塞现象的出现，要采用能防止拥塞的一系列方法对子网进行拥塞控制。

拥塞控制主要解决的问题是如何获取网络中发生拥塞的信息，从而利用这些信息进行控制，以避免由于拥塞而出现数据包的丢失及由于严重拥塞而产生网络死锁现象。

5. 网际互连

网际互连涉及把两个网络连接在一起的问题。实际上，并非所有的网络均采用同一种协议，这意味着有不同的分组格式、分组头、流控制过程和确认规则等。即使是相同协议的网络，当源端计算机和目的端计算机在不同的网络中时，仍然存在跨网络的选径问题。因此，网际互连是至关重要的。

3.2.5 传输层及其他高层

1. 传输层

传输层位于低层和高层之间,是从通信到应用的桥梁,它传输的信息单位被称为报文(Message)。传输层的主要功能是提供无差错的、可靠的端到端的服务,即提供端到端的差错控制和流量控制。

传输层可以对大报文进行分段,并在目的节点进行重组,从而控制传输层的流量,提高网络资源的利用率。传输层关心的主要问题是建立、维护和中断虚电路,传输差错校验和恢复,信息流量控制。传输层采用面向连接的虚电路和无连接的数据报两种服务方式,是 OSI-RM 中最重要的一层。

2. 会话层

会话层的作用是建立、维护和释放面向用户的连接,并对会话质量进行管理和控制,保证会话数据可靠传输。在传输数据时,如果发生了中断,当再次连接时,会话层可以使用校验点使通信会话从断点处恢复通信。会话类型有全双工、半双工和单工几种方式可供选择。此外,会话层还可以提供缓冲区以保证通信速度不匹配的双方正常通信。

会话层对传输层的服务进行包装,提供一个更为完善且能满足多方面应用要求的连接服务。会话层的连接和传输层的连接有 3 种关系:一个会话连接对应一个传输连接的一对一关系;一个会话连接对应多个传输连接的一对多关系;多个会话连接对应一个传输连接的多对一关系。

3. 表示层

表示层的作用是处理传输信息的语法和语义,即从一个系统应用层发出的信息能被另一个系统的应用层识别。这就要涉及数据的编码和译码、数据的加密和解密、认证和数据压缩与解压缩等问题。

所谓表示,就是指一个端点用户产生的报文要在另一个端点用户上表示出来的形式。表示层是为在应用过程之间传送的信息提供表示方法的服务,包括代码转换、文本压缩、终端处理及文件传送协议等。用户进程可以向表示层送入一个报文流,表示层把该报文流文本压缩后送往目的主机,目的主机的表示层把报文解密和扩展后交给本主机的用户进程。表示层的工作过程如图 3-9 所示。

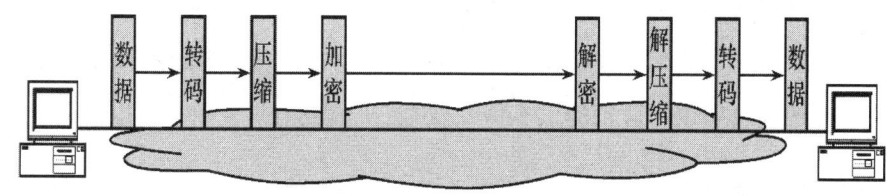

图 3-9 表示层的工作过程

4. 应用层

应用层是 OSI-RM 的最高层,是距离用户最近的一层,是用户能直接使用相关服务的一层，是用户与网络系统之间的接口和界面。它在 OSI-RM 下面 6 层提供的数据传输和数据表示等各种服务的基础上，为网络用户或应用程序提供完成特定网络服务功能所需的各种应用协议。

常用的网络服务包括文件服务、电子邮件（E-mail）服务、打印服务、集成通信服务、目录服务、网络管理服务、安全服务、多协议路由与路由互联服务、分布式数据库服务、虚拟终端服务等。

3.3 TCP/IP 体系结构

ISO 提出的 OSI-RM 是一个计算机网络的理论参考模型，对计算机网络的研究和发展具有重要的意义。但是由于 OSI-RM 的定义过于复杂，实现起来有困难，因此没有得到很好的推广。与此同时，另外一个分层次的网络模型却逐渐被众多的网络产品生产厂家支持，称为互联网标准，就是我们经常提到的 TCP/IP 模型。

3.3.1 TCP/IP 概述

TCP/IP（Transmission Control Protocol/Internet Protocol）是指传输控制协议/网际协议。它由两个主要协议，即 TCP 协议和 IP 协议而得名。TCP/IP 是 Internet 上所有网络和主机之间进行交流所使用的共同"语言"，是 Internet 上使用的一组完整的标准网络连接协议。通常所说的 TCP/IP 协议实际上包含了大量的协议和应用，且由多个独立定义的协议组合在一起。因此，更确切地说，应该称其为 TCP/IP 协议集。

OSI-RM 研究的初衷是希望为网络体系结构与协议的发展提供一种国际标准，但由于 Internet 在全世界的飞速发展，使得 TCP/IP 协议得到了广泛的应用，虽然 TCP/IP 不是 ISO 标准，但广泛的使用也使 TCP/IP 成为一种"实际上的标准"，并形成了 TCP/IP 参考模型。另外，ISO 的 OSI-RM 的制定，也参考了 TCP/IP 协议集及其分层体系结构的思想。而 TCP/IP 在不断发展的过程中也吸收了 OSI-RM 标准中的概念及特征。

TCP/IP 协议具有以下几个特点。

（1）开放的协议标准，可以免费使用，并且独立于特定的计算机硬件与操作系统。

（2）独立于特定的网络硬件，可以运行在局域网、广域网中，更适用于 Internet。

（3）统一的网络地址分配方案，使得整个 TCP/IP 设备在网络中都具有唯一的地址。

（4）标准化的高层协议，可以提供多种可靠的用户服务。

3.3.2 TCP/IP 层次结构

TCP/IP 层次结构的划分和 OSI-RM 层次结构的划分类似，在层次划分方面分为 4 个层次，自下而上分别是网络接口层（Network Interface Layer）、网际层（Internet Layer）、传输层（Transport Layer）和应用层（Application Layer）。TCP/IP 层次结构与 OSI-RM 层次结构的对照关系如图 3-10 所示。

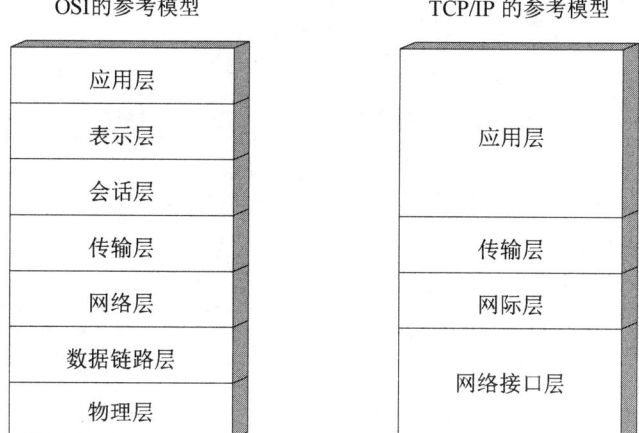

图 3-10　TCP/IP 层次结构与 OSI-RM 层次结构的对照关系

1．网络接口层

网络接口层也被称为网络访问层，包括能使用 TCP/IP 与物理网络进行通信的协议，它对应 OSI-RM 的物理层和数据链路层。TCP/IP 标准并没有定义具体的网络接口协议，只给出了支持物理通信的网络接口，基本上支持已有的各种逻辑链路控制和介质访问控制协议。例如，X.25、帧中继、ATM 和 Ethernet 都可以运行在 TCP/IP 架构网络上。

2．网际层

网际层是 TCP/IP 标准中正式定义的第一层，是 TCP/IP 层次结构的关键。它主要负责生成 IP 数据报、IP 寻址、路由选择、校验数据报有效性、分段和包重组等工作。它可以把数据报从源主机发送到目的主机，而不管源主机与目的主机在相同的网络上还是在不同的网络上。

3．传输层

TCP/IP 的传输层也被称为主机至主机层，与 OSI-RM 的传输层类似，它的功能是提供从发送主机应用程序到接收主机应用程序的通信，被称为端到端的通信。该层使用了两种协议来支持两种数据的传送方法，即传输控制协议 TCP 和用户数据报协议 UDP。

4．应用层

在 TCP/IP 模型中，应用层是最高层，它与 OSI-RM 中的高 3 层的任务相同，用于提供一组常用的应用程序给用户使用，如文件传输、远程登录、域名服务和简单网络管理等。

3.3.3　TCP/IP 协议集

在 TCP/IP 的层次结构中，包括了 4 个层次，但实际上只有 3 个层次包含了实际的协议。TCP/IP 中各层的协议如图 3-11 所示。

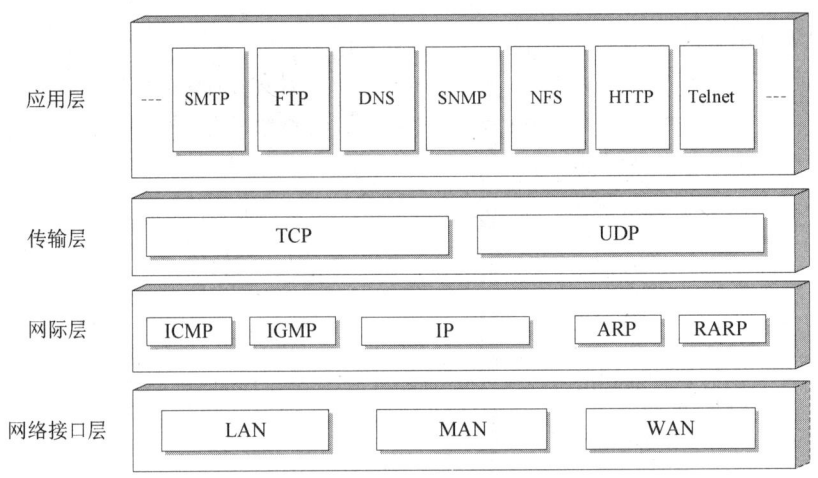

图 3-11 TCP/IP 中各层的协议

1．网际层协议

（1）网际协议（Internet Protocol，IP 协议）。

IP 协议是 TCP/IP 协议集的核心协议之一。IP 协议的任务是对数据包进行相应的寻址和路由选择，并从一个网络转发到另一个网络。IP 协议在每个发送的数据包前加入一个控制信息，其中包含了源主机的 IP 地址、目的主机的 IP 地址和其他一些信息。

IP 协议的另一项任务是分割和重组在传输层被分割的数据包。由于数据包要从一个网络转发到另一个网络，所以当两个网络支持传输的数据包的大小不相同时，IP 协议就要在发送端将数据包分割，然后在分割的每一段前加入控制信息进行传输。当接收端接收到数据包后，IP 协议将所有的片段重新组合以形成原始数据。

IP 协议是一个无连接的协议。无连接是指主机之间不建立用于可靠通信的端到端的连接，源主机只简单地将 IP 数据包发送出去，而数据包可能会丢失、重复、延迟时间长或次序混乱。因此，要实现数据包的可靠传输，就必须依靠高层的协议或应用程序，如传输层的 TCP 协议。

（2）网际控制报文协议（Internet Control Message Protocol，ICMP）

ICMP 为 IP 协议提供差错报告。由于 IP 协议是无连接的，且不进行差错检验，因此，当网络上发生错误时，它不能检测错误。向发送 IP 数据包的主机汇报错误就是 ICMP 的责任。例如，当某台设备不能将一个 IP 数据包转发到另一个网络时，它就向发送数据包的源主机发送一个消息，并通过 ICMP 解释这个错误。ICMP 能够报告的一些普通错误类型有目标无法到达、阻塞、回波请求和回波应答等。

（3）网际主机组管理协议（Internet Group Management Protocol，IGMP）

IP 协议只负责网络中点到点的数据包传输，而点到多点的数据包传输则要依靠 IGMP 来完成。它主要负责报告主机组之间的关系，以便相关设备（路由器）支持多播发送。

（4）地址解析协议（Address Resolution Protocol，ARP）和反向地址解析协议（RARP）。

当计算机网络中的各主机之间要进行通信时，必须要知道彼此的物理地址（OSI-RM 中数据链路层的地址）。因此，在 TCP/IP 的网际层有 ARP 和 RARP，它们的作用是将源主机和目的主机的 IP 地址与它们的物理地址相匹配。

2．传输层协议

（1）传输控制协议（Transmission Control Protocol，TCP 协议）。

TCP 协议是传输层一种面向连接的可靠字节流投递服务。对于大量数据的传输，通常都要求可靠传送。

TCP 协议将源主机应用层的数据分成多个分段，然后将每个分段传送到网际层，网际层将数据封装为 IP 数据包，并发送到目的主机。目的主机的网际层将 IP 数据包中的分段传送给传输层，再由传输层对这些分段进行重组，还原成原始数据并传送给应用层。另外，TCP 协议还要完成流量控制和差错检验的任务，以保证可靠的数据传输。

TCP 协议是 Internet 中的传输层协议，使用三次握手协议建立连接，然后进行数据传输，TCP 协议把数据流分区成适当长度的报文段，把结果包传给网际层，由它通过网络将包传输给接收端实体的传输层。TCP 协议为了保证不发生丢包现象，就给每个包一个序号，序号也可以保证传输到接收端实体的包被按序接收。然后接收端实体对已成功收到的包发回一个相应的确认（ACK）；如果发送端实体在合理的往返时延（RTT）内未收到确认，那么对应的包就被假设为已丢失，将会被重传。TCP 协议用一个校验和函数来检验数据是否有错，在发送和接收时都要计算校验和。TCP 协议的连接与数据传输过程如图 3-12 所示。

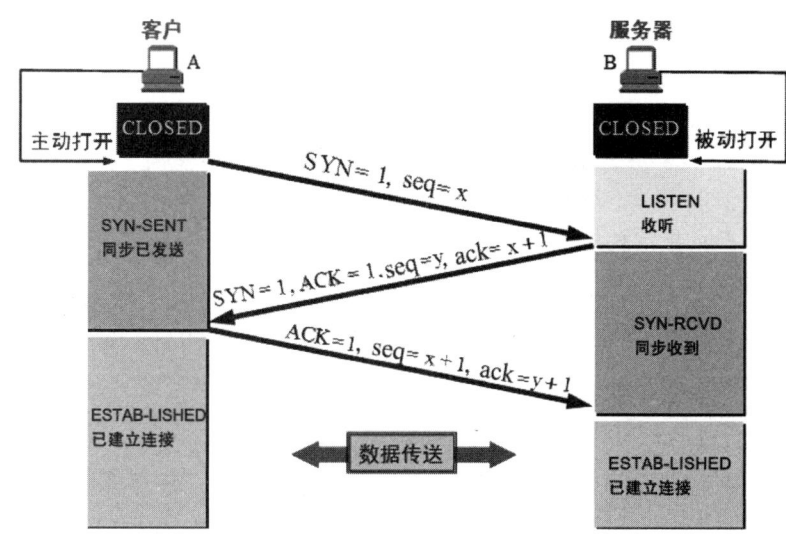

图 3-12　协议 TCP 的连接与数据传输过程

（2）用户数据报协议（User Datagram Protocol，UDP）。

UDP 是一种面向无连接的协议，因此，它不能提供可靠的数据传输，而且 UDP 不进行差错检验，必须由应用层的应用程序实现可靠性机制和差错控制，以保证端到端数据传输的正确性。

虽然 UDP 与 TCP 协议相比，显得非常不可靠，但在一些特定的环境下，它还是非常有优势的。例如，要发送的信息较短，不值得在主机之间建立一次连接的情况。另外，面向连接的通信通常只能在两台主机之间进行，若要实现多台主机之间的一对多或多对多的数据传输，即广播或多播，就需要使用 UDP。UDP 的典型网络应用是网络文件系统（NFS）和简单网络管理协议（SNMP）。

3．应用层协议

在 TCP/IP 模型中，应用层包括了所有的高层协议，而且总是不断有新的协议加入，常见的协议有负责文件传输的协议 FTP（File Transfer Protocol）、负责邮件发送和接收的协议 SMTP（Simple Mail Transfer Protocol）和 POP（Post Office Protocol）、负责域名系统解析的协议 DNS（Domain Name System）、负责超文本文件传输的协议 HTTP（HyperText Transfer Protocol）、负责动态主机地址分配的协议 DHCP（Dynamic Host Configuration Protocol）、负责远程登录访问的协议 Telnet 等。

3.3.4　TCP/IP 和 OSI-RM 的比较

TCP/IP 各层的功能如图 3-13 所示。

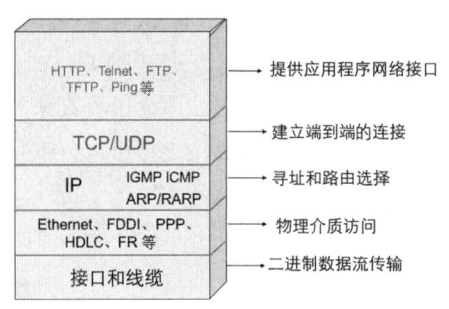

图 3-13　TCP/IP 各层的功能

TCP/IP 和 OSI-RM 在设计上采用的都是分层的方法，但在层次划分和使用协议上都有不同之处。OSI-RM 的层次过多，太过复杂，难以实现。TCP/IP 模型是在 Internet 的发展中逐渐完善起来的，是一个先有协议应用再总结出的模型，存在一些先天的不足。总的来说，两种模型的区别如下。

（1）OSI-RM 有 7 层，而 TCP/IP 模型只有 4 层。

（2）在 OSI-RM 中，服务、接口和协议的概念区分得很清楚，每层都为其上层提供服务，服务的概念描述了该层所做的工作，并不涉及服务的实现及上层实体如何访问的问题。接口定义了服务访问所需的参数和期望的结果，也不涉及某层实体的内部机制。只要能够完成它必须提供的功能，对等层之间可以采用任何协议。

（3）OSI-RM 是在其协议被开发之前设计出来的，这意味着 OSI-RM 并不是基于某个特定的协议集而设计的，因而它更具有通用性。而 TCP/IP 模型正好相反，它先有协议，模型只是现有协议的描述，因而协议与模型非常吻合。TCP/IP 模型不是通用的，它在描述其他非 TCP/IP 网络时用处不大。

3.4 IP 编址

Internet 将位于世界各地的大大小小的网络互联起来，而这些网络上又有许多计算机接入，用户在已联网的计算机上进行操作，与 Internet 上的其他计算机进行通信或获取网上信息资源。为了使用户能够方便而快捷地找到需要与其连接的主机，首先必须解决如何识别网上主机的问题。在网络中，对主机的识别要依靠地址，因此，Internet 在统一全网的过程中，首先要解决地址的统一问题。

Internet 采用一种全局通用的地址格式，为全网的每个网络和每台主机分配一个 Internet 地址，以此屏蔽物理网络地址的差异。IP 协议的一项重要功能就是专门处理这个问题，即通过 IP 协议把主机原来的物理地址隐藏起来，并在网络层中使用统一的 IP 地址。

3.4.1 物理地址

物理地址被称为硬件地址或介质访问控制地址（MAC 地址），又习惯地称之为网卡（Network Interface Card，NIC）地址。它由生产厂家通过编码烧制在网卡的硬件电路上，不管将网卡拿到什么机器上去使用，它的物理地址总是恒定不变的。

网卡地址由 48 位二进制数字组成（用 12 位十六进制数表示），高 24 位二进制数是由 IEEE 分配的网卡生产厂商地址，低 24 位二进制数是由网卡生产厂商自己定义的地址，一般是生产的序列号，如图 3-14 所示。每个网卡的物理地址在全球都是唯一的。

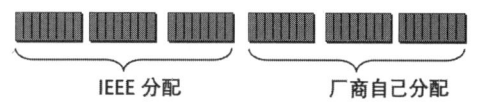

图 3-14 物理地址的分配

可以通过一般的网络监测软件获得物理地址，在 Windows 操作系统中，通过在命令提示符下运行 ipconfig/all 命令，可以得到用十六进制数表示的物理地址，如图 3-15 所示。

图 3-15 用十六进制数表示的物理地址

3.4.2 IP 地址

IP 协议规定，网络内的 IP 地址是唯一确定一台主机的标识符，在同一个网络内，不允许有两台主机有相同的 IP 地址。当前主流的 IP 协议是 IPv4 版本。

TCP/IP 协议规定，IP 地址由 32 个二进制数组成，共有 2^{32} 个不同的 IP 地址。IP 地址由地址类别、网络号和主机号 3 部分组成，如图 3-16 所示。

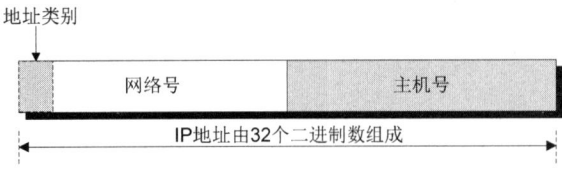

图 3-16　IP 地址的结构

由于 IP 地址以 32 个二进制数字形式表示，所以不适合阅读和记忆。为了便于用户阅读和理解 IP 地址，Internet 管理委员会采用"点分十进制"表示方法表示 IP 地址：将 IP 地址分为 4 个字节（每个字节包含 8 个比特位），且每个字节用十进制数表示，并用点号"."隔开，如图 3-17 所示。

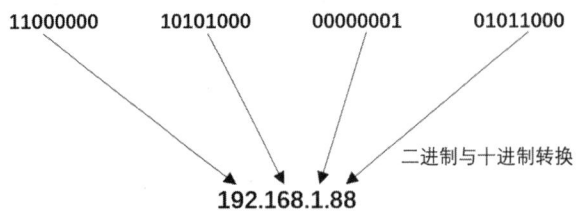

图 3-17　IP 地址的点分十进制表示法

按照网络规模大小及使用目的的不同，可以将 IP 地址分为 5 类，包括 A 类、B 类、C 类、D 类和 E 类，如图 3-18 所示。不同的类适用于不同规模的网络。

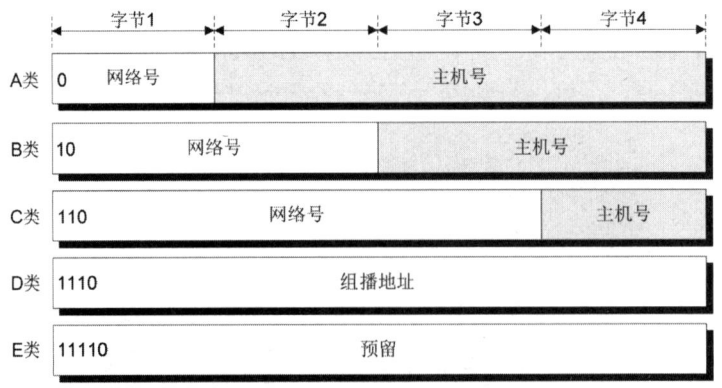

图 3-18　IP 地址的分类

1. A 类地址

A 类地址的字节 1 的第 1 位为 0，其余 7 位表示网络号，后 3 个字节代表主机号，适合于大型网络。A 类地址的网络数为 2^7（128）个，每个网络包含的主机数为 2^{24}（16777216）个，A 类地址的范围是 0.0.0.0～127.255.255.255，如图 3-19 所示。

由于网络号全为 0 和全为 1 时有特殊作用，所以 A 类地址有效的网络数为 126 个，为 1～126。另外，当主机号全为 0 和全为 1 时也有特殊作用，因此，每个网络号包含的主机数应该是 $2^{24}-2$（16777214）个。因此，一台主机可以使用的 A 类地址的有效范围是 1.0.0.1～126.255.255.254。

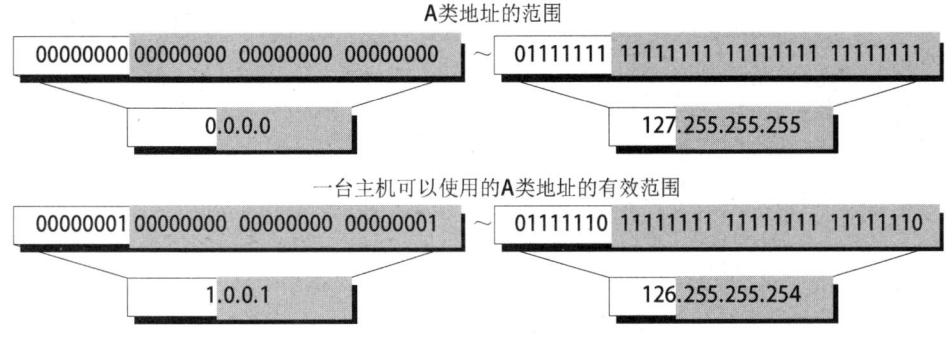

图 3-19　A 类地址的范围

2．B 类地址

B 类地址的字节 1 的前两位为 10，剩下的 6 位和字节 2 的 8 位（共 14 位）代表网络号，后两个字节代表主机号。B 类地址的网络数为 2^{14} 个（实际有效的网络数是 $2^{14}-2$ 个），每个网络号包含的主机数为 2^{16} 个（实际有效的主机数是 $2^{16}-2$ 个）。B 类地址的范围是 128.0.0.0～191.255.255.255，与 A 类地址类似（当网络号和主机号为全 0 和全 1 时有特殊作用），一台主机可以使用的 B 类地址的有效范围是 128.1.0.1～191.254.255.254，如图 3-20 所示。

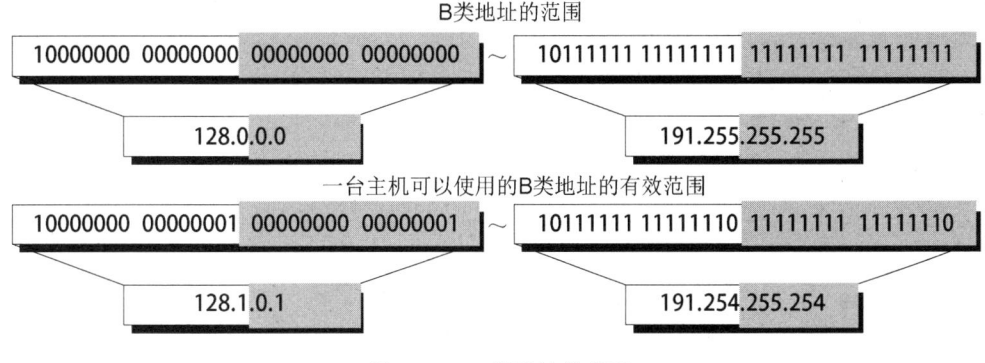

图 3-20　B 类地址的范围

3．C 类地址

C 类地址的字节 1 的前 3 位为 110,剩下的 5 位与字节 2 和字节 3(共 21 位)表示网络号，字节 4 代表主机号，一般用于规模较小的局域网。字节 1 的十进制数的取值为 192～223，C 类地址的范围是 192.0.0.0～223.255.255.255。一台主机可以使用的 C 类地址的有效范围是 192.0.0.1～223.255.255.254，如图 3-21 所示。

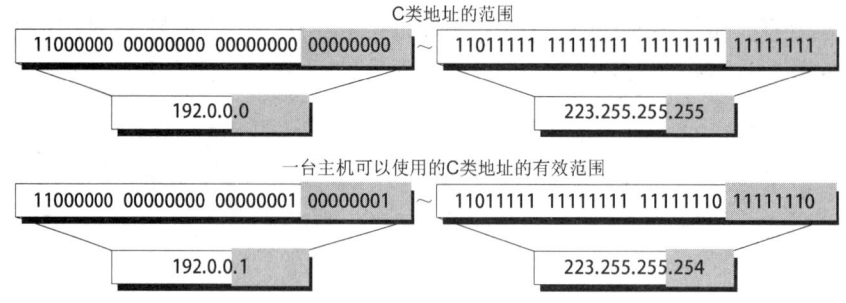

图 3-21 C 类地址的范围

4．D 类地址

D 类地址的字节 1 的前 4 位为 1110。D 类地址是留给组播地址用的，组播就是同时把数据发送给一组主机，只有那些已经登记可以接收组播地址的主机才能接收组播数据包。D 类地址的范围是 224.0.0.0～239.255.255.255。

5．E 类地址

E 类地址的字节 1 的前 5 位为 11110。E 类地址是预留地址，主要用于实验，不能分配给主机。E 类地址的字节 1 的十进制数取值为 240～255。

A 类、B 类和 C 类是基本 IP 地址类，3 类地址的比较如表 3-1 所示。

表 3-1　A 类、B 类和 C 类地址的比较

类别	网络地址的取值范围	网络数	每个网络可容纳的主机数
A 类	1.$X.Y.Z$～126.$X.Y.Z$	126（2^7）	16777214（$2^{24}-2$）
B 类	128.0.$Y.Z$～191.255.$Y.Z$	16384（2^{14}）	65534（$2^{16}-2$）
C 类	192.0.0.Z～223.255.255.Z	2097152（2^{21}）	254（2^8-2）

3.4.3　特殊的 IP 地址

（1）网络地址。

TCP/IP 协议规定，主机号全为 0 时用于标识一个网络，即网络地址。例如，50.0.0.0 表示一个 A 类网络，该网络的网络号为 50；129.121.0.0 表示一个 B 类网络，该网络的网络号为 129.121；211.200.6.0 表示一个 C 类网络，该网络的网络号为 211.200.6。这类地址不能分配给主机。

（2）广播地址。

TCP/IP 协议规定，主机号全为 1 时表示广播地址。例如，202.126.10.255 就表示一个 C 类网络的直接广播地址，当向这个地址发送信息时，网络号为 202.126.10 的所有主机都能接收到该信息的一个副本。当需要向一个网络内的所有主机发送一个数据包时，可以使用广播地址。

（3）有限广播地址。

当需要在本网络内广播但又不知道本网络的网络号时，可使用有限广播地址。有限广播地址的全部比特位都为 1，即十进制数 255.255.255.255，有限广播不需要指明网络号。有限广

播的范围被限制在最小的范围内。在没有划分子网的情况下,广播范围就是本网络;划分子网后,广播范围被限制在本子网内。

(4) 回送地址。

如果 A 类地址的第一段为 127,就是回送地址,如 127.0.0.1。回送地址常用于测试网络应用程序及本地主机进程间的通信。

3.4.4　IP 地址的作用和管理

Internet 的 IP 地址是全局有效的,或者说是全球有效的,因此,对于 IP 地址的分配与回收等工作,需要统一管理。外部用户可以直接访问它们,这些地址被称为公有 IP 地址。局域网内部的计算机如果不作为 Internet 的主机供其他用户访问,那么 IP 地址可以任意分配,这些地址被称为私有 IP 地址。

1. IP 地址的作用

在 Internet 中,IP 地址的作用如下。

(1) IP 地址在 Internet 中具有唯一性。直接连接在 Internet 上的每台计算机都会被分配一个 IP 地址,这个 IP 地址在整个 Internet 上是唯一的。

(2) 地址格式统一通用。IP 地址是供全球使用的通信地址,其地址格式由专门机构负责制定,全球通用。

(3) 路由器、网关等网络连接设备也有 IP 地址。不仅计算机要分配 IP 地址才能连接到 Internet,Internet 上的网络连接设备,如路由器和网关也需要 IP 地址,而且这些网络连接设备的 IP 地址通常有两个或多个,只有这样,才能连接多个网络。

(4) IP 地址是运行 TCP/IP 协议的标识符。一旦运行 TCP/IP 协议的机器连接到 Internet,就必须获得 IP 地址才能访问网络。

2. IP 地址的管理

Internet 中的 IP 地址是由指定机构负责分配管理的,分为 3 个级别。最高一级的 IP 地址由国际互联网络信息中心(Internet Network Information Center,InterNIC)负责分配,其职责是分配 A 类 IP 地址、授权分配 B 类 IP 地址的组织并有权刷新 IP 地址;第二级是负责分配 B 类 IP 地址的国际组织,有 InterNIC、APNIC 和 ENIC,InterNIC 负责北美地区的分配,APNIC 负责亚太地区的分配,ENIC 负责欧洲地区的分配;第三级是地区网管中心向国家级网管中心申请分配。

由指定机构负责分配的 IP 地址可以被外部用户访问,称为公有 IP 地址。为了避免某个单位选择任意网络地址,造成与合法的 Internet 地址发生冲突,IETF 已经分配了具体的 A 类、B 类和 C 类地址供单位内部网使用,这些地址如下。

A 类:10.0.0.0~10.255.255.255。

B 类:172.16.0.0~172.31.255.255。

C 类：192.168.0.0～192.168.255.255。

IPv4 的地址由于只有 32 位，所以资源已十分紧张，在新一代的 Internet 中，会使用 128 位的 IPv6 地址（在后面的学习中会学到）。

3.4.5 子网掩码

如果计算机要在 Internet 上正常通信，那么除了需要正确配置 IP 地址，还需要配置子网掩码、网关和 DNS 服务器等参数。

1．子网掩码的作用

在进行网络通信时，网络设备先要判断通信双方是否在同一个网络中，如果在同一个网络中，则直接传输数据；如果不在同一个网络中，则需要由路由器等设备转发数据。因此，通信时必须首先判断通信双方的网络号是否相同，以此判断通信双方是否在同一个网络中。

（1）区分网络号和主机号。如果只用 IP 地址标识一台主机，则无法区分它的网络号和主机号。因此，IP 地址需要和子网掩码一起使用才能区分某台主机的网络号。子网掩码的一个作用就是区分 IP 地址中哪些位是网络号，哪些位是主机号。

通过它和 IP 地址进行按位"逻辑与（AND）"运算，可以屏蔽掉 IP 地址中的主机号部分，从而得到网络号。

（2）划分子网。子网掩码的另一个作用是将一个网络地址划分为若干个子网，以解决网络地址不够用的问题（在后面的学习中会陆续学到）。

2．默认子网掩码

子网掩码即将 IP 地址中的网络号全部置为 1，将主机号全部置为 0。不同类别的默认子网掩码是不一样的，如表 3-2 所示。

表 3-2　默认子网掩码

网络类别	子网掩码（二进制）	子网掩码（十进制）
A 类	11111111.00000000.00000000.00000000	255.0.0.0
B 类	11111111.11111111.00000000.00000000	255.255.0.0
C 类	11111111.11111111.11111111.00000000	255.255.255.0

3.4.6 默认网关

默认网关（Default Gateway）是子网与外网连接的设备，可以由本地网络中的某台计算机兼任，也可以使用路由器。当一台计算机发送信息时，根据发送信息的目的地址，通过子网掩码来判定目的主机是否在本地子网中，如果目的主机在本地子网中，则直接发送；如果目的主机不在本地子网中，则将该信息发送到默认网关中，由默认网关将其转发到其他网络中，进一步寻找目的主机。

3.5 IPv6 简介

现在使用的 IPv4 是 20 世纪 70 年代设计的，早期主要用于大学、科研机构等。但从 20 世纪 90 年代中期开始，网络技术迅速发展，Internet 开始被各种各样的人使用，越来越多的企业和家庭通过 Internet 保持联系，可以说，Internet 已经渗透到人们的日常生活和工作中。事实证明，IPv4 是一个非常成功的协议，它经受住了各种网络的考验，从 Internet 最初的 4 台主机发展到目前的几亿台网络终端的互联，运行相当正常，创造了不可估计的效益。

但 IPv4 是几十年前基于当时的网络规模和计算机数量设计的，现在来看，随着 Internet 的进一步发展，IPv4 的局限性也越来越明显。在 IPv4 的一系列问题中，IP 地址耗尽是最严重、最迫切的问题。为了解决 IPv4 的问题，互联网工程任务组（IETF）从 1995 年开始着手研究开发下一代 IP，即 IPv6（第 6 版互联网协议）。IPv6 具有长达 128 位的地址空间，可以解决 IPv4 地址不足的问题，增强了 Internet 的可扩展性，加强了路由功能，允许诸如 IPX 等不同类型的地址兼容共存。除此之外，IPv6 还采用了分级地址模式、高效 IP 包头、服务质量、主机地址自动配置、认证和加密等许多技术。IPv4 和 IPv6 格式的比较如表 3-3 所示。

表 3-3 IPv4 和 IPv6 格式的比较

名 称	说 明
IPv4（共 4 字节）	11000000.10101000.00000001.00110000
	192.168.1.48（点分十进制）
	4294467295 个 IP 地址
IPv6（共 16 字节）	11111110110111100.1011101010011000.0111011001010100.
	0110100001101110.0000000000000000.0001000110000000.
	0000100101101010.0001001000110100
	FEDC:BA98:7654:686E:0000:1180:096A:1234（冒号十六进制记法）
	3.4×10^{38} 个 IP 地址

3.5.1 IPv6 的主要特点

为了克服 IPv4 的不足，IETF 在 1992 年提出制定下一代 IP，即 IPNG（IP Next Generation），现在正式称为 IPv6。IPv6 具有以下主要特点。

1．巨大的地址空间

IPv6 的地址长度由 IPv4 的 32 位扩展到 128 位，使地址空间增大了 2^{96} 倍，可以满足 Internet 的不断增长。

2．全新的地址配置方式

为了简化主机配置，IPv6 支持手工地址配置、有状态自动地址配置和无状态自动地址配置。所谓有状态自动地址配置，就是指利用专用的地址分配服务器动态分配 IPv6 地址。而在无状态自动地址配置中，网络上的主机能自动给自己配置 IPv6 地址。因此，在同一链路上，所有主机不用人工干预就可以通信。

3．灵活的头部格式

IPv6 使用新的协议头格式，报文头由基本的固定头部和扩展头部组成，固定头部的长度为 40 字节；IPv6 它将不是主要的和可选的字段移到扩展头部中，提高了路由选择的效率。

4．简化了协议，加快了分组的转发

IPv6 基本头部格式中取消了头部检验和字段，分段只在源站点进行，从而简化了协议，加快了分组的转发速度。

5．对 QoS 有更好的支持

IPv6 允许对网络资源进行预分配，支持实时传输视频、图像等要求，可以保证一定的带宽。IPv6 包头中的流标签字段能使路由器在不打开内层数据包的情况下识别流，因此，即使对数据包的数据部分进行了加密，仍然可以实现对 QoS 的支持。

6．内置的安全性

IPv6 中的加密和认证选项提供了包的可信性和完备性。IPv6 协议本身支持 IP 安全协议（IPsec），为网络安全性提供了一种标准的解决方案。

7．全新的邻居发现协议

邻居发现（Neighbor Discover）协议是 IPv6 与 IPv4 的一个主要的区别点。邻居发现协议用来管理相邻节点之间的交互，使用单播和组播报文取代 IPv4 中的地址解析协议 ARP、ICMP 路由器发现和 ICMP 路由器重定向。它在无状态自动地址配置中起到了重要的作用。

8．更好的移动传输支持

移动通信和移动互联网已经显示出巨大的威力，正在改变着我们生活的方方面面。IPv6 为用户提供可移动的 IP 数据服务，让用户可以在世界各地使用同样的 IPv6 地址，满足无线上网的需求。

3.5.2 IPv6 的地址表示

IPv6 的地址长度为 128 位，共有 2^{128}（$3.4×10^{38}$）个地址，相当于为地球表面每平方米的面积提供了 665570793348866943898599 个地址。尽管由于采用了地址编码方案，实际可以分配和使用的 IPv6 地址不会有那么多，但是 IPv6 的地址数量仍多得惊人。

IPv6 的地址由前缀和接口标识组成。其中，前缀可以理解为 IPv4 地址中的网络号，但它与 IPv4 地址中的网络号是两个不同的概念；接口标识相当于 IPv4 地址中的主机号。按照 RFC 2373 IPv6 地址结构（IPv6 Addressing Architecture）中的定义，IPv6 地址有 3 种格式。

1．首选格式

IPv6 不再像 IPv4 那样采用点分十进制表示方法，而是将地址的每 16 位划分为一段，将每段转换为一个 4 位十六进制数，共分为 8 段，段与段之间用冒号分隔。这种方法称为"冒号十六进制记法"（Colon Hexadecimal Notation），如 FEDC:BA98:7654:686E:0000:1180:096A:1234

2. 零压缩表示法

许多 IP 地址中有好多个连续的 0,在冒号十六进制记法中,可将不必要的 0 去掉,这就是零压缩表示法。例如,将 "...:0001:0000:096A: ..." 表示为 "...:1:0:96A:..."。但需要注意的是,不能把一个段内的有效 0 也压缩了。例如,将 "...:AB01:906A:..." 表示成 "...:AB1:96A: ..." 是错的。如果整个一段(16 位)或几段都是 0,则可以用一对冒号代替,这种方法是实用的,因为在实际应用中会有许多地址包含连续的零串。例如,可以将 FD03:96CD:0:0:0:0:0:8D 压缩表示成 FD03:96CD::8D。但在一个地址中,这样的一对冒号只能出现一次,否则会容易引起歧义,因为系统会分不清每对冒号代表的是几段。

3. 以 IPv4 地址作为后缀

以 IPv4 地址作为后缀是 IPv4 向 IPv6 过渡过程中使用的一种特殊的表示方法。IPv6 地址的前面部分用冒号十六进制记法表示,后缀可以是点分十进制的 IPv4 地址,如 0:0:0:0:0:0:192.168.0.2(或表示为::192.168.0.2)、0:0:0:0:0:FFFF:192.168.0.2(或表示为::FFFF:192.168.0.2)、3AE2:0:0:0:0:0:128.18.3.56 (或表示为 3AE2::128.18.3.56)。

3.5.3 IPv6 与 IPv4 的互通

IPv4 和 IPv6 在一段时期内共存是一个既成的事实,因此,必须开发出 IPv4/IPv6 互通技术以保证 IPv4 能够平稳地过渡到 IPv6。此外,互通技术还应该对信息传递做到高效无缝。国际上,IETF 组建了专门的 NGtrans 工作组,研究了几种过渡技术,用以完成从 IPv4 到 IPv6 的过渡:双协议栈技术、隧道技术和 NAT-PT。

1. 双协议栈技术

双协议栈技术是使 IPv6 节点与 IPv4 节点兼容的最直接方式,其应用对象是主机、路由器等通信节点,如图 3-22 所示。当支持双协议栈的 IPv6 节点与 IPv6 节点互通时,使用 IPv6 协议栈;当支持双协议栈的 IPv6 节点与 IPv4 节点互通时,借助 4over6,使用 IPv4 协议栈。

这种方式给 IPv4 和 IPv6 提供了完全兼容的条件,但由于需要双路田基础设施,会增加网络的复杂度,所以依然无法解决 IP 地址耗尽的问题。

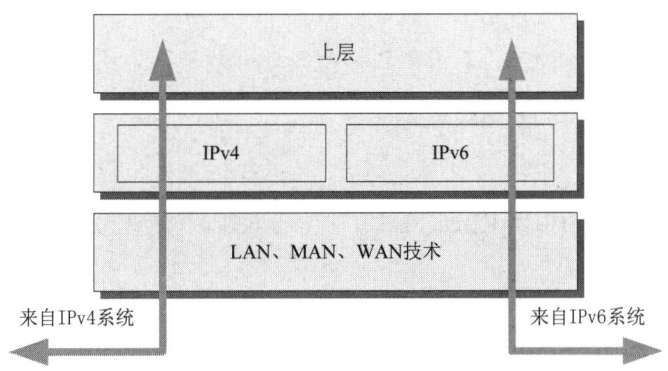

图 3-22 双协议栈技术

2. 隧道技术

隧道技术就是将一种协议的数据报封装到另一种协议中的技术。在 IPv6 的发展初期，出现了许多采用 IPv6 技术的局域网，但这时 IPv4 网络还居于主导地位，利用隧道技术，可以通过运行 IPv4 的 Internet 主干网络将局部的 IPv6 网络连接起来。在这种技术中，在起始端（隧道入口处）将整个 IPv6 数据报封装在 IPv4 数据报中，将 IPv6 的全部报文当作 IPv4 的载荷，从而达到利用 IPv4 网络完成 IPv6 节点间通信的目的，如图 3-23 所示。在 IPv4 报文中，源地址和目的地址就是隧道入口处和出口处的 IPv4 地址。

隧道技术巧妙地利用了现有的 IPv4 网络，其意义在于提供了一种使 IPv6 节点间能够在过渡期间通信的方法，但它不能解决 IPv6 节点与 IPv4 节点的互通问题，而且 IPv6 新的特性也无法体现。

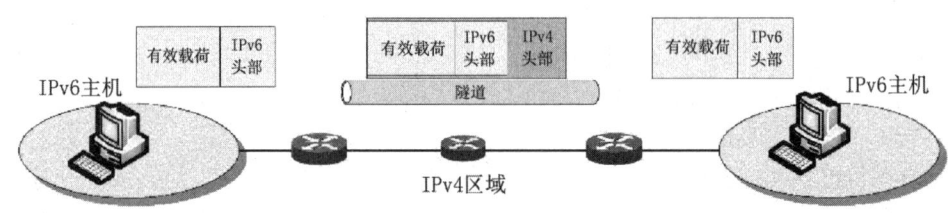

图 3-23　IPv6 与 IPv4 互通的隧道技术

3. NAT-PT

NAT-PT 是一种纯 IPv6 节点和 IPv4 节点的互通方式，所有包括地址、协议在内的转换工作都由网络设备完成。支持 NAT-PT 的网关路由器应具有 IPv4 地址池，在从 IPv6 区域向 IPv4 区域转发数据报时使用。此外，网关路由器还支持 DNS-ALG，在 IPv6 节点访问 IPv 4 节点时发挥作用。

3.6　实验：以太网交换机的基本配置

1. 实验目的

（1）了解交换机的工作原理，掌握思科模拟器软件的使用方法。

（2）掌握以太网交换机的基本设置方法。

2. 实验环境

分组实训。安装思科模拟器 Cisco Packet Tracer 6.2，并在模拟器中添加如图 3-24 所示的拓扑图。

3. 实验课时

本实验需要 2～4 课时。

4. 实验内容

交换机的基本配置是指对新买回来的交换机一般要进行的基本设置，主要包括交换机的设备命名、时间设置、密码设置、IP 地址配置、默认网关和远程管理配置等。在本实验中，交换机基本配置拓扑图如图 3-24 所示。

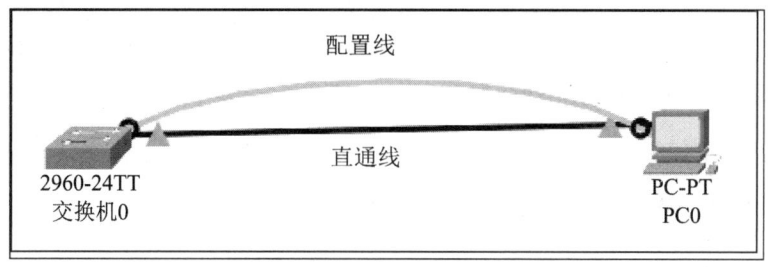

图 3-24 交换机基本配置拓扑图

实验的具体要求如下。

（1）设置交换机的名称为 SA。

（2）设置交换机的系统时间为 2020 年 4 月 22 日中午 12 时整。

（3）设置交换机的 Console 口密码为 123，并设置成密文存储。

（4）设置交换机的特权密码为 123456，并设置成密文存储。

（5）配置交换机 VLAN1 的接口 IP 地址为 192.168.0.1/24。

（6）设置交换机的 Telnet 远程管理，管理密码为 abc。

（7）设置交换机的 SSH 远程管理，用户名为 admin，管理密码为 123456。

5. 实验步骤

步骤 1：为交换机设备命名。

单击交换机图标，进入交换机命令行配置界面。交换机的命名在全局配置模式下进行，使用 hostname 命令进行设置。具体实施过程如下：

```
Switch>
Switch>enable
Switch#config terminal
Switch(config)#hostname SA          !改名为 SA
SA(config)#                         !重命名成功
```

步骤 2：设置交换机的系统时间。

交换机的系统时间设置在特权配置模式下进行，命令为 clock set：

```
SA>
SA>enable
SA#clock set 12:00:00 22 april 2020
SA#
```

设置好时间后，可以使用 show clock 命令查看时间：

```
SA#show clock
12:0:1.989 UTC Wed Apr 22 2020
```

```
SA#
```

步骤 3：交换机 Console 口密码设置。具体实施过程如下：

```
SA(config)#line console 0
SA(config-line)#password 123
SA(config-line)#login
!当配置上这些命令时，用户从 Console 口登录就会提示输入密码
Password:
SA>
```

步骤 4：交换机的特权密码设置。

交换机的特权密码设置在全局配置模式下完成，配置命令为 enable password。交换机、路由器都可以设置特权密码，这样可以有效提高设备的安全性。具体实施过程如下：

```
SA>
SA>enable
SA#config terminal
SA(config)#enable password  123456
!设置交换机特权密码为 123456
```

这时如果返回用户配置模式，则在重新进入特权配置模式时，系统会要求用户输入正确的密码。用户有 3 次输入密码的机会，如果输入正确，则直接进入特权配置模式；否则退出。特权密码验证界面如图 3-25 所示。

```
Password:              !Console 管理密码
SA>ena
Password:
Password:
%  Bad passwords

SA>ena
Password:
SA#conf t
Enter configuration commands, one per line. End with CNTL/Z.
SA(config)#|
```

图 3-25 特权密码验证界面

默认情况下，这些密码都是以明文的形式存储的，因此很容易查到。为了避免这种情况，可以对密码进行加密，即以密文的形式存储各种密码。配置加密命令很简单，就是在设置好密码后输入 service password-encryption 命令。具体设置命令如下：

```
SA>
SA>enable
SA#config terminal
SA(config)#enable password  123456          !设置交换机特权密码为 123456
SA(config)#service password-encryption      !设置密码加密，密文存储
SA(config)#
```

对于明文和密文的密码，均设置为 123456，可以通过特权配置模式下的 show running-config 命令查看它们的区别，明文密码仍然可以看到密码是 123456（见图 3-26），但密文密码显示出来的是一串加密后的字符（见图 3-27）。

```
SAshow running-config
SA#show running-config
Building configuration...
!
Current configuration : 1101 bytes
!
version 12.2
no service timestamps log datetime msec
no service timestamps debug datetime msec
no service password-encryption
!
hostname SA
!
enable password 123456
!
```

图 3-26　明文密码显示

```
Switch#show running-config
Building configuration...
!
Current configuration : 1108 bytes
!
version 12.2
no service timestamps log datetime msec
no service timestamps debug datetime msec
service password-encryption
!
hostname SA
!
enable password 7 08701E1D5D4C53
!
```

图 3-27　密文密码显示

步骤 5：配置交换机接口 IP 地址及默认网关。

交换机接口 IP 地址的配置在全局配置模式下进行。不管是三层交换机还是二层交换机，在默认情况下都有一个 VLAN1 接口，要配置交换机的接口 IP 地址，可以直接对 VLAN1 进行 IP 地址配置。具体实施过程如下：

```
SA>
SA>enable
SA#config terminal
SA(config)#interface vlan 1                     !进入 VLAN 配置模式
SA(config-if)#ip address 192.168.0.1 255.255.255.0   !配置 IP 地址
SA(config-if)#no shutdown                       !开启 VLAN
%LINK-5-CHANGED: Interface Vlan1, changed state to up
SA(config-if)#exit
SA(config)#ip default-gateway 192.168.0.254     !配置默认网关
SA(config)#
```

步骤 6：设置交换机的 Telnet 远程管理。

交换机除了可以利用配置线连接计算机的 COM 口和交换机的 Console 口进行直接配置，还可以通过远程访问的方法进行管理，目前主要有 HTTP 和 Telnet 两种远程管理方式。远程管理方式可以实现管理员做到坐在办公室中就能方便地调试放置在不同地理位置上的所有交换机。

默认情况下，交换机已经开启了 Telnet 远程管理方式，但不允许远程登录，因此还要做一些配置，为 Telnet 访问设置访问密码。具体实施过程如下：

```
SA(config)#line vty 0 4                         !进入 Telnet 配置模式
SA(config-line)#password abc                    !设置 Telnet 访问密码
SA(config-line)#login                           !允许以 Telnet 方式登录
SA(config-line)#transport input telnet
!设置 vty 的登录模式为 Telnet，默认情况下是 all，即允许所有登录方式
SA(config-line)#exit
SA(config)#
```

步骤 7：设置交换机的 SSH 远程管理。

SSH 是一种为远程设备提供基于安全（加密）命令行的连接的协议。Cisco IOS 还支持 SSH 远程管理，为了启用 Catalyst 2960-24TT 交换机上的 SSH，需要包括加密功能和能力的 IOS 软件版本，由于其强大的加密功能，SSH 应该取代用于管理连接的 Telnet。默认情况下，SSH 使用 TCP 端口 22，Telnet 使用 TCP 端口 23。具体实现过程如下：

```
SA>
SA>enable
SA#config terminal
SA(config)#ip domain-name abc.com
!这条语句很关键，因为交换机要根据设备名称和这个域名为进行RSA算法产生一对公私密钥对
!客户机在以SSH方式登录时，交换机会将公钥发给客户机，客户机用公钥加密，交换机用私钥解密
SA(config)#crypto key generate rsa
The name for the keys will be: SA.abc.com
……
How many bits in the modulus [512]: 1024
!产生密钥对的长度默认为512，此处1024以支持版本2
% Generating 1024 bit RSA keys, keys will be non-exportable...[OK]
SA(config)#username admin password 123456
SA(config)#line vty 5 15
SA(config-line)#transport input ssh
!设置vty的登录模式为SSH，默认情况下是all，即允许所有登录方式
SA(config-line)#login local
SA(config-line)#exit
SA(config)#ip ssh version 2
SA(config)#ip ssh time-out 120      !设置ssh时间为120s(默认为120s)
SA(config)#ip ssh authentication-retries 4
!设置SSH认证重复次数为4，可以在0~5内选择
```

步骤8：保存交换机配置文件。

进行了以上配置后，所有的配置信息会存储在交换机缓存的Config.txt文件中，如果不加以保存，则在交换机重启后，所做的配置信息将会丢失，并恢复为默认设置。为了避免这种情况的发生，在配置完成后，要执行相应的保存操作。交换机的保存命令为write，是在特权配置模式下完成的，具体实现过程如下：

```
SA>
SA>enable                      !进入特权配置模式
SA#write                       !执行保存命令
Building configuration...
[OK]                           !保存成功
SA#
```

6．实验测试

步骤1：测试计算机与交换机的连通性。

设置好交换机的接口IP地址后，设置计算机的IP地址为与交换机接口IP地址同网段的IP地址，如192.168.0.2，并用计算机测试其与交换机的连通性。如图3-28所示，默认网关和交换机的网关相同，为192.168.0.254；DNS服务器不用设置。输入完成后，单击"关闭"按钮即可。

设置完计算机的IP参数后，可以使用"桌面"选项卡中的"命令提示符"工具，在"命令提示符"窗口使用ping命令进行测试。如图3-29所示，输入ping 192.168.0.1，按Enter键。

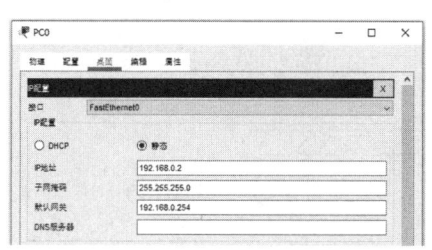

图 3-28　计算机的 IP 地址设置

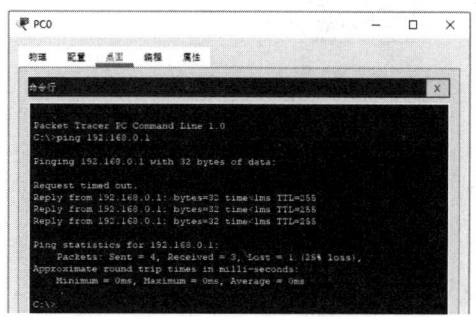

图 3-29　测试计算机与交换机的连通性

步骤 2：测试交换机的 Telnet 服务。

使用"命令提示符"工具，在窗口中输入 telnet 192.168.0.1 命令进行测试，结果如图 3-30 所示。

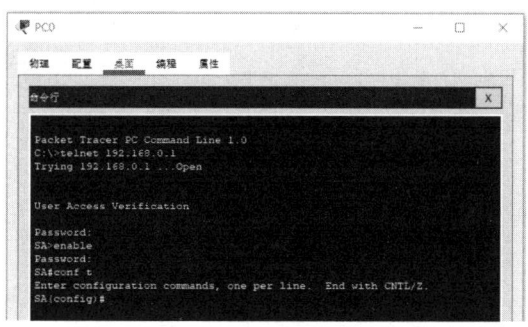

图 3-30　测试交换机的 Telnet 服务

步骤 3：测试交换机的 SSH 服务。

使用"命令提示符"工具，在窗口中输入 ssh -l admin 192.168.0.1 命令进行测试（测试前先关掉交换机上的 Telnet 服务），如图 3-31 所示。

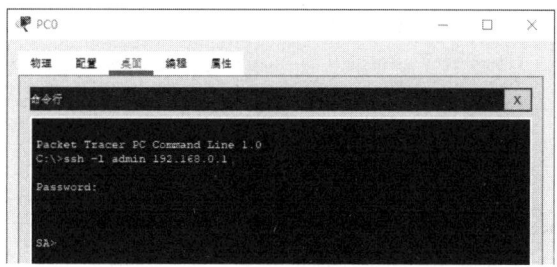

图 3-31　测试交换机的 SSH 服务

7．实验小结

交换机的基本配置还是比较容易的。例如，命名在全局配置模式下使用 hostname 命令完成，二层交换机的接口 IP 地址通过配置 VLAN1 的 IP 地址进行设置。交换机的特权密码分为明文和密文两种方式，其中密文方式更加安全。

思考与练习

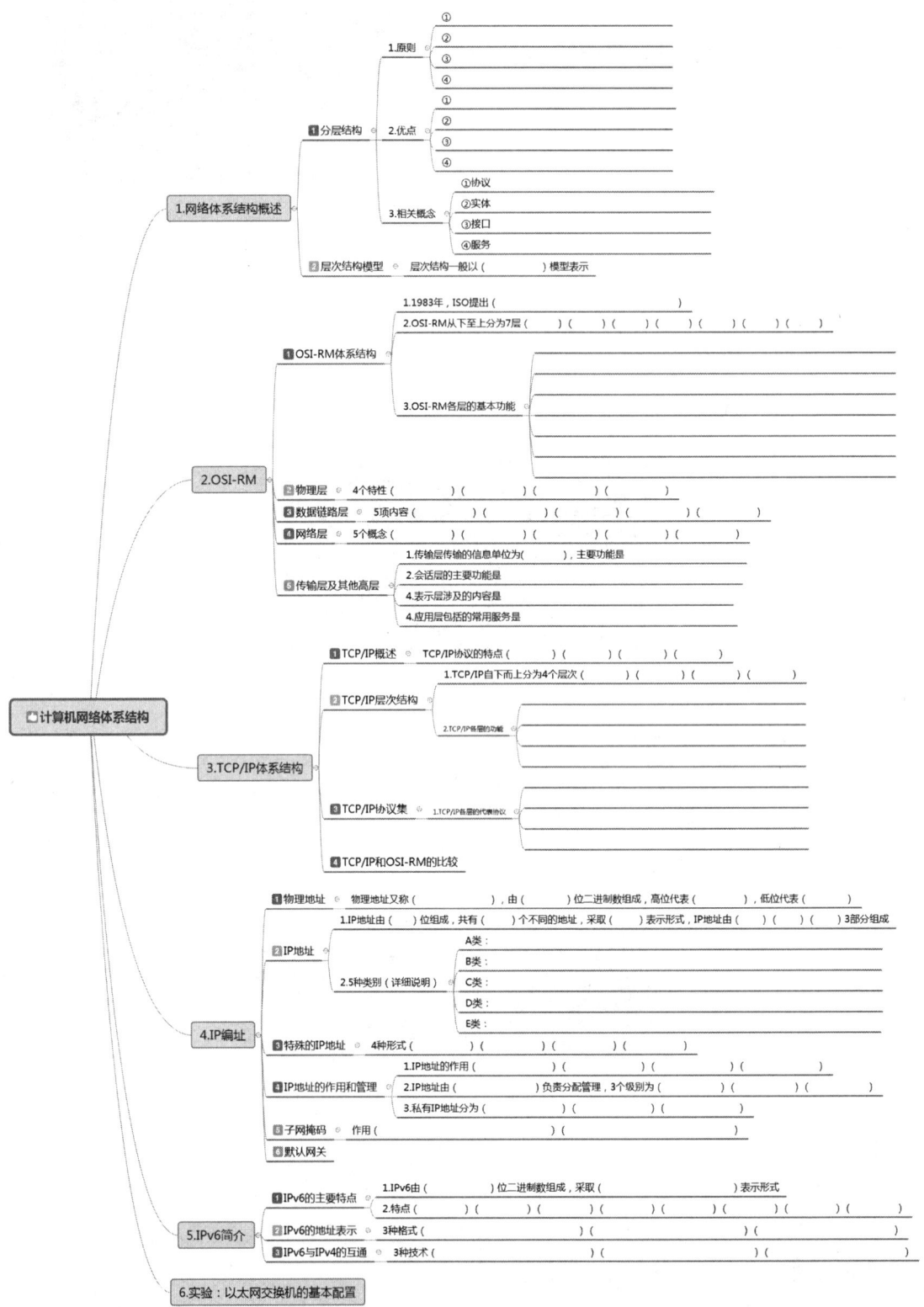

第 4 章 局域网技术

主要内容

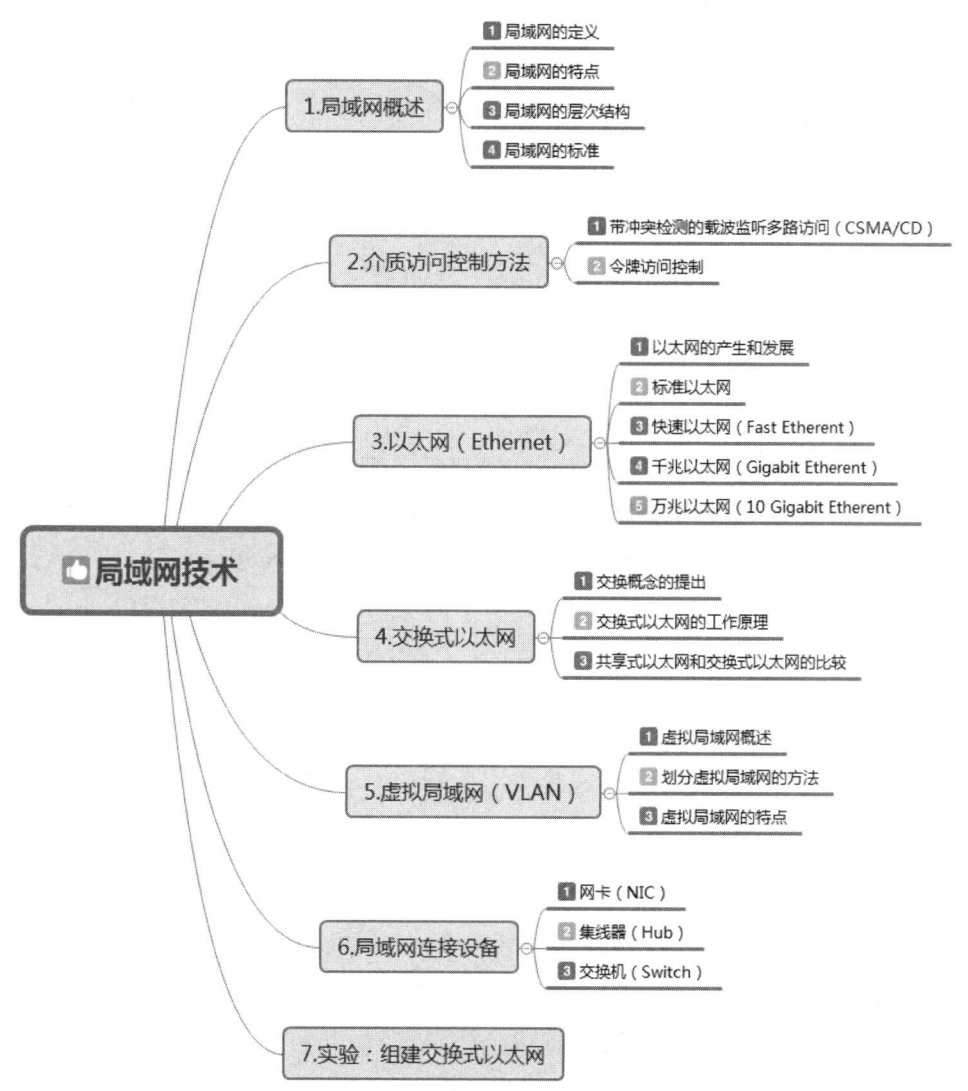

知识目标

（1）掌握局域网的概念及标准。
（2）掌握局域网的介质访问控制方法。
（3）理解以太网及交换式以太网的工作原理。
（4）理解虚拟局域网的工作原理。

技能目标

（1）能够清晰描述局域网的各种访问介质控制方法的区别和特点。
（2）能够说明传统以太网和交换式以太网的区别与特点。
（3）能够举例说明虚拟局域网的概念及其应用情况。

4.1 局域网概述

局域网是一种应用广泛的计算机网络。局域网的发展始于20世纪70年代，以太网（Ethernet）是其典型代表。

4.1.1 局域网的定义

局域网为计算机局部区域网络（LAN）的简称。IEEE 802 委员会对局域网的描述性定义为：局域网是一种为单一机构所拥有的专用计算机网络，其通行被限制在中等规模的地理范围内，如一栋办公楼、一座工厂或一所学校，具有较高数据传输速率和较低的误码率，能有效实现多种设备之间的互联、信息交换和资源共享。

4.1.2 局域网的特点

局域网是在小范围内将许多数据设备互相连接起来进行数据通信的计算机网络。其中的数据设备可以是微型机、小型机或中/大型计算机，也可以是终端、打印机和磁盘机等外围设备。但目前所指的局域网主要是微型机局域网，特别是连接计算机及其兼容机的微型机局域网。

局域网与广域网不同，它常被限制在中等规模的地理区域内，采用具有从中等到较高数据传输速率和较低误码率的物理通信信道。具体地说，局域网具有如下主要特点。

（1）局域网覆盖的地理范围小，一般不超过 10km。

（2）通信速率较高。由于广域网的通信距离比较远，所以在物理信道上的传输速率较低，一般为 kbit/s 数量级，如 ARPANET 的线路传输速率为 50kbit/s。局域网的通信速率通常为 Mbit/s 数量级，有的高达 100Mbit/s，能很好地支持计算机间的高速通信。

(3)通常属于某个部门所有。由于局域网的小范围分布和高速传输,使它适用于对一个部门或一个企业的管理。这样,局域网的所有权可以归某一个单位所有,被单位内部使用,它不需要由国家相关部门参与管理,在设计、安装及操作使用时便于统一考虑、全面规划。

(4)便于安装和维护,可靠性高。局域网的安装比较简单,扩充也很容易,在大量采用的总线型局域网中,可以随时增减站点,而且,在某些站点出现故障时,整个网络仍可以正常工作。局域网可以构成分布处理系统,故障站点的计算任务可以移至别的站点进行处理。

(5)如果采用宽带局域网,则可以实现对数据、语音和图像的综合传输;在基带网上采用一定的技术,也有可能实现语音和静态图像的综合传输,而这正是实现办公自动化的条件。

(6)价格低廉。由于局域网规模小,所以除了宽带网,一般局域网连接时不用调制解调设备,尤其在微型机构成的局域网中,采用价格低廉而功能颇强的微型机作为网上工作站,可以使局域网的性价比相当理想。

4.1.3 局域网的层次结构

20世纪80年代初,局域网的标准化工作迅速发展起来。与广域网相比,局域网的标准化研究工作开展得比较及时,一方面吸取了广域网标准化工作不及时给用户和计算机生产厂家带来困难的教训;另一方面,广域网标准化的成果(特别是OSI-RM)也为局域网标准化工作提供了经验和基础。

国际上开展局域计算机网络标准化研究和制定的机构有IEEE 802委员会、欧洲计算机制造商协会(ECMA)、IEC等。其中,IEEE 802委员会与ECMA主要致力于办公自动化与轻工业局域网的标准化研究,而重工业、工业生产过程分布控制方面的局域网标准化工作主要由IEC进行。

IEEE 802标准遵循OSI-RM的原则,解决最低两层(物理层和数据链路层)的功能,以及与网络层的接口服务、网际互连有关的高层功能。IEEE 802局域网参考模型与OSI-RM的对应关系如图4-1所示。

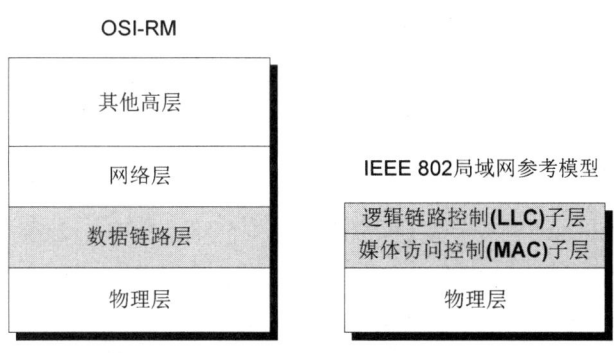

图4-1 IEEE 802局域网参考模型与OSI-RM的对应关系

由于局域网是一个通信子网,只涉及有关的通信功能,因此,IEEE 802局域网参考模型中主要涉及OSI-RM的物理层和数据链路层的功能。

1. 物理层

物理层涉及在通信线路上传输的二进制比特流,主要作用是确保在一段物理链路上正确地传输二进制信号,完成信号的发送与接收、时钟同步、解码与编码等功能。

2. 数据链路层

局域网的信道大多是共享的,容易因争用传输介质而引起冲突。数据链路层的重点就是考虑介质的访问控制问题。为了使数据链路层不过于复杂,IEEE 802 局域网参考模型把数据链路层又分成两个独立的子层。

(1) 逻辑链路控制(Logical Link Control,LLC)子层包含了和终端用户相关的部分,如逻辑地址、控制信息和数据等。如果局域网只有一种类型,如以太网,就不需要 LLC 子层了。由于不同的局域网有不同的物理层,而数据链路层的任务之一就是向高层提供统一的服务,因此,数据链路层分为 MAC 和 LLC 两个子层,MAC 子层负责介质访问控制方法,LLC 子层负责向高层提供统一的界面。LLC 子层具有帧的收、发功能,并向高层提供一个或多个逻辑接口,LLC 子层协议采用高级数据链路控制(HDLC)规程的子集。

(2) 介质(媒体)访问控制(Medium Access Control,MAC)子层主要解决共享传输介质引起的介质争用问题,对于不同的局域网(如以太网、令牌环网、令牌总线网),它是不同的。在以太网中,MAC 子层负责执行 CSMA/CD(带冲突检测的载波监听多路访问);在令牌环网中,MAC 子层负责执行 Token。MAC 子层包含了将信源传送到信宿所需的同步、标志、流量控制和差错控制的规范,可以实现帧的寻址和识别,并且会产生帧检验序列和完成帧校验等功能。

局域网种类繁多,主要可以用 3 种常见的体系结构来划分,分别是以太网、令牌环网和光纤分布式数据接口(Fiber Distributed Data Interface,FDDI)网络。其中,以太网在现实中使用的范围最广。

4.1.4 局域网的标准

局域网使用的协议较多,其中最为主要和常用的有 IEEE 802 标准、NetBEUI 协议和 IPX/SPX 及其兼容协议等。TCP/IP 在开发时虽然是用于广域网的,但在局域网中的应用也相当广泛。下面简单介绍这些协议。

一般来说,局域网标准是指 IEEE 802 委员会负责制定的局域网标准。

1980 年 2 月,IEEE 成立了局域网标准委员会(简称 IEEE 802 委员会),专门从事局域网标准化工作,并制定了 IEEE 802 标准,并被 ISO 采纳,作为局域网的国际标准。1985 年,IEEE 802 委员会公布了 5 项标准,同年被 ANSI(美国国家标准学会)采用,作为美国国家标准,ISO 也将其作为局域网的国际标准,称为 ISO 802。后来又进行了多项标准扩展,其中使用最广泛的标准是以太网、令牌环、令牌总线、无线局域网、虚拟网等。IEEE 802 标准系列如图 4-2 所示,它包含以下几部分。

IEEE 802.1 标准:局域网体系结构、网络互联,以及网络管理与性能测试规范。

IEEE 802.2 标准：逻辑链路控制（LLC）子层的功能与服务规划。

IEEE 802.3 标准：CSMA/CD 总线 MAC 子层和物理层规范。

IEEE 802.4 标准：令牌总线（Token Bus）MAC 子层与物理层规范。

IEEE 802.5 标准：令牌环（Token Ring）MAC 子层与物理层规范。

IEEE 802.6 标准：城域网（MAN）MAC 子层与物理层规范。

IEEE 802.7 标准：宽带技术规范。

IEEE 802.8 标准：光纤技术规范。

IEEE 802.9 标准：综合语音数据的局域网（IVD LAN）介质访问控制协议及物理层技术规范。

IEEE 802.10 标准：可互操作的局域网安全性规范（SILS）。

IEEE 802.11 标准：无线局域网（WLAN）介质访问控制方法和物理层规范。

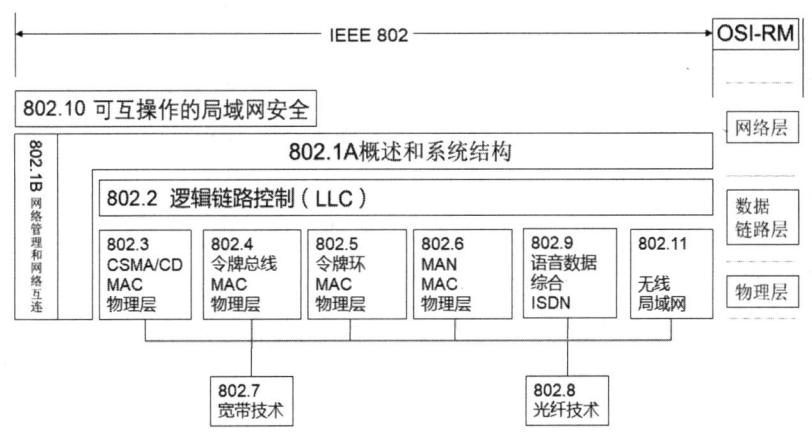

图 4-2　IEEE 802 标准系列

4.2 介质访问控制方法

为保证数据传输的可靠性，局域网中的各个节点在使用传输介质进行传输时必须遵循某种传输者协议，称为局域网的介质访问控制方法。局域网通信是共享传输介质的，采用广播式通信方式，如图 4-3 所示。

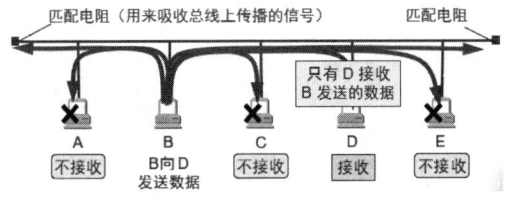

图 4-3　广播式通信方式

常用的局域网介质访问控制方法：一种是 IEEE 802.3 的争用型访问方式，叫作带冲突检测的载波监听多路访问（Carrier Sense Multiple Access/Collision Detected，CSMA/CD），它是以太网的核心技术；另一种是 IEEE 802.5 的定时型访问方式，叫作令牌（Token）访问控制技术，主要用在令牌环网和 FDDI 网络中。

4.2.1 带冲突检测的载波监听多路访问

以太网的介质访问控制方式采用 CSMA/CD，它采用的是随机访问和竞争机制（争用型），用于总线型拓扑结构网络中。

CSMA/CD 的工作过程如图 4-4 所示。

（1）当一个站点想要发送数据的时候，它检测网络，查看是否有其他站点正在传输数据，即侦听信道是否空闲。

（2）如果信道忙，则等待，直到信道空闲才发送信息。

（3）如果信道空闲，站点就传输数据。

（4）在发送数据的同时，站点继续侦听总线，确定是否有其他站点在同时发送数据。因为有可能两个或多个站点都同时检测到网络空闲，从而造成几乎在同一时刻开始发送数据。如果两个或多个站点同时发送数据，就会产生冲突。

（5）当一个传输节点识别出一个冲突时，会随即发送一个拥塞信号，这个信号使得冲突的时间足够长，以让其他节点都能发现。

（6）当其他节点收到拥塞信号后，都停止传输，等待一个随机产生的时间间隙（回退时间，Back off Time），重新进入侦听发送阶段。

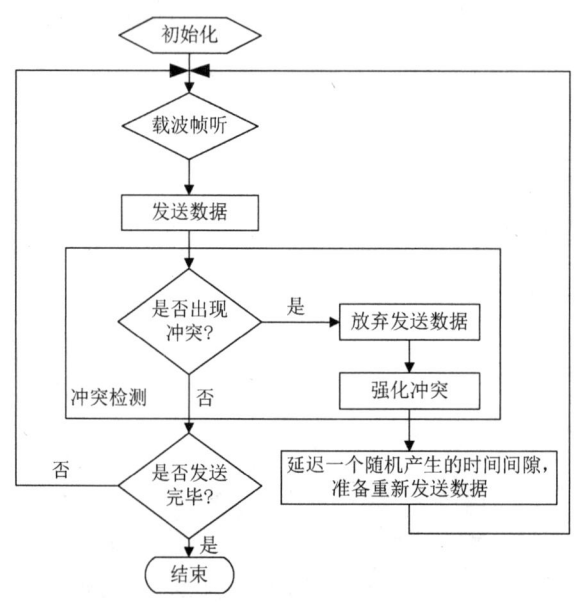

图 4-4　CSMA/CD 的工作过程

载波侦听并不能完全消除冲突，如图 4-5 所示，当甲站点经过侦听开始发送数据后，某个相隔较远的乙站点由于传输介质信号延迟，虽然经过了一段时间，但甲站点发送的帧尚未到达乙站点，所以乙站点经侦听后认为线路空闲，如果这时乙站点也发送数据，就会发生冲突。另外，当线路没有任何站点发送数据时，两台（或多台）计算机经检测发现传输介质空闲，如果同时开始发送数据，那么也会发生冲突。

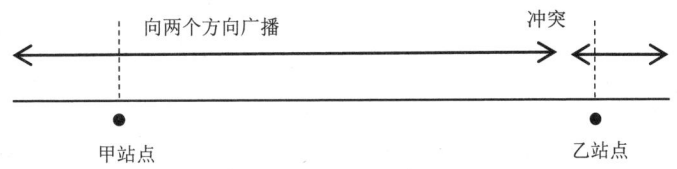

图 4-5　载波侦听并不能完全消除冲突

CSMA/CD 的特点是争用型介质访问控制方式，各节点地位平等、结构简单、易于实现、价格低廉；缺点是无法设置介质访问优先权，对站点发送信息不提供任何时间上的保证。低负荷时，网络有较高的效率，但在负荷较高的情况下，竞争的站点过多，冲突也增加，传输延迟剧增，网络性能也会急剧下降。

在采用 CSMA/CD 介质访问控制方式时，同一个网络中的计算机会形成一个"冲突域"。在 CSMA/CD 基带网中，同一个冲突域中检测一个冲突的时间为两个站点之间的传播时延（载波信号从一端发送到另一端所需的时间间隔）的 2 倍。如图 4-6 所示，假设 A、B 两个站点位于总线两端，当 A 站点发送数据并经过接近于最大传播时延 t 正要到达 B 站点时，如果 B 站点这时经检测后正好也开始发送数据，就会发生冲突。这时 B 站点可立即检测到冲突，而 A 站点需要等到冲突信号返回，即再经过一个最大传播时延 t 才能检测出冲突。因此，在最坏的情况下，检测出一个冲突的时间等于两个相隔最远站点间最大传播时延的两倍。根据这个原理，可以由以太网传输的帧的长度确定一个以太网络的网络直径。

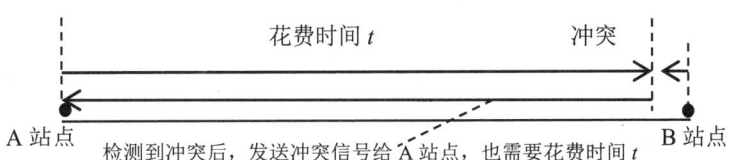

图 4-6　检测出一个冲突的时间等于两个相隔最远站点间最大传播时延的两倍

4.2.2　令牌访问控制

CSMA/CD 采用的是竞争传输介质方式，类似于很多人不排队在同一个窗口购买火车票时的情形。在极端情况下，CSMA/CD 可能出现某些站点总是竞争不到传输介质而不能发送数据的情况。另一种机制是令牌访问控制技术，它采用轮流访问的公平方式。访问控制技术最初用在环型拓扑结构中，它使用一个称为令牌的特殊短帧，可以把令牌当作一个通行证，网络中只有取得令牌的节点才可以发送数据。当网络中没有站点发送数据时，令牌就沿环高速单向绕行。当某个站点要求发送数据时，必须等待，直到捕获到经过该站的令牌。这时，该站点可以用改变令牌中一个特殊字段的方法，把令牌标记成已被使用，并把令牌作为数据帧头部一起发送到环上。这时环上不再有令牌，因此，其他要求发送数据的站点必须等待。环上的每个站点检测并转发环上的数据帧，比较目的地址是否与自身站点地址相符，从而决定是否复制该数据帧。数据帧在环上绕行一周后，由发送站点将其删除，并生成一个新的令牌发送到环上，如图 4-7 所示。

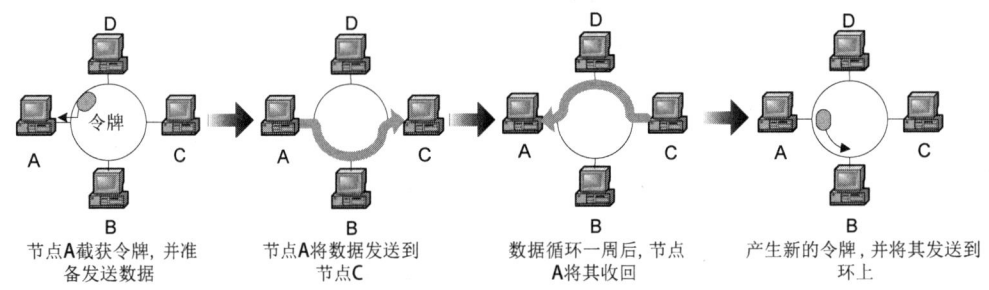

图 4-7　令牌环的工作原理

令牌技术除了可以用在环型拓扑结构（令牌环）中，还可以用在总线型拓扑结构（令牌总线）中。在环型拓扑结构中，逻辑环结构和物理环结构相同，令牌传递的次序和站点连接的物理次序也一致；而对于总线型拓扑结构，逻辑环次序不一定和线路上的站点连接次序相对应。

令牌访问控制方式的优点如下。

（1）不存在竞争，因此不会出现冲突，常用于高负荷、通信量较大的网络。

（2）令牌绕环一周的时间固定，实时性好，适用于控制性或实时性要求较高的场合。

（3）令牌单向流动，因此，可使用带宽大的光纤作为传输介质。

（4）可以设置优先级，适用于集中管理。

（5）当负荷较高时，有较好的响应方式。

令牌访问控制方式的缺点是管理机制较复杂，为了防止因令牌损坏、丢失或重新生成令牌而出现两个或多个令牌等错误，它必须具有错误检测能力、恢复机制等；而且网络中需要有某个站点被设计成监视站点，用于检查是否有令牌丢失、重复等情况发生。

4.3　以太网

以太网是当今现有局域网采用的最通用的通信协议标准，与 IEEE 802.3 系列标准相类似，它不是一种具体的网络，而是一种技术规范。

4.3.1　以太网的产生和发展

以太网是由 Xerox 公司创建并由 Xerox、Intel 和 DEC 公司联合开发的基带局域网规范。IEEE 802.3 标准给出了以太网的技术规范。

以太网定义了在局域网中采用的电缆类型和信号处理方法，规定了物理层的连线、电信号和介质访问层协议等内容。以太网在联连设备之间以 10～100Mbit/s 的传输速率传送信息包。双绞线电缆 10Base-T 以太网由于其低成本、高可靠性及 10Mbit/s 的传输速率等特点而成为应用最广泛的以太网技术。直扩的无线以太网的传输速率可达 11Mbit/s，许多制造供应商提供的产品都能采用通用的软件协议进行通信，开放性较好。

最开始，以太网只有 10Mbit/s 的吞吐量，它使用的是 CSMA/CD 的访问控制方法。通常，把这种最早期的 10Mbit/s 以太网称为标准以太网。除此之外，还有快速以太网（100Mbit/s 以太网）、千兆以太网、万兆以太网、光纤以太网和端到端以太网等多种不同的以太网类型。

4.3.2 标准以太网

标准以太网是常见的传输速率为 10Mbit/s 的以太网标准规范，遵循 IEEE 802.3 标准，如图 4-8 所示。

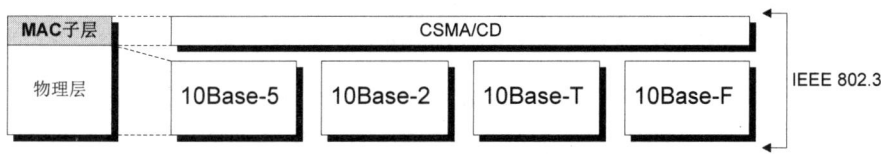

图 4-8 IEEE 802.3 物理层规范

以太网都遵循 IEEE 802.3 标准，这些标准名称前面的数字表示传输速率，单位是 Mbit/s；最后一个数字表示单段网线的长度或电缆的类别，Base 表示基带，Broad 代表宽带。例如，10Broad-36 表示传输速率为 10Mbit/s 的宽带传输，使用 75Ω 同轴电缆；10Base-5 表示传输速率为 10Mbit/s 的基带传输，使用 50Ω 粗同轴电缆；10Base-T 表示传输速率为 10Mbit/s 的基带传输，使用双绞线。常见的几种以太网标准规范如表 4-1 所示。

表 4-1 常见的几种以太网标准规范

选项	10Base-5	10Base-2	10Base-T	10Base-F	10Broad-36
传输介质	50Ω 粗同轴电缆	50Ω 同轴电缆	双绞线	光纤	75Ω 同轴电缆
网段长/m	500	185	100	2000	1800
段站点数	100	30		33	100
电缆直径	10mm	5mm	0.4～0.6mm	62.5/125μm	15mm
拓扑结构	总线型	总线型	星型	星型	总线型
编码技术	曼彻斯特	曼彻斯特	曼彻斯特	曼彻斯特	曼彻斯特
标准	IEEE 802.3	IEEE 802.3a	IEEE 802.3i	IEEE 802.3i	IEEE 802.3b

（1）10Base-5。

对于粗缆以太网（粗同轴电缆），其电缆的两端有 50Ω 的终端电阻，每网段允许连接 100 个节点，单个网段的最大长度不超过 500m，如果网段长度必须超过 500m 的话，则需要使用中继器进行信号放大，延伸网段长度。

（2）10Base-2。

10Base-2 采用细同轴电缆作为传输介质，也称为细缆以太网，它和 10Base-5 一样，都采用曼彻斯特编码方式，数据传输速率均为 10Mbit/s，同样是总线型拓扑结构。它采用阻抗为 50Ω、RG58 的细同轴电缆；每网段允许连接 30 个节点，单个网段的最大长度是 185m，因此最大的网络直径是 925m。

（3）10Base-T。

10Base-T 使用 3 类、5 类或超 5 类 UTP，而且只使用 4 对线中的 2 对线，双绞线的两端都装有 RJ-45 连接器（俗称"水晶头"）。10Base-T 网络中的 RJ-45 只有 1、2、3、6 这 4 个引脚有效，其中 1 和 2 使用一对双绞线，用于发送数据；3 和 6 使用一对双绞线，用于接收数据（在集线器端正好相反，1、2 用于接收数据，3、6 用于发送数据）。RJ-45 的接线标准有两个，即 TIA/EIA 568A 和 TIA/EIA 568B，其接线或布线顺序分别如下。

TIA/EIA 568A（T568A）：绿白、绿、橙白、蓝、蓝白、橙、棕白、棕。

TIA/EIA 568B（T568B）：橙白、橙、绿白、蓝、蓝白、绿、棕白、棕。

一般来说，当用于计算机和集线器的连接时，双绞线的两端 RJ-45 接线采用同一个接线标准，如 T568B；当用于两台计算机的直接连接或连接两个没有级联口（Uplink）的集线器时，另一头的 1、2 分别和 3、6 进行对调交叉连接，或者说一头使用 T568B 接线标准，另一头需要使用 T568A 接线标准。

10Base-T 具有连接一体化的特点，因此，传输介质的安装和故障检测都非常方便，每 16s 集线器和网卡都会发出"滴答"脉冲，集线器和网卡监听此信号，当集线器和网卡收到信号时，表示物理连接已经建立，在集线器和网卡上有 LED 指示灯，灯亮表示链路正常。

由于要检测冲突和传输衰减等原因，10Base-T 中单段双绞线的最大长度只能为 100m，扩大长度的办法是可以用光纤代替双绞线或用中继器延长网段。通过集线器级联或堆叠后，以太网的物理拓扑结构由星型结构变为树型结构，最大站点数可为 1024 个。

（4）10Base-F。

10Base-F 是 IEEE 802.3 中定义的以光纤作为传输介质的标准。在 10Base-F 中，每条传输线路都使用一根光纤，每根光纤都采用曼彻斯特编码传输一个方向上的信号。每位数据经编码后，都转换为光信号（有光表示高、无光表示低），因此，一个 10Mbit/s 的数据流实际上需要 20Mbit/s 的信号流。

（5）10Broad-36。

10Broad-36 是 IEEE 802.3 中唯一针对宽带系统制定的标准，它选用标准的 75Ω CATV 同轴电缆；从头端出发的分段最大长度为 1800m，由于是单向传输，所以最大的端到端的距离为 3600m。10Broad-36 的电缆使用差分相移键控（DPSK）进行信号调制。

4.3.3 快速以太网

随着网络的发展,传统的标准以太网技术已难以满足日益增长的网络数据流量速度需求。1993 年 10 月以前,对于要求 10Mbit/s 以上数据流量的局域网应用,只有光纤分布式数据接口(FDDI)可供选择,但它是一种价格非常昂贵、基于 100Mbit/s 光缆的局域网。IEEE 802 委员会对 100Mbit/s 以太网的各种标准,如 100Base-TX、100Base-T4、MII、中继器、全双工等标准进行了研究。1995 年 3 月,IEEE 宣布了 IEEE 802.3u(100Base-T)快速以太网标准,就这样开始了快速以太网的时代。快速以太网的协议结构如图 4-9 所示。

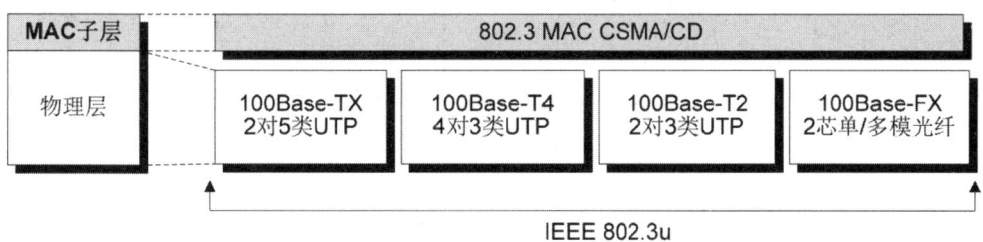

图 4-9 快速以太网的协议结构

快速以太网与原来在 100 Mbit/s 带宽下工作的 FDDI 网络相比,具有许多优点,最主要体现在用户只需更换一个适配器,再配上一个 100 Mbit/s 的集线器,就可以很方便地由 10Base-T 以太网直接升级到 100Base-T 以太网,而不需要改变网络的拓扑结构。快速以太网支持 3、4、5 类双绞线及光纤的连接,能有效利用现有的设施。常见的快速以太网规范如表 4-2 所示。

表 4-2 常见的快速以太网规范

标 准	传输介质	特 性	网段长/m
100Base-TX	2 对 5 类 UTP	100Ω	100
	2 对 STP	150Ω	100
100Base-FX	1 对单模光纤	8/125μm	40000
	1 对多模光纤	62.5/125μm	2000
100Base-T4	4 对 3 类 UTP	100Ω	100

快速以太网仍基于 CSMA/CD 技术,当网络负载较重时,会使效率降低,当然,这可以使用交换技术来弥补。

(1) 100Base-TX。

100Base-TX 一种使用 5 类 UTP 或 STP 的快速以太网技术。它使用 2 对双绞线,1 对用于发送数据,1 对用于接收数据;在传输中使用 4B/5B 编码方式,信号频率为 125MHz;符合 T586A 的 5 类布线标准和 IBM 的 SPT 1 类布线标准;使用同 10Base-T 相同的 RJ-45 连接器;最大网段长度为 100m,支持以全双工方式进行数据传输。

（2）100Base-FX。

100Base-FX 是一种使用光缆的快速以太网技术,可使用单模和多模光纤(62.5μm 和 125μm)。在全双工模式下,多模光纤的最大传输距离为 2km,单模光纤的最大传输距离为 40km。在传输中使用 4B/5B 编码方式,信号频率为 125MHz。它使用 MIC/FDDI 连接器、ST 连接器或 SC 连接器。它的最大网段长度为 150m、412m、2000m 或更长至 10km,这与所使用的光纤类型和工作模式有关。它支持以全双工方式进行数据传输。100Base-FX 特别适用于有电气干扰的环境,以及较大距离连接或高保密环境等。

（3）100Base-T4。

100Base-T4 是一种可使用 3、4、5 类 UTP 或 STP 的快速以太网技术。它使用 4 对双绞线,其中 3 对用于传送数据,1 对用于检测冲突信号;在传输中使用 8B/6T 编码方式,信号频率为 25MHz;符合 T586A 结构化布线标准。它使用与 10Base-T 相同的 RJ-45 连接器,最大网段长度为 100m。

100Base-TX、100Base-FX、100Base-T4 可以通过一个中断器或集线器实现混合连接,集成到同一个网络中。

4.3.4 千兆以太网

数据传输速率为 1000Mbit/s 的网络为千兆以太网。1996 年,IEEE 802.3 委员会正式成立了 802.3z 工作组,制定了 1000Base-SX、1000Base-LX、1000Base-CX 规范,主要研究使用光纤与短距离 STP 的物理层标准。千兆以太网的协议结构如图 4-10 所示。

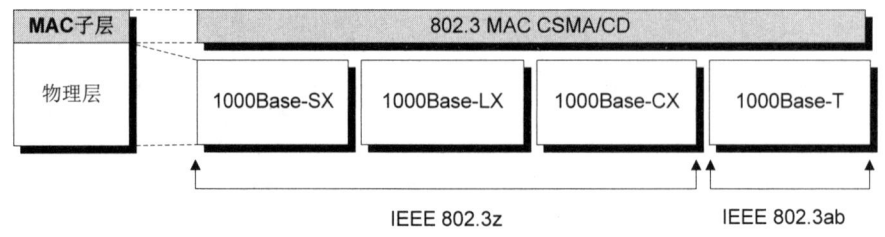

图 4-10　千兆以太网的协议结构

千兆以太网是一种新型高速局域网,可以提供 1Gbit/s 的传输速率。它采用和 10Mbit/s、100Mbit/s 以太网同样的 CSMA/CD 协议、帧格式和帧长,因此可以在原有低速以太网的基础上实现平滑、连续地网络升级。千兆以太网只用于点到点的传输,连接介质以光纤为主,最大传输距离已达到 70km,可用于城域网的建设。千兆以太网的规范如表 4-3 所示。

表 4-3　千兆以太网的规范

标　准	传输介质	特　性	网　段　长
1000Base-SX	50μm 多模光纤	短波激光	全双工最长传输距离为 550m
	62.5μm 多模光纤		全双工最长传输距离为 275m

续表

标　准	传输介质	特　性	网 段 长
1000Base-LX	9μm 单模光纤	长波激光	全双工最长传输距离为 3000m
	50μm/62.5μm 多模光纤		全双工最长传输距离为 550m
1000Base-CX	同轴电缆	—	最长传输距离为 25m
1000Base-T	超 5 类 UTP	—	最长传输距离为 100m

1．1000Base-SX

1000Base-SX 使用短波激光作为信号源，在多模光纤上传输信号，数据编码方法为 8B/10B；收发器上配置的是波长为 770～860nm（一般为 800nm）的激光传输器，多模光纤直径可以为 62.5μm 和 50μm。使用 62.5μm 多模光纤在全双工模式下的最长传输距离为 275m，使用 50μm 多模光纤在全双工模式下的最长传输距离为 550m。1000Base-SX 使用的光纤连接器为 SC 型连接器。

2．1000Base-LX

1000Base-LX 使用长波激光作为信号源，数据编码方法为 8B/10B；在收发器上配置波长为 1270～1355nm（一般为 1300nm）的激光传输器，既可以驱动多模光纤，又可以驱动单模光纤。它可以使用的光纤有 62.5μm 多模光纤、50μm 多模光纤和 9μm 单模光纤。当使用多模光纤时，在全双工模式下，最长传输距离可以达到 550m；当使用单模光纤时，在全双工模式下，最长传输距离为 3000m。它使用的光纤连接器也是 SC 型连接器。

3．1000Base-CX

1000Base-CX 使用一种特殊规格的高质量平衡屏蔽铜质双绞线对电缆，最长传输距离为 25m，传输速率为 1.25Gbit/s，数据编码方法为 8B/10B，使用 9 芯 D 型连接器连接电缆。1000Base-CX 适用于交换机之间的短距离连接，尤其适合千兆主干交换机和主服务器之间的短距离连接。

4．1000Base-T

1000Base-T 使用 4 对超 5 类 UTP，最长传输距离为 100m，数据编码方法为 PA M5 编码/译码。1000Base-T 可以充分利用现有的 UTP，实现 100～1000Mbit/s 的平滑升级。

4.3.5　万兆以太网

以太网技术在不断发展和进步，传输速率从 10Mbit/s、100Mbit/s、1Gbit/s 到 10Gbit/s，不断提高，其应用范围也不断扩大。万兆以太网不仅兼容现有的局域网，还能将以太网的应用范围扩展到城域网和广域网。它既能和同步光纤网（SONET）协同工作，又能使用端到端的以太网连接。万兆以太网的局域网、城域网和广域网采用同一种核心技术，网络易于管理和维护，同时避免了协议转换，能实现局域网、城域网和广域网之间的无缝连接，并且价格低廉，因此，万兆以太网有着很好的发展前景。

万兆以太网技术与千兆以太网技术类似，仍然保留了以太网的帧结构，采用 CSMA/CD

协议，应用在点到点的线路上。它通过不同的编码方式或波分复用提供10Gbit/s的传输速率。因此，就其本质而言，万兆以太网仍是以太网的一种类型。

万兆以太网在设计之初就考虑了城域骨干网的需求。首先，带宽（10Gbit/s）足够满足现阶段以及未来一段时间内城域骨干网的带宽需求。其次，万兆以太网的最长传输距离可达40km，且可以配合10Gbit/s传输通道使用，足够满足大多数城市的城域网覆盖要求。以万兆以太网为城域网骨干可以节约成本，使以太网端口价格远远低于相应的POS端口或ATM端口的价格。最后，万兆以太网使端到端采用以太网帧成为可能，一方面可以端到端使用数据链路层的VLAN信息及优先级信息；另一方面可以省略在数据设备上的多次数据链路层封装、解封装及可能存在的数据包分片，简化网络设备。在城域网骨干层采用万兆以太网链路可以提高网络性价比并简化网络。

4.4 交换式以太网

交换式以太网是以交换机为中心构成的一种星型拓扑结构的网络，可以简单理解为以交换机为核心设备建立起来的一种高速网络。这种网络近几年来运用得非常广泛。

4.4.1 交换概念的提出

前面介绍的以太网都采用CSMA/CD的访问控制方法，都通过集线器连接站点。使用集线器连接、堆叠和级联后形成的网络仍属于同一个冲突域。在同一个冲突域中，介质是共享的，任何一个时刻只允许一个站点发送数据，网络的带宽是被站点平分的，这样的以太网称为共享式以太网。例如，在10Base-TX中，当有10个站点时，每个站点可以使用的带宽是1Mbit/s；当有100个站点时，每个站点可以使用的带宽只有0.1Mbit/s。因此，当站点数量较少时，共享式以太网有较好的性能和较短的响应时间；当站点数量较多时，其传输速率和网络性能会急剧下降。为了解决这些问题，借用电话网中交换的概念：在电话网的中心设备上设置开头，当开头接合时，两个用户的通信线路连通；两个用户通信完毕后，将相应的接点断开，两个用户间的连线就断开了。可以看出，该中心设备能够完成任意两个用户之间交换信息的任务，因此称其为交换设备或交换机。交换即接续，就是在通信的源和目的之间建立通信信道，实现信息传送的过程。有了交换设备，对 N 个用户，只需 N 对线就可以满足要求，使线路的投资费用大大降低。

4.4.2 交换式以太网的工作原理

使用交换机（Switch）连接的以太网是交换式以太网，交换机是一种特殊的网桥，它的一个端口是一个冲突域。因此，24口交换机就有24个冲突域，理论上，它连接的24台计算机可同时发送数据，而不存在冲突（假设它们在同一时刻不是往同一个端口发送数据）。交换机能够识别出帧的目的地址，并把帧只发送到目的站点连接的相应端口，而不像共享式以太网那样将帧发送给全网中的所有站点。

因此，交换式以太网不受 5-4-3-2-1 中继规则的限制，100Mbit/s 交换式以太网也不受 205m 冲突域直径的限制，如图 4-11 所示。全交换式以太网的冲突域直径只受传输介质本身的影响，如信号衰减、电阻加大等，一般为几 km 或几十 km，双绞线和光纤的传输距离也不同。图 4-11（a）是共享式以太网，其中两台最远的计算机（PC）之间的距离已超过 205m 冲突域直径限制，因此，这样的组网方式是不允许的，而在图 4-11（b）中，核心汇聚层都使用交换机（Switch），接入层（边缘）才使用集线器（Hub），因此是允许的。

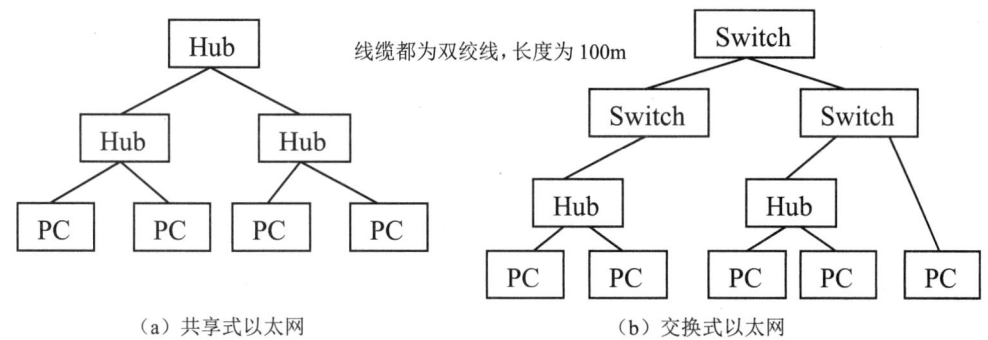

图 4-11　使用 Hub 和 Switch 连接的 100Mbit/s 以太网的区别

交换式以太网的工作原理如下。

（1）交换机对数据的转发是以网络节点计算机的 MAC 地址为基础的。

（2）交换机会监测发送到每个端口的数据帧，通过数据帧中的有关信息（源节点的 MAC 地址、目的节点的 MAC 地址），就会得到与每个端口连接的节点的 MAC 地址，并在交换机的内部建立一个"端口-MAC 地址"映射表（MAC 地址表）。建立映射表后，当某个端口接收到数据帧后，交换机会读取出该帧数据中目的节点的 MAC 地址，并通过 MAC 地址表迅速将数据帧转发到相应的端口。

4.4.3　共享式以太网和交换式以太网的比较

（1）信道类型的区别。

在交换式以太网中，站点和站点之间的连接方式是点到点连接，是一个并行处理系统，它为每个站点都提供了一条交换通道，当某个站点发送数据时，交换机只将数据帧发送到目的站点连接的相应端口；在共享式以太网中，站点和站点之间的连接方式是广播式的共享方式，任一时刻只允许一个站点发送数据，而且全网中所有站点都能收到发送的数据。

（2）带宽的区别。

共享式以太网中的所有站点共享带宽，每个站点的实际带宽是集线器的理论带宽或传输速率除以站点数。例如，在共享式 100Base-TX 中，假设有 10 个站点，则每个站点的理论平均传输速率为 10Mbit/s。当网络中的负荷较重时，每个站点还达不到平均值。

在交换式以太网中，理论上能把连接有 N 台设备的网络提高到 N 倍于交换机传输速率的带宽。例如，在一个 24 口 100Mbit/s 交换机组成的交换式以太网中，因为每个端口都提供 100Mbit/s 的专有传输速率，所以该交换机的最大数据流通量为 24×100Mbit/s。

（3）通信方式的区别。

因为共享式以太网是共享信道模式，所以只能以半双工通信方式传输数据；而交换式以太网允许并发传输，因此允许使用全双工通信方式；其性能也远远超过共享式以太网的性能。

（4）拓扑结构的区别。

共享式以太网的物理拓扑结构是星型，而逻辑上仍为总线型。交换式以太网物理拓扑结构和逻辑拓扑结构是一致的，都是星型结构。

（5）冲突域直径的区别。

共享式 100Mbit/s 以太网的冲突域直径为 205m，而交换式 100Mbit/s 及以上以太网的冲突域直径不受此限制。

4.5 虚拟局域网

随着网络设备性能的不断提高，成本在不断下降。一般企事业单位组建的大中型局域网都采用了交换技术，能良好地支持虚拟局域网技术。虚拟局域网对简化网络的管理、保证网络的安全保密性和高速可靠的运行起到了非常重要的作用。

4.5.1 虚拟局域网概述

1. 虚拟局域网的概念

虚拟局域网（Virtual LAN，VLAN）建立在交换式局域网的基础上，将网络资源或网络用户按照一定的原则进行划分，把一个物理上的网络划分为多个小的逻辑网络，每个逻辑局域网形成各自的广播域。虚拟局域网的用户或节点可以根据功能、部门、应用等因素划分，而无须考虑所处的物理位置，划分的原理与一个硬盘的逻辑分区类似。例如，根据交换机的端口，将一个单位的网络分成几个虚拟局域网，如将所有财务部门的计算机组成一个虚拟局域网，将后勤部门的计算机组成另一个虚拟局域网等。每个虚拟局域网中的计算机可以处在不同的地理位置，尽管财务部门和后勤部门的计算机在物理上仍属于同一个网络。虚拟局域网之间相互隔离，保密性强，它们之间的通信需要使用路由器这样的设备才能进行。

在共享式局域网中，一个物理网络是一个逻辑上的工作组，它们属于一个冲突域，也属于同一个广播域。一个节点发送的广播报文，网络上的所有节点都能收到。但在实际应用中，许多广播报文并不需要让每个站点都知道，因此，这样的广播报文既浪费了大量的带宽，又不利于网络安全。

在交换式局域网中，当交换机接收到一个广播帧，或者交换机 MAC 地址表容量较小而没有某个数据帧的 MAC 目的地址对应的端口时,该数据帧会被转发到交换机的其他所有端口。以太网交换机的一个端口是一个冲突域,因此,交换机缩小了冲突域。但是使用交换机连接的网络仍属于同一个广播域,因此,交换式以太网还不能避免广播风暴。

最早用来隔离广播的方法是使用路由器,但是路由器设备较贵,在处理报文时,需要烦琐的软件处理,其转发机制可能成为整个网络的瓶颈。虚拟局域网就是专门为隔离第二层的广播报文的技术。一个虚拟局域网就是一个广播域,最主要的是多个虚拟局域网可以共用一套网络设备,节约了网络硬件的开销,同时迁移站点所需的工作量大幅减少,相应的联网成本也降低了。

在传统的局域网中,当移动一个站点到另一个地方时,如果考虑让它仍属于原来的逻辑工作组,就可能需要重新布线。因此,逻辑工作组的组成受到站点所在网段物理位置的限制。而虚拟局域网逻辑工作组的站点组成不受物理位置的限制,同一逻辑工作组的站点可以分布在不同的物理网段上,只要以太网交换机是互联的就可以,它们既可以连接在同一台交换机上,又可以连接在不同的交换机上。当一个站点从一个逻辑工作组转移到另一个逻辑工作组时,通过配置,这台计算机还可以成为原工作组的一员。

2. IEEE 802.1Q 帧格式

1996 年 3 月发布的 IEEE 802.1Q 就是虚拟局域网的标准,它统一了众多网络设备厂商的虚拟局域网方案,使不同厂商的设备可以在同一个网络中使用,各个设备的虚拟局域网设置可以被其他设备识别。IEEE 802.1Q 标准定义了一种新的帧格式,它在标准的以太网帧的源地址后增加了一个 Tag 域。Tag 域包含 2 字节的标签协议标识(Tag Protocol ID,TPID)和 2 字节的标签控制信息(Tag Control Information,TCI),TCI 又分为 Priority、CFI 和 VLAN ID 三个域。Tag Header 中的一个重要字段就是 VLAN ID,它指明了这一帧所属的虚拟局域网编号。IEEE 802.1Q 帧格式如图 4-12 所示。

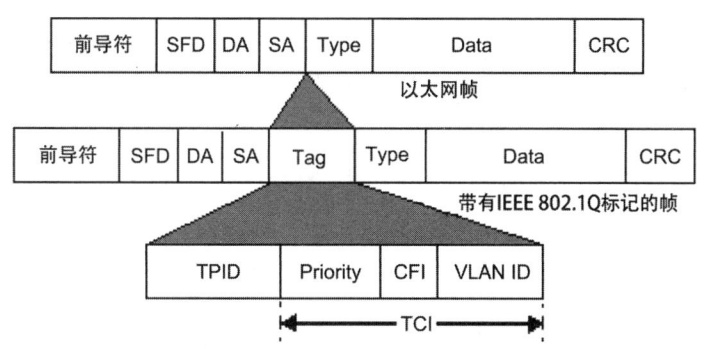

图 4-12　IEEE 802.1Q 帧格式

虚拟局域网建立在交换式局域网的基础上(交换技术有两种:一种是基于以太网的帧交换;另一种是基于 ATM 的信元交换)。交换技术根据目的地址有目的地选择端口转发数据包,这就为划分逻辑子网提供了技术基础。

将网络分成多个虚拟局域网并不只是为了隔离各个网段,这样还可以提高整个网络的性能和安全性，被隔离的虚拟局域网最终还需要通过路由机制将它们互联起来，但这并不是又回到了原来的低性能。采用虚拟局域网技术，通过流量分析后，进行合理规划，并使用如三层交换机之类的设备，可以构造一个大型高性能的局域网。

4.5.2 划分虚拟局域网的方法

1. 基于交换机端口的划分方法

基于交换机端口的划分方法是一种最简单有效且最常用的划分方法。它通过在一台或多台交换机上根据交换机的端口划分虚拟局域网，这些端口一直保持这种配置关系，直到改变它们。在划分虚拟局域网时，需要网络管理人员对交换机的端口进行分配和设置，不同交换机上的若干端口可以组成一个虚拟局域网。基于交换机端口的划分方法如图 4-13 所示，图中划分了 3 个虚拟局域网，其中 VLAN 1 中有 6 台计算机，它们分布在不同的交换机上。

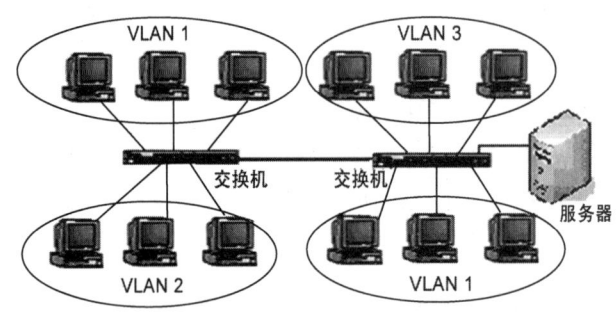

图 4-13　基于交换机端口的划分方法

当使用基于交换机端口的划分方法划分虚拟局域网时，有几项配置需要考虑：第一项是交换机的端口类型，只有 IEEE 802.1Q 虚拟局域网交换机才支持带有 IEEE 802.1Q Tag Header 的帧；第二项是默认的虚拟局域网端口，当交换机不能从一个帧的 Tag Header 中获得该帧属于哪一个虚拟局域网时，该帧就被转发到默认的虚拟局域网端口；第三项是虚拟局域网广播域，用于界定虚拟局域网帧的转发范围。

基于交换机端口的划分方法的特点是配置过程简单明了，是目前最常用的一种方法。但是，当计算机从一个端口移动到属于另一个虚拟局域网的端口时，为了使该计算机仍属于原来的虚拟局域网，网络管理人员必须重新配置。

2. 基于 MAC 地址的划分方法

基于 MAC 地址的划分方法是以网卡的 MAC 地址来划分的，每个网卡的物理地址在全球都是唯一的。

MAC 地址属于数据链路层，以此作为划分虚拟局域网的策略，可以很好地独立于网络层上的各种应用。在划分虚拟局域网时，网络管理人员可以通过指定哪些 MAC 地址的计算机属于哪一个虚拟局域网。例如，将 MAC 地址为 00-30-80-7C-F1-21、52-54-4C-19-3D 和 00-50-BA-27-5D-A1 的计算机划分为 VLAN 1，而不管这些计算机连接到哪个交换机或哪个端口。

基于 MAC 地址的划分方法的优点：虚拟局域网与站点的物理位置无关，当一个站点从一个地方移动到另一个地方或将连接交换机的端口换到另一个端口时，只要计算机的 MAC 地址不变，它仍属于原虚拟局域网的成员，无须网络管理人员对交换机进行重新配置。另外，它还独立于网络的高层协议，不管使用 TCP/IP 协议还是 IPX 协议等。因此，这是一种基于用户的虚拟局域网划分方法。该方法的缺点是所有用户必须先被明确地分配到某一个虚拟局域网中，当网络规模较大时，初始配置工作较麻烦。可以用相应的网络管理工具配置虚拟局域网。

3．基于网络层的划分方法

基于网络层的划分方法是根据网络层协议划分虚拟局域网的。当网络中有多种协议时，可以根据不同的路由协议划分虚拟局域网，主机属于哪一个虚拟局域网取决于它运行的网络协议（如 IP 协议和 IPX 协议），而与其他因素无关。这种方法在实际应用中相对较少，因为现在网络大都是运行 IP 协议的主机，即使是运行其他协议的主机组件也被 IP 协议主机代替。由于一个网络中使用的不同网络层协议数是有限的，所以划分的虚拟局域网的个数也很少。

4．基于子网的划分方法

基于子网的划分方法也是在网络层进行的，它是根据主机所在的子网隔离广播域的，IP 地址属于哪个子网，主机就属于哪个虚拟局域网，而与主机的其他因素无关。

基于子网的划分方法管理配置较为灵活，可以根据具体的应用和服务来组织虚拟局域网，网络用户自由移动位置后，不需要重新配置主机或交换机，对网络管理人员来说是十分有效的。这种划分方法的缺点：一是对于每个到来的数据包，它都要检查网络层地址，这将消耗不少交换机的资源；二是网络管理人员不能控制用户修改主机的 IP 地址等配置选项，用户可以随意更改自己所属的虚拟局域网的位置。

5．几种划分方法的比较

在上述这 4 种方法中，使用较多的是第 1 种和第 4 种方法，第 2 种和第 3 种方法作为辅助性方案。而基于交换机端口的划分方法又优于基于子网的划分方法，原因是基于交换机端口的划分方法是基于数据链路层进行数据包的转发交换的，而且它主要由硬件（交换机）实现。因此，它的效率较高。而基于子网的划分方法除了前述的一些缺点，最主要的是它基于网络层，而且需要通过软件方法实现，用户可自行修改 IP 地址、子网掩码等设置，安全性不高。因此，这种划分方法不如基于交换机端口的划分方法好。

4.5.3 虚拟局域网的特点

虚拟局域网的组网方式与传统局域网的组网方式类似，区别在于"虚拟"两字。使用虚拟局域网的优点如下。

（1）减少网络管理。

部门重组和人员流动是令网络管理人员头痛的事情之一，它不但可能需要重新布线，而且需要重新配置网络。借助于虚拟局域网技术，网络管理人员可以轻松地管理网络和虚拟局域网用户；可以在不改动网络物理连接的情况下，任意地将工作站在工作组之间或子网之间移动，大大减轻了网络管理和维护的工作量，降低网络维护的成本。

（2）控制广播风暴。

广播的频率依赖于网络应用类型、服务器类型、逻辑段数目及网络资源的使用方法，大量的广播会形成广播风暴。尽管交换机可以利用 MAC 地址表缩小冲突域，但不能控制广播风暴。一个虚拟局域网是一个广播域，虚拟局域网越小，其中受广播活动影响的范围也就越小，这种配置方式克服了局域网易受广播风暴影响的弱点。

（3）提供较高的网络安全性。

共享式以太网非常严重的安全问题是它很容易被穿透，网上任一节点都需要侦听共享信道上的所有信息，通过接入集线器的一个活动端口，用户就可以访问整个网络，网络规模越大，安全性就越低。而虚拟局域网将局域网分成多个广播域，不同类型或不同应用要求的用户可以被划分到不同的虚拟局域网中。虚拟局域网之间需要通过路由访问列表、MAC 地址和 IP 地址分配等控制用户访问的权限，通过配置虚拟局域网，可以限制个别用户的访问权限，甚至能锁定某个设备的 MAC 地址。不同的虚拟局域网划分方法的网络安全性也各不相同。

使用虚拟局域网的缺点如下。

（1）在使用 MAC 地址配置虚拟局域网时，必须进行初始配置。对于大规模的网络，需要配置很多台计算机。因此，初始配置工作较烦琐。

（2）在基于交换机端口划分虚拟局域网的方法中，当用户从一个交换机的端口移动到另一个端口时，必须对虚拟局域网的成员进行重新配置。

4.6 局域网连接设备

随着局域网应用的普及和发展，与局域网相关的网络连接设备也在日益发展变化。这些设备工作在网络中不同的层次，分别有物理层的中继器和集线器，数据链路层的网桥和二层交换机，网络层的路由器和三层交换机。计算机就是通过网卡和这些网络连接设备相连而构成各种不同的局域网的。

4.6.1 网卡

网卡（Network Interface Card，NIC）又名网络适配器，是计算机和网络线缆之间的物理接口，它是一个独立的附加接口电路，是组建局域网的主要器件。

1．网卡的功能

网卡工作在 OSI-RM 的第一层和第二层，完成物理层和数据链路层的功能。

（1）将计算机要发送的数据整理分解为数据包，转换成串行的光信号或电信号送至网线上传输。

（2）把网线上传过来的信号整理转换成并行的数字信号提供给计算机。

2．网卡的种类

按照不同的标准，可以对网卡进行不同的分类。最常见的是按传输速率、总线接口和连接器接口来分类。

（1）10Mbit/s、100Mbit/s、10/100Mbit/s 自适应及 1Gbit/s 网卡。

（2）AUI 粗缆接口网卡和 BNC 细缆接口网卡、RJ-45 接口网卡和光纤接口网卡。

（3）ISA 总线网卡和 PCI 总线网卡、USB 网卡。

几种常见的网卡类型如图 4-14 所示。

RJ-45 接口网卡　　　　　笔记本电脑 PCMCIA 接口网卡　　　　　USB 网卡

图 4-14　几种常见的网卡类型

3．以太网网卡

在以太网网卡中，已将 CSMA/CD 功能集成到了网卡中。每个以太网网卡都有自己的控制器，用以确定何时发送数据、何时从网络上接收数据，并负责执行 IEEE 802.3 规定的规程，如构成帧、计算帧检验序列、产生/识别 CRC（差错控制）、流量控制、执行曼彻斯特编码和译码转换等。

4．网卡地址

每个网卡都有一个 48 位的全局地址，网卡地址也称物理地址、NIC 地址或 MAC 地址。它由两部分组成：第一部分是 IEEE 分配的高 24 位的厂商地址；第二部分是由生产厂商自己编号的低 24 位地址。因此，每个网卡的物理地址在全球都是唯一的。

4.6.2　集线器

中继器又被称为转发器，是局域网连接中最简单的设备，作用是将因传输而衰减的信号进行放大、整形和转发，从而扩展局域网的传输距离。集线器也被称为中继集线器或多端口转发器。

集线器是局域网中重要的部件之一，作为网络连线的中央连接点。从基本工作原理来看，集线器是带有多个端口的中继器，因此，与中继器一样，集线器也是一个工作在 OSI-RM 中的物理层设备。集线器的多个端口通常连接工作站（计算机）和服务器。在集线器中，数据帧从一个节点被发送到集线器的某个端口上，然后又被转发到集线器的其他所有端口上。虽然每个节点都使用一根双绞线连接到集线器上，但基于集线器的网络仍属于共享介质的局域网。

按集线器端口连接介质的不同，集线器可连接双绞线和光纤。使用光纤的集线器一般用于远距离连接和需要高抗干扰性能的场合；大多数的集线器都是以双绞线作为连接介质的。集线器通常带有多个（8个、12个、16个或24个）RJ-45接口（端口），图4-15显示的是带有24个端口的集线器。

传统集线器的每个端口的传输速率一般为10Mbit/s，IEEE 802.3u标准的颁布和网络技术的不断发展，使端口传输速率为100Mbit/s的集线器也曾被使用，但是目前集线器基本上已经被交换机取代。

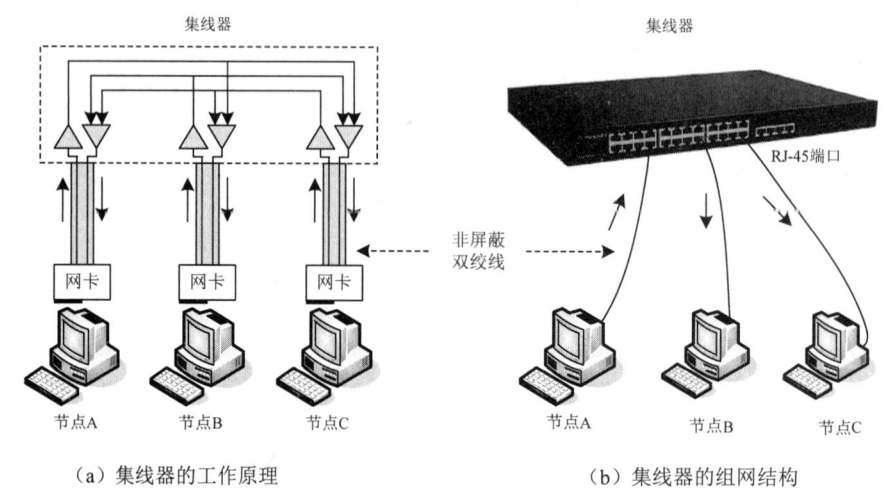

图4-15 集线器的工作原理与组网结构

4.6.3 交换机

交换机是交换式网络进行集中管理的最小单元，也是网络节点的汇集点。交换机工作在数据链路层。它可以根据物理地址对数据帧进行过滤和存储转发，通过对数据帧的筛选实现网络分段。当一个数据帧通过交换机时，交换机会检查该数据帧的源物理地址和目的物理地址，并从相应的端口转发。

交换机提供了许多网络互联功能，能经济地将网络分成小的冲突域，为每个工作站提供更高的带宽。协议的透明性使得交换机在软件配置简单的情况下可以直接安装在多协议网络中。交换机对工作站是透明的，这样管理开销低廉，简化了网络节点的增加、移动和网络变化操作。常用的48口交换机如图4-16所示。

图4-16 常用的48口交换机

4.7 实验：组建交换式以太网

1．实验目的

（1）了解交换机的工作原理，掌握思科模拟器软件的使用方法。

（2）掌握交换机组建交换式以太网的方法。

（3）掌握利用思科模拟器组建网络的方法，以及计算机 IP 地址设置、ping 命令的使用方法。

2．实验环境

分组实训。安装思科模拟器 Cisco Packet Tracer 6.2，在模拟器中组建一个如图 4-17 所示的交换式以太网。

3．实验课时

本实验需要 2～4 课时。

4．实验内容

实验拓扑结构如图 4-17 所示。

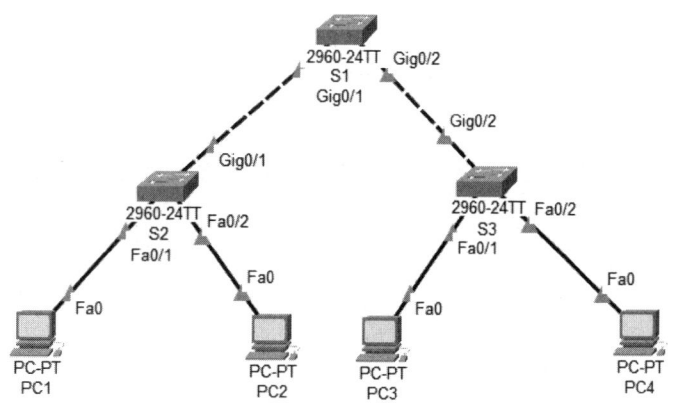

图 4-17　实验拓扑结构

本实验的具体要求如下。

（1）按照表 4-4 添加相应的网络设备并更改对应的标签名称。

表 4-4　网络设备

设备类型	数量/台	标签名称
2960-24TT 二层交换机	3	S1、S2、S3
计算机	4	PC1、PC2、PC3、PC4

（2）使用正确的线缆连接网络设备的相应端口。设备名称及端口如表 4-5 所示。

表 4-5 设备名称及端口

设备名称及端口	对端设备名称及端口	IP 信息
S1：Gig0/1	S2：Gig0/1	无
S1：Gig0/2	S3：Gig0/2	无
PC1	S2：Fa0/1	192.168.1.1/24
PC2	S2：Fa0/2	192.168.1.2/24
PC3	S3：Fa0/1	192.168.1.3/24
PC4	S3：Fa0/2	192.168.1.4/24

（3）配置 PC1～PC4 的 IP 地址和子网掩码，实现局域网通信。

5．实验步骤

步骤 1：添加网络设备并更改标签名称。

在软件主窗口的设备选择区可以看到许多不同种类的网络设备，从左至右、从上至下依次为路由器、交换机、集线器、无线设备、设备之间的线缆、终端设备、防火墙、仿真广域网、自定义设备，如图 4-18 所示。

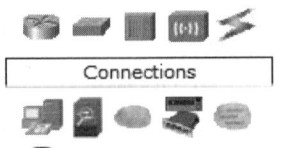

图 4-18 设备选择区

步骤 2：首先在设备选择区内找到要添加的网络设备的类别，然后从该类别的设备型号中寻找自己想要的设备，最后将其拖到工作区，即可完成添加设备的操作。例如，本实验添加一个型号为 2960 的交换机，如图 4-19 所示。添加完成后，在工作区可以看到一个标签名为"Switch1"的 2960 交换机的图标。单击该标签，可以进入标签的编辑状态，更改标签名称为"S1"。

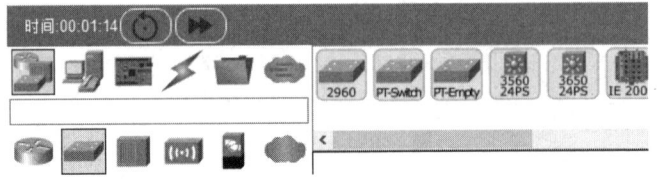

图 4-19 添加 2960 交换机

步骤 3：用同样的办法可以添加其他网络设备和更改标签名称，添加完成后，可以通过拖动的方式调整各个设备之间的位置关系，结果如图 4-20 所示。

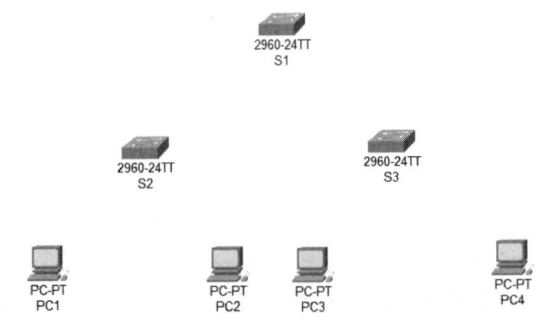

图 4-20 添加所需的网络设备

步骤 4：使用线缆连接设备。每个设备都是独立的，不仅要进行网络配置实验，还要进行设备的连线。当网络设备添加好之后，选择相应的线缆，然后单击要进行连线的网络设备。在 Cisco Packet Tracer 6.2 中，对设备的连线要求是非常严格的。不同的设备、不同的接口之间需要采用不一样的线缆进行连接，否则不能连通。因此，连接设备时要特别注意。在本实验中，当连接 PC1 与 S2 时，使用直通线，单击 PC1，会进入如图 4-21 所示的端口选择界面，选中要进行连接的端口，再移动到 S2 上并单击，选中适当的接口即可连接。

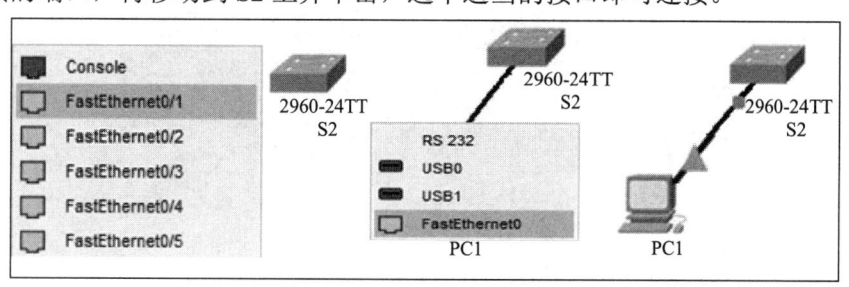

图 4-21　连接网络设备的端口

步骤 5：使用步骤 4 中的方法，可以对其他设备进行连接。完成的网络拓扑结构应该与图 4-17 相似。

步骤 6：单击 PC1，这时会弹出 PC1 的管理界面，如图 4-22 所示。

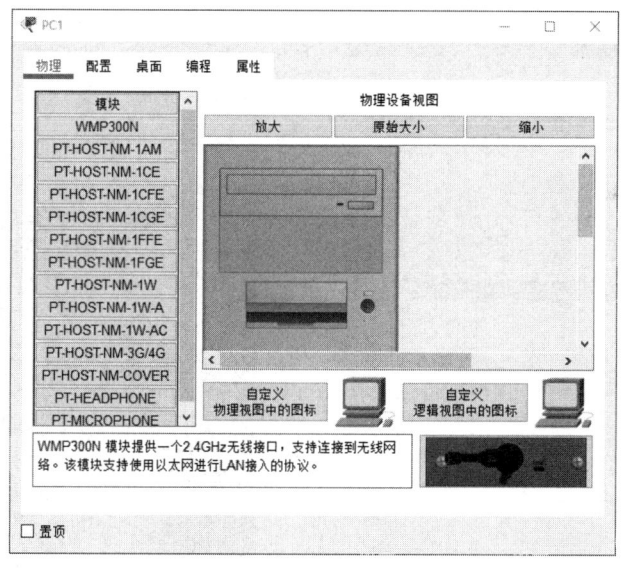

图 4-22　PC1 的管理界面

单击 "桌面" 选项卡，在此选项卡下，有 "IP 配置" "拨号" "终端" "命令提示符" "网页浏览器" "PC 无线" 等功能，如图 4-23 所示。其中，"IP 配置" 功能将以模拟窗口的形式配置并显示当前主机的 IP 配置信息；"拨号" 功能可实现拨号连接；"终端" 功能可打开虚拟超级终端；"命令提示符" 功能可提供 MS-DOS 命令环境，在该环境中，可执行 arp、ipconfig、netstat、ping、telnet 和 tracert 等网络调试与诊断命令。

图 4-23 "桌面"选项卡

使用 "IP 配置"功能为 PC1 设置静态 IP 地址，包括 IP 地址、子网掩码、默认网关和 DNS 服务器的配置，如图 4-24 所示。如果要设置为自动获取 IP 地址，则可以选择 "DHCP"单选按钮。

步骤 7：使用同样的方法，为图 4-20 中的 PC2～PC4 设置 IP 地址等信息。

步骤 8：使用 ping 命令测试网络连通性。

如图 4-25 所示，可以看到，PC1 和 PC2 是可以通信的。

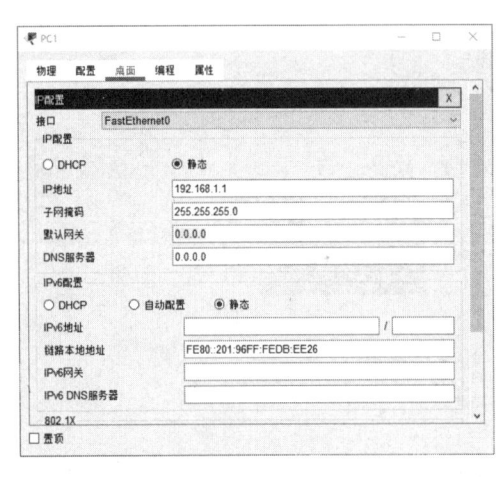

图 4-24　设置 PC1 的静态 IP 地址

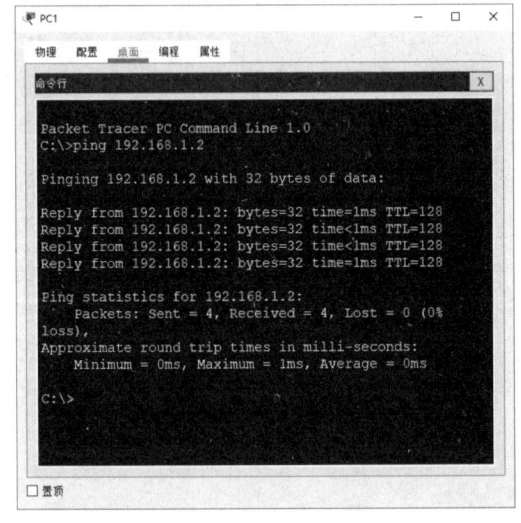

图 4-25　PC1 ping PC2

6．实验小结

通过实验发现，完成交换式以太网的组建后，只需为每台计算机手工配置 IP 地址和子网掩码等，就可以将各台计算机连接到同一个网络中，从而实现资源共享。

第 4 章 局域网技术

思考与练习

局域网技术

- **1. 局域网概述**
  - ① 局域网的定义 —— 定义：
  - ② 局域网的特点 —— 特点（　）（　）（　）（　）（　）
  - ③ 局域网的层次结构 ——（　）（　）（　）
  - ④ 局域网的标准 —— 1980年2月，（　　　）成立了（　　　），并制定了（　　　）

- **2. 介质访问控制方法**
  - ① 带冲突检测的载波监听多路访问（CSMA/CD）
    - 1. 属于（　）标准的（　　　）访问方式，用于（　）结构网络
    - 2. 工作原理：
  - ② 令牌访问控制
    - 1. 属于（　）标准的（　　　）访问方式，用于（　）结构网络
    - 2. 优点（　）（　）（　）

- **3. 以太网**
  - ① 以太网的产生和发展
    - 1. 以太网由（　）公司创建，并由（　）（　）（　）联合开发。
    - 2. 以太网的几种形式（　）（　）（　）
  - ② 标准以太网
    - 1. 10Base-5：
    - 2. 10Base-2：
    - 3. 10Base-T：
    - 4. 10Base-F：
    - 5. 10Broad-36：
  - ③ 快速以太网
    - 1. 100Base-TX：
    - 2. 100Base-FX：
    - 3. 100Base-T4：
  - ④ 千兆以太网
    - 1. 1000Base-SX：
    - 2. 1000Base-LX：
    - 3. 1000Base-CX：
    - 4. 1000Base-T：
  - ⑤ 万兆以太网

- **4. 交换式以太网**
  - ① 交换概念的提出 —— 交换式以太网是以（　　　）为中心构成的（　　　）结构网络
  - ② 交换式以太网的工作原理
  - ③ 共享式以太网和交换式以太网的比较（　）（　）（　）（　）

- **5. 虚拟局域网（VLAN）**
  - ① 虚拟局域网概述 —— 概念：
  - ② 划分虚拟局域网的方法（　）（　）（　）（　）
  - ③ 虚拟局域网的特点
    - 1. 优点（　）（　）（　）（　）
    - 1. 缺点（　）（　）

- **6. 局域网连接设备**
  - ① 网卡（NIC）
    - 1. 功能：
    - 2. 种类（　）（　）（　）（　）（　）
  - ② 集线器（Hub）—— 功能：
  - ③ 交换机（Switch）—— 功能：

- **7. 实验：组建交换式以太网**

第 5 章 网络互联设备

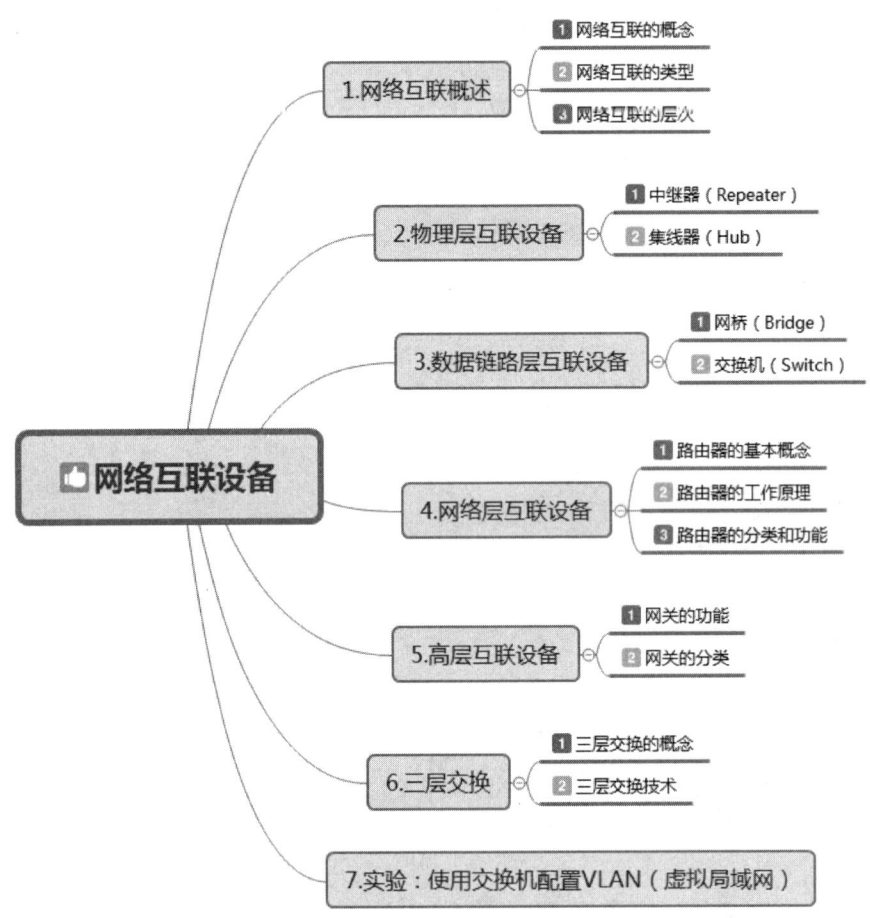

第 5 章 网络互联设备

> **知识目标**
>
> (1) 掌握网络互联的概念及类型。
> (2) 了解网络互联设备及其作用。
> (3) 了解交换机与路由器的区别。

> **技能目标**
>
> (1) 能够描述网络互联设备的分类及作用。
> (2) 能够描述各种网络设备的功能。
> (3) 能够熟练使用思科模拟器软件并使用交换机配置 VLAN。

5.1 网络互联概述

网络互联是指将不同的网络连接起来，以构成更大规模的网络系统。我国的三网融合就是网络互联的实例，电信网、有线电视网、互联网 3 个独立的网络在向宽带通信网、数字电视网、下一代互联网的演进过程中，通过技术改造，其技术功能趋于一致，业务范围趋于相同，网络互通、资源共享，能为用户提供语音、数据和广播电视等多种服务。

5.1.1 网络互联的概念

网络互联是指将分布在不同地理位置的网络、设备相连接，实现互联网络资源的共享。互联的网络和设备可以是同种类型的网络，也可以是不同类型的网络，以及运行于不同网络协议上的设备与系统。

在互联网络中，每个网络中的网络资源都应成为互联网络中的资源。互联网络资源的共享服务与物理网络结构是分离的。对网络用户来说，互联网络的结构是透明的。互联网络应该屏蔽各子网在网络协议、服务类型与网络管理等方面的差异。对于网络互联，有 3 个基本的网络概念，即网络连接(Interconnection)、网络互连(Internetworking)和网络互通(Interworking)。

1. 网络连接

网络连接是指网络在应用级的连接。它是一对同构或异构的端系统，通过由多个网络或中间系统提供的接续通路来进行连接，目的是实现系统之间的端到端的通信。因此，网络连接是对连接于不同网络的各种系统之间的连接，主要强调协议的接续能力，以便完成端到端系统间的数据传递。

2. 网络互连

网络互连是指不同的子网借助相应的网络设备（如网桥、路由器等）来实现各子网间的连接，目的是解决子网间的数据交互，但这种交互尚未扩大到系统与系统间。在这种情况下，可把一个子网看作一条链路，把子网间的连接（中间系统）看作交换节点，从而形成一个超级网络。网络互连的概念涉及网络产品、处理过程和技术，这也是本章要着重介绍的内容。

3．网络互通

网络互通是指网络不依赖于其具体连接形式的一种能力。它不仅是指两个端系统间的数据传输和转移，还表现出各自业务间相互作用的关系。网络连接和网络互连用于解决数据的传送问题，而网络互通是各系统在连通的条件下，为支持应用间的相互作用而创建的协议环境。

5.1.2 网络互联的类型

局域网技术的日趋完善使得计算机技术向网络化、集成化方向迅速发展，越来越多的局域网之间要求相互连接，以实现更广泛的数据通信和资源共享。网络互联是指将使用不同链路层协议的单个网络连接成一个整体，使之能够相互通信的一种技术和方法。

从通信协议的角度看，网络互联分为 4 个层次：物理、链路、网络、传输及以上。一般，局域网-局域网互联由于在传输层以下，所以大多采用中继器和网桥，有时也用路由器进行信息隔离。而局域网-广域网互联一般采用路由器，少数采用网关，并且可以利用公共传输系统联网。

计算机网络有局域网（LAN）、城域网（MAN）、广域网（WAN），网络互联主要是这几种网络之间的互联。

1．局域网-局域网互联

由于局域网种类较多（如令牌环网、以太网等），使用的软件也较多，因此，局域网间的互联较复杂。对不同标准的异种局域网来讲，既可实现从低层到高层的互联，又可只实现低层（在数据链路层上，如网桥）的互联。

2．局域网-广域网互联

不同地方（可能相隔很远）的局域网要借助广域网互联。这时，每个独立工作的局域网都能相当于广域网的互联常用网络接入、网络服务和协议功能。

3．广域网-广域网互联

广域网-广域网互联相对以上两种互联要容易些。这是因为广域网的协议层次常处于 OSI-RM 的低层，不涉及高层协议。著名的 X.25 标准曾经是局域网连入 Internet 的主要方式。帧中继与 X.25、DDN 均为广域网，它们之间的互联属于广域网间的互联，目前没有公开的统一标准。

5.1.3 网络互联的层次

OSI-RM 共有 7 个层次，不同功能层次的网络互联时，选择的网络互联设备也不同。网络互联按功能层次划分，主要有物理层互联、数据链路层互联、网络层互联和高层互联。相应的网络互联设备有中继器、集线器，网桥、交换机，路由器和网关等，它们和 OSI-RM 的对应关系如图 5-1 所示。中继器和网桥用于局域网内部连接；路由器和网关用于广域网的连接。

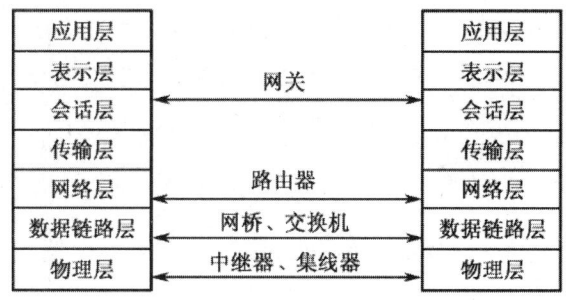

图 5-1　网络互联设备与 OSI-RM 的对应关系

1．物理层互联

物理层互联只是连接多个网段，起扩大网络范围的作用，其主要设备是中继器和集线器。中继器是最底层的物理设备，在局域网中连接几个网段，只起简单的信号放大作用，用于扩展局域网的长度。严格来说，中继器是网段连接设备，而不是网络互联设备。

2．数据链路层互联

数据链路层互联在网络中起到对数据帧进行数据接收、地址过滤、存储转发的作用，可以实现多个网络系统之间的数据交换。当数据链路层互联时，数据链路层与物理层的协议可以相同，也可以不同。数据链路层的互联设备是网桥和交换机。

3．网络层互联

当网络层互联时，网络层及其下层的协议可以相同，也可以不同。网络层的互联设备主要是路由器。网络层互联主要解决路由选择、拥塞控制、差错处理和分段技术等问题。

如果网络层协议相同，则互联主要为了解决路由选择问题；如果网络层协议不同，则需要使用多协议路由器。

4．高层互联

传输层及其以上各层协议不同的网络之间的互联属于高层互联。高层互联需要一个协议转换器（起协议转换的作用），为不同网络体系提供互联接口。高层互联的设备就是网关。网关的种类很多，但高层互联使用的网关大部分是应用层网关。

5.2　物理层互联设备

物理层互联设备只作用于物理层，主要有中继器（Repeater）和集线器。中继器也称转发器或收发器，以太网集线器也是一种中继器。

5.2.1 中继器

中继器工作在物理层，对高层协议完全透明，是局域网互联用到的最简单的设备。由于存在损耗，所以在线路上传输的信号功率会逐渐衰减，中继器相当于一个信号放大还原设备。中继器的主要作用是实现信号的复制、调整和放大，以此来扩展网络的长度，如图 5-2 所示。

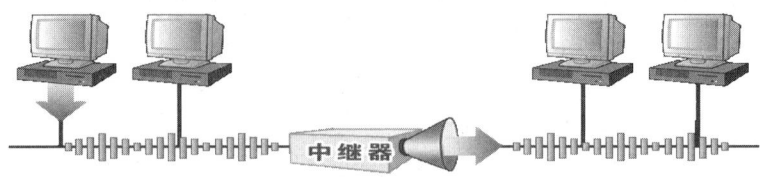

图 5-2　中继器的作用

中继器的特性主要为：中继器工作在物理层，不具有差错检查和纠正功能，也不能隔离冲突；中继器可以连接同类传输介质的局域网，也可以连接不同传输介质的局域网。光纤中继器如图 5-3 所示。

图 5-3　光纤中继器

5.2.2 集线器

集线器也称集中器，其作用与中继器的作用类似。它也工作在物理层，具有信号放大功能。集线器与一般中继器的区别仅在于能够提供更多的端口服务，因此又叫多端口中继器，如图 5-4 所示。

图 5-4　集线器

集线器属于数据通信系统中的基础设备，与双绞线等传输介质一样，是一种不需要任何软件支持或只需很少的管理软件管理的硬件设备，被广泛应用在各种场合。集线器内部采用了电器互联，当维护局域网的环境是逻辑总线型或环型结构时，完全可以用集线器建立一个物理上的星型或树型网络结构。

集线器分为独立型、堆叠式和模块化 3 种。

（1）独立型集线器。

独立型集线器是带有许多端口的单个盒子式的产品。独立型集线器间用一段 10Base-5 同轴电缆把它们连接在一起，或者在每个集线器的独立端口之间用双绞线把它们连接起来。独立型集线器通常是最便宜的集线器，常常是不用管理的。它们最适合于小型独立的工作小组、部门或办公室。

（2）堆叠式集线器。

堆叠是指通过集线器的背板将多个集线器连接起来。堆叠式集线器的背板实质上是一个具有多个接口卡插槽的机箱，相当于多个集中在一起的集线器组，可以将其当作一个设备进行管理，这样组成的多个集线器在逻辑上相当于一个集线器。堆叠在一起的集线器不受中继规则的限制，而且所有连接在堆叠式集线器的节点处于同等地位，因此，在理论上，它们分配到的带宽也相同。

（3）模块化集线器。

模块化集线器在网络中是很流行的，因为它们扩充方便且备有管理选件。模块化集线器配有机架或卡箱，带有多个卡槽，每个卡槽可放一块通信卡。每个通信卡的作用就相当于一个独立型集线器。当将通信卡安放在机架的卡槽中时，它们就会被连接到通信底板上，这样，底板上的两个通信卡的端口就可以方便地进行通信了。模块化集线器的大小可从4到14个卡槽，故网络可以方便地进行扩充。

5.3 数据链路层互联设备

数据链路层互联设备作用于物理层和数据链路层，用于对网络中节点的物理地址进行过滤、网络分段及跨网段数据帧的转发。它既可以扩展局域网的传输距离、扩充节点数，又可以将负荷过重的网络划分为较小的网络，缩小冲突域，达到改善网络性能和提高网络安全性的目的。

数据链路层互联设备连接的网络在物理层和数据链路层的协议既可以相同，又可以不同，但网络层以上使用的协议必须是相同或兼容的。数据链路层互联设备主要有网桥和交换机。

5.3.1 网桥

网桥也叫桥接器，是连接两个局域网的一种存储转发设备，它能将一个大的局域网分割为多个网段，或者将两个以上的局域网互联为一个逻辑局域网，使局域网上的所有用户都可访问服务器。

网桥像一个聪明的中继器。中继器从一个网络电缆里接收信号，放大它们，并将其送入下一个电缆。相比较而言，网桥对从关卡上传下来的信息更敏锐一些。网桥是一种对帧进行转发的技术，根据 MAC 分区块，可隔离冲突。网桥将网络的同一网段在数据链路层连接起来，只能连接同构网络（同一网段），不能连接异构网络（不同网段）。

1. 网桥的作用

（1）能扩展网络的距离或范围，而且可提高网络的性能、可靠性和安全性。

（2）网桥纳入存储和转发功能，可使其适应于连接使用不同 MAC 协议的两个局域网，从而构成一个不同局域网混联在一起的混合网络环境。

（3）使用网桥进行互联克服了物理限制，这意味着构成局域网的数据站总数和网段数很容易得到扩充。

（4）网桥的中继功能仅仅依赖于 MAC 帧的地址，因而对高层协议完全透明。

网桥互联网段如图 5-5 所示。

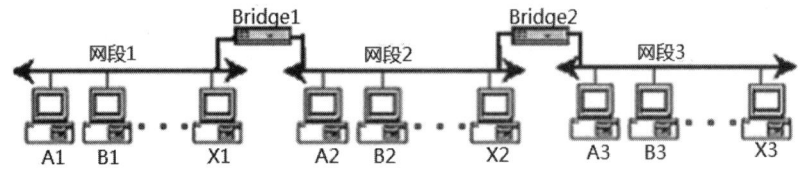

图 5-5　网桥互联网段

在图 5-5 中，有两个网桥，用来连接 3 个网段。它将原来的一个大的冲突域分成了 3 个冲突域，在同一时刻，3 个网段中可各有一个节点同时发送数据帧，网桥进行数据帧的过滤和存储转发。例如，当 A1 发送数据帧给 X1 时，Bridge1 可通过检查数据帧中的源地址和目的地址来确认 A1 和 X1 属于同一个网段，Bridge1 就不转发该数据帧（过滤掉）；当 A1 发送数据帧给 B3 时，因为 A1 和 B3 属于不同网段，所以 Bridge1 存储转发该数据帧到网段 2，并通过 Bridge2 转发到网段 3。

2. 网桥的分类

所有网桥都是在数据链路层提供连接服务的。网桥的分类方法有多种，如表 5-1 所示。本书主要介绍透明网桥、转换网桥、封装网桥和源路由选择网桥。

表 5-1　网桥的分类

根据网桥连接的网段的距离远近分类	本地网桥：直接连接距离很近的网段
	远程网桥：连接远距离的网段
根据网桥连接的网段数量分类	级联网桥：连接两个网段
	多端口网桥：连接多个网段
根据介质访问控制协议分类	透明网桥：用于以太网环境
	转换网桥：用于具有不同介质类型格式及传输机制的网络
	封装网桥：用于连接 FDDI 骨干网
	源路由选择网桥：用于连接令牌环网

根据介质访问控制协议的不同，网桥可分以下 4 种。

（1）透明网桥。

透明网桥是一种最基本的网桥形式，主要通过 MAC 地址互联两个对等的局域网（使用同样的拓扑结构及数据链路层协议）。它通过自学习过程建立一个被称为转发数据基的转发表，并根据此决定是否过滤收到的数据帧。

（2）转换网桥。

转换网桥是一种特殊的透明网桥，主要用来互联使用不同物理层和数据链路层协议的局域网，如以太网和令牌环网。在处理不同的局域网互联时，首先要使协议互联时的最大帧长不能超过所有局域网中最小的最大帧长。在转发数据帧时，转换网桥首先得到目的站的 MAC 地址，然后使用目的站的物理层和数据链路层协议将数据转发到目的站。

（3）封装网桥。

封装网桥主要用于连接 FDDI（光纤分布式数据接口）骨干网。在通过 FDDI 转发数据时，封装网桥首先会将数据帧封装到 FDDI 专用信封中，目的网络的封装网桥得到信封之后就会将其解封，并将数据帧发送到目的站。

（4）源路由选择网桥。

源路由选择网桥理论上可以互联任何种类的局域网，但在实际应用中，它主要用于互联令牌环网。它和上面 3 种网桥的最大区别就是在转发数据帧时，需要数据源而不是网桥本身提供路由选择信息。

5.3.2 交换机

交换机是网桥的一种，使用它连接的以太网为交换式以太网，在工业上是指工作在第二层的网络互联设备，现在，交换技术可以工作在网络层及应用层。因此，就有了所谓的第三层、第四层及高层交换的概念。这里只讨论工作在第二层的交换机。

交换机和集线器从外观上看十分相似，是一种低价位高性能的多端口网络设备。它除了具有集线器的全部特性，还具有自动寻址、数据交换等功能，如图 5-6 所示。

图 5-6 交换机

1. 交换机的工作原理

当交换机收到数据时，它会检查该数据的目的 MAC 地址，然后把数据从目的主机所在的端口转发出去。交换机之所以能实现这一功能，是因为交换机内部有一个 MAC 地址表，记录了网络中的所有 MAC 地址与该交换机各端口的对应信息。当某一数据帧需要转发时，交换机根据该数据帧的目的 MAC 地址查找 MAC 地址表，从而得到该地址对应的端口，即知道具有该 MAC 地址的设备是连接在交换机的哪个端口上，然后交换机把数据帧从该端口转发出去，如图 5-7 所示。

（1）交换机根据收到的数据帧中的源 MAC 地址建立该地址同交换机端口的映射，并将其写入 MAC 地址表中。

（2）交换机将数据帧中的目的 MAC 地址同已建立的 MAC 地址表进行比较，以决定由哪个端口转发。

（3）如果数据帧中的目的 MAC 地址不在 MAC 地址表中，则向所有端口转发，这一过程称为泛洪（flood）。

（4）广播帧和组播帧向所有端口转发。

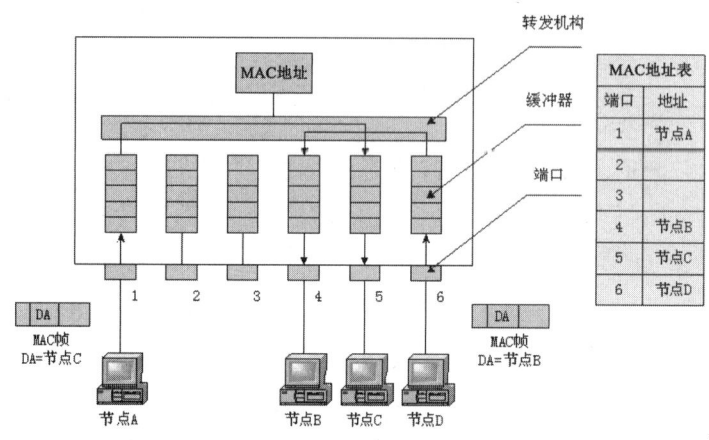

图 5-7 交换机的结构与工作过程

2. 交换机的带宽

在前面介绍过，共享式集线器的多个端口共享一个带宽，对于一个由 16 口 100Mbit/s 集线器组成的以太网，每个端口实际拥有的带宽只有(100/16)Mbit/s。而交换机则可以为每个端口提供专用的带宽，并允许多对节点同时按端口的带宽传递信息。例如，由一个 16 口 100Mbit/s 交换机组成的交换式以太网可以为每个端口都提供 100Mbit/s 的专用带宽，该交换机的最大数据流通量为(16×100)Mbit/s。

3. 交换机的性能参数

（1）线速。

线速是指交换机的端口上每秒钟传输的比特数，单位为 bit/s。以常见的例子来说明的话，如 100MB 的网卡，就是说该网卡的网口线速为 100Mbit/s；安装的电信宽带是 50MB 的宽带，说的是端口线速为 50Mbit/s。

（2）背板带宽。

交换机的背板带宽（Backplane Bandwidth）也称交换带宽，是交换机接口处理器或接口卡和数据总线间能吞吐的最大数据量。背板可以理解为交换机或路由器内部的一条数据总线，设备端口间的数据交换都在总线上进行。如果把一个网络比喻成一个交通系统的话,那么各个网络设备就相当于不同的城市,而背板就好比一条连接了这个系统内所有城市的高速公路,各城市之间的交通流量都需要从该高速公路上通过。此时,背板带宽就是该高速公路的最大无阻碍交通流量。当然,与实际高速公路上复杂的交通状况不同的是,这里需要假设高速公路上的车辆都是以恒定的最高速度在行驶。

(3) 吞吐量。

吞吐量(也称整机包转发率)是指网络、设备、端口或其他设施在单位时间内成功传送数据的数量(以比特、字节等为测量单位),即在没有帧丢失的情况下,设备能够接收并转发的最高数据传输速率。

吞吐量是一个极限指标,是网络设备在所有端口满配且工作在端口的最高线速的情况下的一个指标。如果仍然以前面提到的连接不同城市的高速公路交通系统来比喻的话,那么一台交换机的吞吐量就相当于进出这个系统所有城市的交通流量之和,即交换机所有端口的双向(双工)包转发率之和。

吞吐量的大小主要由网络设备的内外网口硬件及程序算法的效率决定,特别是程序算法。对于需要进行大量运算的设备来说,程序算法的低效率会使通信量大打折扣。

(4) 包转发率。

对于网络设备而言,除了吞吐量这个重要指标,报文转发率即通常所说的包转发率也是衡量网络设备性能的一个主要指标。包转发率一般是指 64B 数据包的全双工吞吐量,该指标既包括吞吐量指标,又涵盖了报文转发率指标。包转发率的含义是每秒钟转发的数据包的个数,单位为 pps,即 packet per second。

(5) MAC 地址的数量。

交换机能够记住连接到各端口的计算机网卡的 MAC 地址,交换机不同,记住的 MAC 地址的数量也不同。单 MAC 地址端口只能记住一个地址;对于多 MAC 地址端口的交换机,一个端口记住的地址较多。对于中高档交换机,可以有 2kB、4kB 或 8kB 的地址空间。例如,对于一个 2kB 地址空间的交换机,可以支持 2048 个 MAC 地址。也就是说,当通过交换机端口连接其他的集线器或交换机来扩展连接时,最多可连接 2048 台计算机或网络设备。

4. 交换机的分类

(1) 广义上交换机的分类。

广义上,交换机分为广域网交换机和局域网交换机两类。其中,局域网交换机还分为半双工交换机、全双工交换器、三层交换机等。广域网交换机主要应用于电信领域,提供通信基础平台;局域网交换机应用于局域网络,用于连接终端设备等。

(2) 局域网交换机的分类。

局域网交换机又可以分为以太网交换机、快速以太网交换机、千兆以太网交换机、FDDI 交换机、ATM 交换机和令牌环交换机等,它们分别适用于以太网、快速以太网、千兆以太网、

FDDI、ATM 和令牌环网等环境。帧交换是应用最广泛的局域网交换技术，它对传统传输媒介进行微分段，提供并行传送的机制，以减小冲突域、获得高的带宽。ATM 交换机采用 53B 的固定长度信元交换，由于长度固定，因而便于用硬件实现。ATM 交换机采用统计时分电路进行复用，因而能大大提高通道利用率。ATM 交换机的带宽可以达到 25Mbit/s、155Mbit/s、622Mbit/s 甚至数吉比特传送能力。

（3）应用规模上交换机的分类。

在应用规模上，交换机又分为企业级交换机、部门级交换机和工作组级交换机等，各厂商划分的标准并不完全一致。企业级交换机都是机架式的；部门级交换机可以是机架式的，也可以是固定配置式的；工作组级交换机一般为固定配置式，功能较简单。一般，当作为骨干交换机时，支持 500 个信息点以上大型企业应用的交换机为企业级交换机，支持 300 个信息点以下中型企业的交换机为部门级交换机，支持 100 个信息点以内的交换机为工作组级交换机。

（4）根据应用不同对交换机进行分类。

在内联网中，根据应用的需要，交换机分为核心层、汇聚层和接入层 3 种。

① 核心层。核心层的功能主要是实现骨干网络之间的优化传输，主要任务是冗余能力、可靠性和高速传输。核心层是所有流量的最终承受者和汇聚者，因此，对核心层的设计及网络设备的要求十分严格，核心层设备占投资的主要部分。

② 汇聚层（分布层）。汇聚层的功能主要是连接接入层节点和核心层中心。汇聚层设计为连接本地的逻辑中心，仍需要较高的性能和比较丰富的功能。

③ 接入层。通常将网络中直接面向用户连接或访问网络的部分称为接入层。接入层允许终端用户连接到网络，因此，接入层交换机具有低成本和高端口密度特性。

汇聚层位于接入层和核心层之间，是多台接入层交换机的汇聚点，处理来自接入层设备的所有通信量，并提供到核心层的上行链路。因此，汇聚层交换机与接入层交换机相比，需要更高的性能、更少的接口和更高的交换速率。核心层的主要目的在于通过高速转发通信，提供优化、可靠的骨干传输结构，因此，核心层交换机应拥有更高的可靠性、性能和吞吐量。

（5）按照 OSI-RM 的 7 层网络模型对交换机进行分类。

按照 OSI-RM 的 7 层网络模型，交换机又分为二层交换机、三层交换机、四层交换机等，一直到七层交换机。基于 MAC 地址工作的二层交换机最为普遍，用于网络接入层和汇聚层。基于 IP 地址和协议进行交换的三层交换机普遍应用于网络的核心层，也少量应用于汇聚层。部分三层交换机同时具有四层交换机的功能，可以根据数据帧的协议端口信息进行目标端口判断。四层以上的交换机称为内容型交换机，主要用于互联网数据中心。

在选择交换机时，需要考虑交换机的各种性能指标，主要包括交换容量、背板带宽、处理能力、吞吐量、MAC 地址的数量和是否支持全双工等参数。另外，在以太网中引入交换机后，也不能使网络容量无限扩大。

交换机不能避免广播风暴。以太网交换机虽然缩小了冲突域，但对 MAC 帧的寻址采用了广播方式,因此,使用交换机连接的网络仍属于同一个广播域。冲突域和广播域是两个不同的概念。当用交换机连接的网络太大时,易引起广播风暴。这就需要有路由器在网络层上进行分段,路由器将网络分割成若干个子网,从而缩小了其底层以太网的广播域,抑制了广播风暴。三层交换机和使用交换机划分虚拟局域网等也可以抑制广播风暴。

5.4 网络层互联设备

网络层互联设备主要是路由器,它可以访问物理地址,同时包含软件。当它接收到数据包时,负责寻址并选择转发到下一个节点的最佳路径。它广泛应用于局域网和局域网、局域网和广域网、广域网和广域网之间的互联,而且是 Internet、内联网和外联网中必不可少的设备之一。

5.4.1 路由器的基本概念

1. 路由器(Router)

路由器工作于网络层,从事不同网络之间的数据包(Packet)的存储和分组转发工作,是用于连接多个逻辑上分开的网络(逻辑网络代表一个单独的网络或一个子网)的网络设备。

路由器互联的网络都是独立的子网,它们可以有不同的拓扑结构、传输介质和介质访问控制方法。它所连接网络的网络号可以不同,使用的协议也有可能不同。因此,路由器在多个网络之间提供网间服务,并具有相应的协议转换功能。例如,通过 TCP/IP 将若干以太网连接到 X.25 包网络上;利用路由器连接以太网、FDDI、Token 和 Token Bus 网络等,如图 5-8 所示。当两个局域网要保持各自不同的管理控制范围时,就需要使用路由器,而不用网桥。

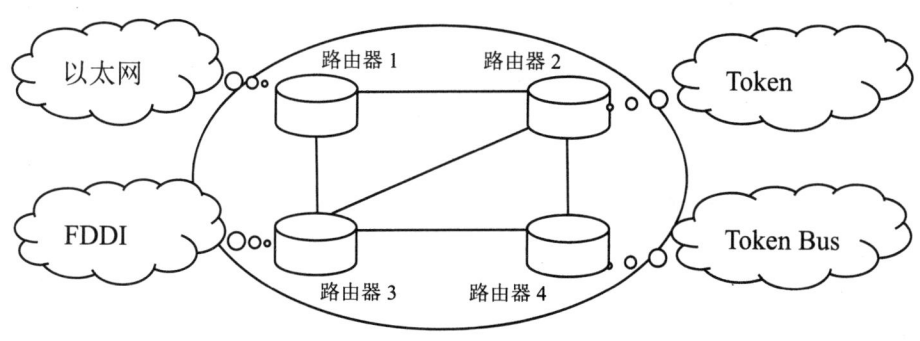

图 5-8 路由器互联网络

路由器像网络中的站点一样工作,但路由器和站点不同,它可以同时连接两个或多个网络,并同时拥有每个所连接网络的网络地址。

2. 路由表

路由表、路由协议和路由器 3 个概念的区别如下。

路由表中存放所连接子网的状态信息，如网络上路由器的数目、邻居路由器的名字、路由器的网络地址和相邻路由器之间的距离等信息。路由协议的作用是根据路由算法生成路由表。路由器的作用主要是路由选择，在进行路径选择时，它是根据路由表进行操作的。当某一路径发生故障或拥挤时，路由器会自动选择别的路径。

路由表有以下两种类型。

（1）静态路由表。由系统管理员事先设置好的固定路由表称为静态（Static）路由表，一般是在系统安装时就根据网络的配置情况预先设定的，且不会随未来网络结构的改变而改变。

（2）动态路由表。动态（Dynamic）路由表是路由器根据网络系统的运行情况自动调整形成的路由表。路由器根据路由选择协议（Routing Protocol）提供的功能，自动学习和记忆网络运行情况，在需要时自动计算出数据传输的最佳路径。

3．最小费用路由

最小费用路由是指网络中收发双方之间一条最短的路径。"最短"可以包含路径最短、最便宜、最快或最可靠等含义。例如，路径最短可以用跳步数计数，每经过一个路由为一跳，而不管这条路径的实际长度为多少，都被认为是等长的。这种算法一般将传输数据包的路径长度限制在 15 跳内。

另一种方法是将一个权值赋予某条链路（两个路由器之间），这个权值可以根据传输速率、拥挤情况和链路介质（如电话线、光纤或卫星等）等因素决定，权值也称链路的符号长度。当两个路由器之间的线路是半双工或全双工时，同一条链路的一个方向上的权值和另一个方向上的权值可能不同。

5.4.2 路由器的工作原理

路由器工作在网络层，它改进了网桥的功能。路由器将数据链路层的数据帧封装到含有路由和控制信息的数据包中，并在公共数据网中传输。当路由器收到一个数据包后，就读出其中的源地址和目的网络地址（如 IP 地址），然后根据路由表中的信息，利用复杂的路由算法为数据包选择合适的路由，并转发该数据包；数据包到达目的节点前的路由器后，被分解为数据链路层认识的数据帧，并被传输到目的节点。

当互联的网络是远程连接时，一般在源网络和目的网络之间存在多个不同的路径。所谓路由器的路径选择，就是指根据路由表中的信息自动选择其中的一条最佳路径。

5.4.3 路由器的分类和功能

1．路由器的分类

路由器按照不同的划分标准有多种类型，如表 5-2 所示。

表 5-2 路由器的划分

从性能档次上分类	高档路由器：吞吐量大于 40Gbit/s 的路由器
	中档路由器：吞吐量为 25～40Gbit/s 的路由器
	低档路由器：吞吐量低于 25Gbit/s 的路由器
从结构上分类	模块化路由器：模块化结构
	非模块化路由器：提供固定的端口
从功能上分类	接入级路由器：主要应用于连接家庭或 ISP 内的小型企业客户群体
	企业级路由器：连接多终端系统
	骨干级路由器：实现企业级网络互联

2．路由器的功能

路由器具有以下 3 个基本功能。

（1）连接功能。路由器不仅可以连接不同的局域网，还可以连接不同类型的网络（如局域网或广域网）、不同速率的链路或子网接口。

（2）网络地址判断、最佳路由选择和数据处理功能。路由器为每种网络层协议建立路由表，并对其加以维护。

（3）设备管理功能。由于路由器工作在网络层，因此可以了解更多的高层信息。它可以通过软件协议本身的流量控制功能控制数据转发的流量，以解决拥塞问题；还可以提供对网络进行配置管理、容错管理和性能管理的支持。

5.5 高层互联设备

高层互联设备主要是网关。

5.5.1 网关的功能

网关（Gateway）也叫网间协议变换器，是比网桥与路由器更复杂的网络互联设备。

网关可以实现不同协议的网络间的互联，包括不同操作系统的网络间的互联；也可以实现局域网与远程网的互联。当两个完全不同的网络（硬件不同，整体结构、数据类型和通信协议也可以完全不同）连接时，通常使用网关，如图 5-9 所示。

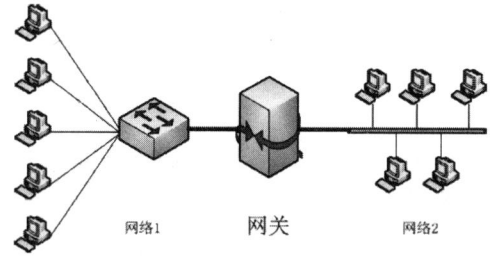

图 5-9 网关连接的网络

网关工作在高三层（会话层、表示层和应用层），作用于 OSI-RM 的所有层。

网关可以设在服务器、微机或大型机上。由于网关具有强大的功能，并且大多时候都和应用有关，所以它们的价格比路由器的价格要贵一些。另外，由于网关的传输更复杂，所以它们传输数据的速率要比网桥或路由器传输数据的速率低一些。正是由于网关较慢，所以它们有造成网络堵塞的可能。

网关通常是安装在路由器内部的软件。因此，在 Internet 中，常将路由器和网关两个概念混用。一般的计算机也可以作为网关的硬件平台。例如，安装了防火墙软件的计算机就是一种网关。较为复杂的网络可以是硬件和软件集成在一起的复杂设备。

5.5.2 网关的分类

按照不同的分类标准，网关也有很多种。目前，网关主要有 3 种：协议网关、应用网关、安全网关。

- 协议网关：通常在使用不同协议的网络区域间完成协议转换。
- 应用网关：是在使用不同数据格式间翻译数据的系统。
- 安全网关：是各种技术的融合，具有重要且独特的保护作用，其范围从协议级过滤到十分复杂的应用级过滤。

另外，还有一些其他流行的网关，如无线通信协议网关、计费网关、媒体网关、防火墙应用网关和短信网关等。当连接的网络类型、使用的协议差别很大时，可以使用网关进行协议转换，由于网关提供协议转换功能，因此它的效率比较低。网关的管理也比网桥、路由器的管理更为复杂。

5.6 三层交换

交换技术受传统电路交换的启示，让正在通信的双方拥有一条临时且不受干扰的专用链路。交换技术有许多优点，因此，现代网络除了在第二层使用交换机，已将交换技术应用于第三层和第四层等。

5.6.1 三层交换的概念

1. 二层交换的优点及三层的瓶颈问题

共享式集线器组成的局域网中的所有站点都处于同一个冲突域中，而交换机可以检查帧头的目的地址，通过高速背板总线将数据帧只转发到连接目的站点的端口。因此，交换机成为局域网的主要组成部分，与集线器相比，它提供的带宽更高。从集线器升级到交换机，对用户是透明的，即将网络中的集线器换成交换机，网络中的其他设备都不用改变，此时每个端口就可独占带宽了。

第二层采用了交换技术,提高了吞吐率,但是在网络的高层出现了瓶颈。三层交换主要为了消除过多的广播和提供一定的安全机制,也为了使交换式网络有更好的伸缩性,常将一个大型网络划分为许多独立的子网。但大型扁平式交换网络会有广播风暴、扩展树环路、网络间的安全及低效率寻址等问题,因此,20世纪80年代,将路由器引入到了桥接式网络中。

路由器在交换式网络中的作用是不能替代的,但是高性能的局域网交换机可以以每秒钟数百万个数据包的速度向园区主干网发送数据包,而主干网上的路由器局域网最多只能接收数百万个数据包的一半,这样,网络中就有可能出现瓶颈。随着内部网中网络使用的增加,以及交换机使用的不断增加,第三层的瓶颈现象也变得更加严重。

路由器对每个到来的数据包根据目的地址选择一条合适的路径,每次路由都要花费时间,容易拥塞。二层交换能力强、速度快,三层路由慢,这就是瓶颈。

2. 三层交换机

交换机和路由器相比,其转发能力更强,用户端也无须任何特定的配置。要构建高性能的局域网,传统的路由器的数据转发能力不堪重负,但路由器又拥有交换机没有的功能——路由功能。因此,各个网络设备厂商推出了一个综合路由器和交换机功能的产品,即三层交换机,也称交换路由器或路由交换机。

三层交换机可以将第二层的交换(高性能和强大的网络流量转发能力)和第三层的路由功能(具有网络可伸缩性)结合起来,再集成一些特殊的服务。例如,在构造一个千兆以太网时,采用三层交换机可以以线速交换整个园区网的流量,同时能满足 IP 协议和 IPX 协议等在第三层路由上的要求,有效地消除了第三层的瓶颈。局域网中的三层交换机如图 5-10 所示。

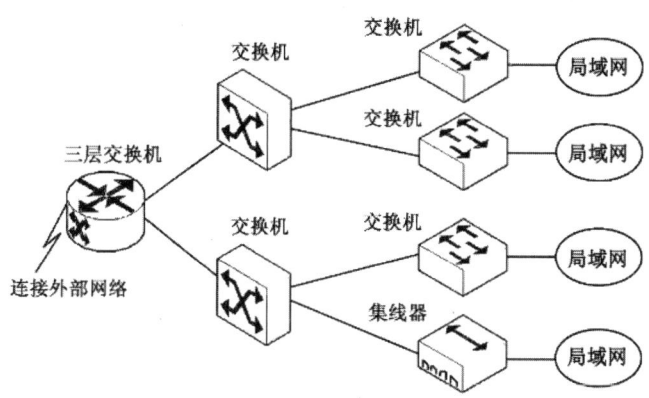

图 5-10 局域网中的三层交换机

3. 三层交换的优点

(1)高伸缩性。

三层交换可以将 ATM 交换集成到基于数据包的网络核心中,同时不存在第二层采用交换网络而为了网络伸缩性在第三层采用路由引起的瓶颈问题。

（2）流量管理。

因为第三层是在基于路由的同时集成了第二层的交换功能，所以简化了网络的流量管理。

通过控制穿过第二层结构的网络流量来支持平衡负载的能力，在第三层也支持这种功能，可以加强网络管理人员对基于路由器互联网络中的数据包流量的控制。

（3）高性能

三层交换可以通过简化包转发和采用交换技术实现高性能的网络平台，使交换机平台可以支持数千兆的高速接口。

5.6.2 三层交换技术

三层交换技术就是指二层交换技术加上三层转发技术。它改善了局域网划分子网后必须依赖路由器进行管理的局面，解决了传统路由器低速、复杂造成的网络瓶颈问题。三层交换技术是现代局域网交换和路由技术的一个实用性的发展。交换技术由于其本身固有的比路由器更加廉价的特性而消除了限制网络增长和吞吐率方面的约束，同时为千兆网的应用构建了基础。1996 年 3 月，Ipsilon 公司提出了一种可以在 ATM 网上高速转发 IP 数据包的交换技术。大约 6 个月以后，思科公司推出了标记交换，IBM 推出了基于路由的 IP 汇聚交换（ARIS），东芝公司也推出了信元交换路由器（CSR）等。

5.7 实验：使用交换机配置 VLAN

1．实验目的

（1）掌握 VLAN（虚拟局域网）的工作原理。

（2）掌握利用交换机设置 VLAN 的方法。

（3）掌握思科交换机设置 VLAN 的基本命令。

2．实验环境

分组实训。安装思科模拟器 Cisco Packet Tracer 6.2，在模拟器中添加如图 5-11 所示的拓扑结构图。处于相同 VLAN 的计算机能相互通信，处于不同 VLAN 的计算机不能通信。

3．实验课时

本实验需要 4 课时。

4．实验内容

在本实验中，交换机的 VLAN 划分拓扑结构图如图 5-11 所示。

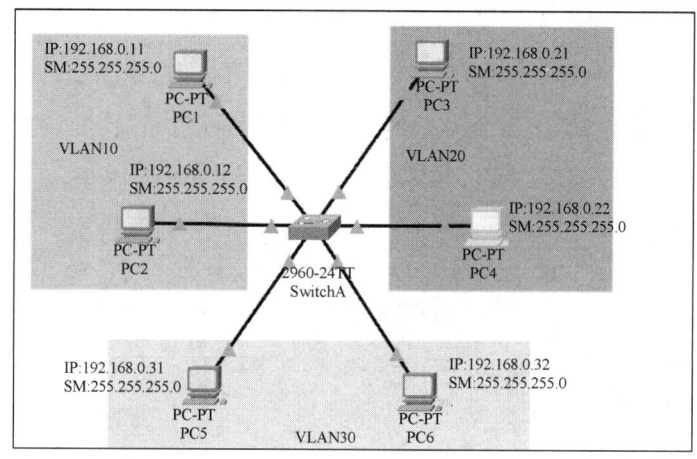

图 5-11 交换机的 VLAN 划分拓扑结构图

本实验的具体要求如下。

(1) 添加 6 台计算机,分别更改标签名为 PC1~PC6。

(2) 添加一台二层交换机 2960-24TT,标签名为 SwitchA。

(3) 根据图 5-11,使用直通线连接好所有计算机,并为每台计算机设置好相应的 IP 地址、子网掩码和网关。

(4) 验证是否接入相同 VLAN 的计算机能相互通信,接入不同 VLAN 的计算机不能通信。

5. 实验步骤

步骤 1:创建及删除 VLAN。

交换机 VLAN 的创建在全局配置模式下进行,因此要先进入全局配置模式。创建 VLAN 的命令很简单。

(1) 创建 VLAN:vlan [vlan id](如 Vlan10)。

(2) 删除 VLAN:no vlan [vlan id](如 no Vlan10)。

对于本实验,要创建 3 个 VLAN,分别为 VLAN10、VLAN20 和 VLAN30。具体的实施过程如下:

```
Switch>
Switch>en                              !进入特权配置模式
Switch#conf t                          !进入全局配置模式
Switch(config)#hostname SwitchA
SwitchA(config)#vlan 10                !创建 VLAN10
SwitchA(config-vlan)#name VLAN0010     !为 VLAN10 命名
SwitchA(config-vlan)#exit              !返回全局配置模式
SwitchA(config)#vlan 20
SwitchA(config-vlan)#name VLAN0020
SwitchA(config-vlan)#exit
SwitchA(config)#vlan 30
SwitchA(config-vlan)#name VLAN0030
SwitchA(config-vlan)#exit
SwitchA(config)#
```

步骤2：分配 VLAN 端口。

刚创建好的 VLAN 是不包含任何端口的。可以在特权配置模式下，通过 show vlan 命令查看端口的分配情况：

```
SwitchA#show vlan

VLAN Name     Status      Ports
-----------------------------------------------------------------
1    default  active      Fa0/1, Fa0/2, Fa0/3, Fa0/4
......                    !省略
                          Fa0/21, Fa0/22, Fa0/23, Fa0/24
                  Gig0/1, Gig0/2
10   VLAN0010 active                                       !无任何端口
20   VLAN0020 active                                       !无任何端口
30   VLAN0030 active                                       !无任何端口
```

要把端口分配给相应的 VLAN，ISO 提供了两种方法：一种是逐一添加；另一种是分组添加（必须是连续的端口）。

逐一添加的方法：

```
SwitchA(config)#interface fastethernet0/1      !进入端口配置模式
SwitchA(config-if)#switchport access vlan 10
!把端口分配到VLAN10中
```

分组添加的方法：

```
SwitchA(config)#interface range fastEthernet 0/13-16 !进入端口组
SwitchA(config-if-range)#switchport access vlan 20
```

根据实验要求，可以采用第二种方法，把端口按要求分配到相应的 VLAN 中，具体的命令操作如下：

```
SwitchA(config)#interface range fastEthernet 0/1-4
SwitchA(config-if-range)#switchport access vlan 10
SwitchA(config-if-range)#exit
SwitchA(config)#interface range fastEthernet 0/5-8
SwitchA(config-if-range)#switchport access vlan 20
SwitchA(config-if-range)#exit
SwitchA(config)#interface range fastEthernet 0/9-12
SwitchA(config-if-range)#switchport access vlan 30
SwitchA(config-if-range)#exit
```

这时再用 show vlan 命令查看一下，会发现端口已经重新分配了，还可以检查一下配置是否正确：

```
SwitchA#show vlan
VLAN Name     Status      Ports
-----------------------------------------------------------------
1    default  active      Fa0/13, Fa0/14, Fa0/15, Fa0/16
                          Fa0/17, Fa0/18, Fa0/19, Fa0/20
                          Fa0/21, Fa0/22, Fa0/23, Fa0/24
10   VLAN0010 active      Fa0/1, Fa0/2, Fa0/3, Fa0/4
20   VLAN0020 active      Fa0/5, Fa0/6, Fa0/7, Fa0/8
30   VLAN0030 active      Fa0/9, Fa0/10, Fa0/11, Fa0/12
```

通过以上操作，在交换机中进行了 VLAN 的创建和端口的分配，从而实现了交换机端口的隔离。

步骤 3：测试。

确认计算机正确连接到对应 VLAN 的端口上，如 PC1、PC2 接入 VLAN10，只能接入交换机的 Fa0/1～Fa0/4 的端口上。

验证本实验，可使用处于相同 VLAN 中的计算机进行 ping 测试和处于不同 VLAN 中的计算机进行 ping 测试。下面分别用 PC1 和 PC2、PC1 和 PC4 进行 ping 测试，结果如图 5-12 所示。

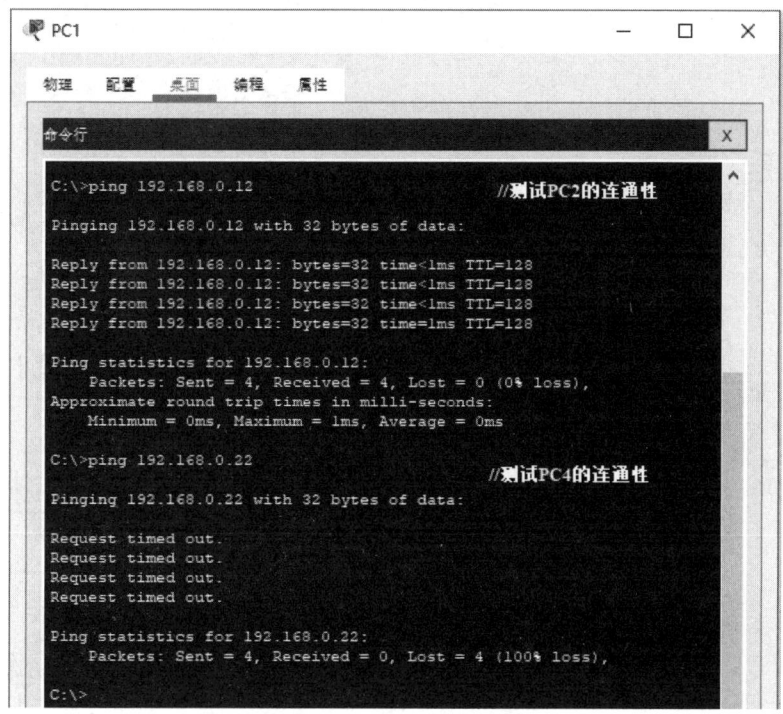

图 5-12　验证 VLAN 的配置

6．实验小结

VLAN 是局域网中很重要的网络技术，它可以按照具体的业务逻辑要求，将分布在不同地方的计算机划分到同一个逻辑网络中，只有处于相同 VLAN 中的计算机间可以相互通信，处于不同 VLAN 中的计算机间不能通信。通过 VLAN 的划分，可以实现广播域的控制。

思考与练习

- **网络互联设备**
  - **1. 网络互联概述**
    - ① 网络互联的概念 —— 概念：＿＿＿＿＿＿＿＿＿＿＿＿＿
    - ② 网络互联的类型 ＿＿＿＿＿＿＿＿＿＿＿＿＿
    - ③ 网络互联的层次 ＿＿＿＿＿＿＿＿＿＿＿＿＿
  - **2. 物理层互联设备**
    - ① 中继器（Repeater）
      - 1. 概念：＿＿＿＿＿＿＿
      - 2. 作用：＿＿＿＿＿＿＿
      - 3. 特性：＿＿＿＿＿＿＿
    - ② 集线器（Hub）
      - 1. 概念：＿＿＿＿＿＿＿
      - 2. 作用：＿＿＿＿＿＿＿
      - 3. 分类（　　）（　　）（　　）
  - **3. 数据链路层互联设备**
    - ① 网桥（Bridge）
      - 1. 概念：＿＿＿＿＿＿＿
      - 2. 作用：＿＿＿＿＿＿＿
      - 3. 分类＿＿＿＿＿＿＿
    - ② 交换机（Switch）
      - 1. 概念：＿＿＿＿＿＿＿
      - 2. 工作原理：＿＿＿＿＿＿＿
      - 3. 性能参数（　）（　）（　）（　）（　）
  - **4. 网络层互联设备**
    - ① 路由器的基本概念 —— 概念：＿＿＿＿＿＿＿
    - ② 路由器的工作原理 —— 路由器工作在（　　），改进了（　　）功能
    - ③ 路由器的分类和功能
      - 1. 分类（　　）（　　）（　　）
      - 2. 功能（　　）（　　）（　　）
  - **5. 高层互联设备**
    - ① 网关的功能 —— 网关也叫（　　），工作在（　　），主要作用是（　　）
    - ② 网关的分类 （　　）（　　）（　　）
  - **6. 三层交换**
    - ① 三层交换的概念 —— 概念：＿＿＿＿＿＿＿
    - ② 三层交换技术 —— 优点（　　）（　　）（　　）
  - **7. 实验：使用交换机配置VLAN（虚拟局域网）**
    - 1. VLAN的作用
    - 2. 创建VLAN的命令
    - 3. 查看VLAN的命令

第 6 章

无线网络

● 主要内容

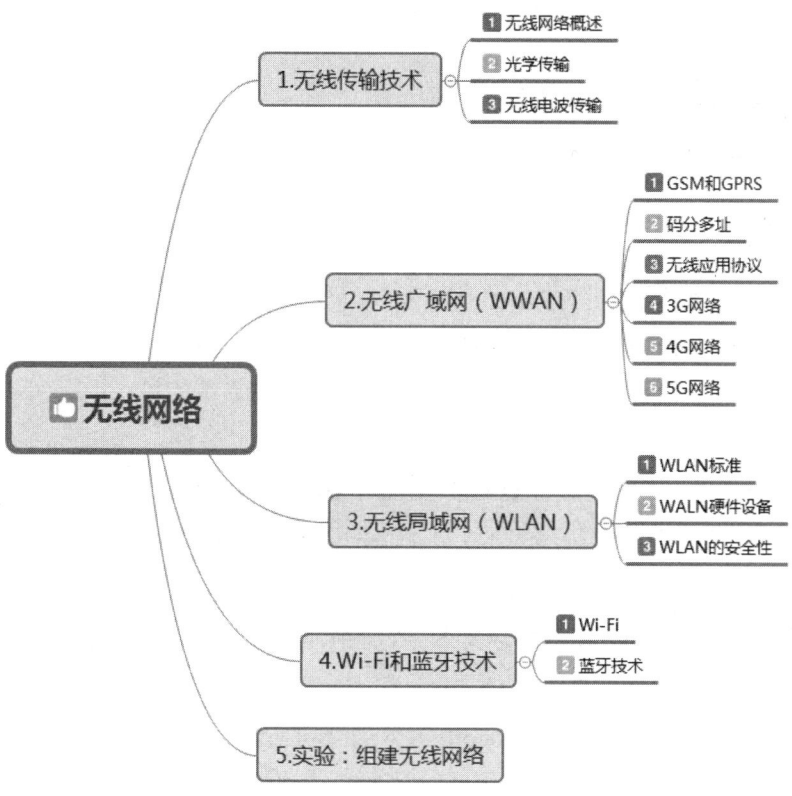

知识目标

（1）掌握无线传输技术的分类。
（2）掌握3G、4G和5G网络的不同与特点。
（3）了解无线局域网的标准、硬件设备与安全性。

技能目标

（1）能够区分Wi-Fi和蓝牙技术的特点与应用。
（2）能够表述如何进行安全的无线上网。
（3）能够组建无线网络，并对无线路由器进行简单的配置。

6.1 无线传输技术

6.1.1 无线网络概述

无线网络既包括远距离无线连接的全球语音和数据网络，又包括优化的红外线技术及射频技术。无线网络和有线网络最大的不同在于传输媒体不同，它利用无线电和光技术取代网线，在空中传输数据，主要针对一些需要移动办公或不进行物理布线的场合，成为有线网络的扩展和补充。无线接入分为以下4种。

（1）无线个人网（Wireless Personal Area Network，WPAN）。WPAN的代表是蓝牙（Bluetooth），蓝牙的标准是IEEE 802.15，其传输距离为10m，传输速率为1Mbit/s。

（2）无线局域网（Wireless Local Area Network，WLAN）。WLAN的标准是IEEE 802.11系列，其传输距离为100~300m，传输速率为1~54Mbit/s，IEEE 802.11n的传输速率可达300~600Mbit/s。

（3）无线城域网（Wireless Metropolitan Area Network，WMAN）。WMAN基于IEEE 802.16标准，代表是WiMax，其传输距离为5km，传输速率约为70Mbit/s，现正逐步开始应用。

（4）无线广域网（Wireless Wide Area Network，WWAN）。WWAN的代表是中国移动、中国联通和中国电信的无线网络，其传输距离为15km，传输速率约为3Mbit/s，发展速度更快。

无线接入分为WLAN和WWAN两种。其中，WWAN利用中国电信、中国移动、中国联通的2G/3G/4G/5G功能，将计算机、手机、iPad等接入互联网；WLAN由无线网络设备（如无线路由器）构建。

无线网络的传输技术分为光学传输和无线电波传输两大类。其中，光学传输有红外线

(InfraRed)和激光（Laser）等技术；无线电波传输采用扩频、窄频微波、HomeRF、全球移动通信系统及蓝牙等技术。

6.1.2 光学传输

红外线或激光的传输性能受限于光的特性，在无线网络的应用中，需要注意以下两点。

（1）光无法穿透大多数的障碍物，就算穿透了也会出现折射和反射情况。

（2）光的传输路径必须为直线，但可以通过折射及反射的方式改变路径。

1. 红外线

红外线（InfraRed, IR）的传输标准是在1993年由红外数据协会（InfraRed Data Association, IrDA）制定的，其目的是建立互通性好、低成本、低功耗的数据传输解决方案，目前的笔记本电脑都备有红外线通信端口。

红外线传输有直接红外线连接（Direct Beam IR, DB/IR）、反射式红外线连接 DF/IR（Diffuse IR, DB/IR）和全向型红外线连接 Omni/IR（Omnidirectional IR, Omni/IR）3种方式。

1）直接红外线连接

直接红外线连接将两个需要建立连接的红外线通信设备的端口面对面（两者之间不能有阻隔物），即可建立连线，如两台笔记本电脑之间就可以建立这样的连接。这种连接方式比较安全，在发送数据过程中不会被人截取，但发送范围较小。

红外线通信端口发射出的红外线会以圆锥形向外散出，要建立连线，就必须让计算机射出的红外线可以被对方计算机的红外线通信端口收到，因此，两台计算机要建立连接，就必须面对面放置。一般以通信端口为中心，在左右偏移15°的范围之内都可接收。

2）反射式红外线连接

反射式红外线连接不需要让红外线通信端口面对面，只要在同一个封闭的空间内，彼此之间就能建立连接。这种方式很容易受到同一空间内其他干扰源的影响，导致数据传输失败，甚至无法建立连接。

3）全向型红外线连接

全向型红外线连接吸收直接红外线连接和反射式红外线连接两种方式的长处，设置一个反射的红外线基地台为中继站，只要各设备的红外线通信端口都指向基地台，彼此便能建立连接。

红外线传输有以下两个缺点：一是传输距离太短，约在1.5m之内；二是易受阻隔，只要有任何障碍物屏蔽了红外线，连接就会中断。因此，在WLAN中，红外线传输并不受到重视，应用也较少。

2. 激光

激光和红外线传输都属于光波传输技术，不过，激光无线网络的连接模式只有直接连接一种。这是因为激光是将光集中成一道光束再射向目的地的，途中几乎不会产生反射，在许多需要安全的连接环境中，激光传输是一种极佳的选择。

激光传输适用于空旷或拥有制高点的地方，它不需要挖掘路面、埋设管线。例如，它适合需要连接的两栋大楼被河流相隔、办公室分处公路的两侧等场合。

6.1.3 无线电波传输

无线电波的穿透力强，而且属于全方位传输，不局限于特定的方向，因此，大部分的无线网络都采用无线电波作为传输介质。当布线和维护线路成本较高且环境较复杂时，采用无线电波的无线网络是一个好的解决方案。

1. ISM 频段及扩频

无线电波频率资源受到特别管制，但有许多频带属于公用开放的频带，每个国家开放的无线电波公用频带范围和数量不同。其中，2.4GHz（2.4~2.4835GHz）频段是规划给工业、科研及医疗（ISM）领域的，工业、科研和医疗的无线电设备都工作在 ISM 频段，用户不用申请便可直接使用。后来，ISM 频段也开放给所有使用无线电波的其他设备，因此，无线网络设备也大多采用 2.4GHz 频带为主要传输频率。

由于 2.4GHz 的 ISM 频段是公用频段，所以无线网络需要通过调制技术发送无线信号，以避免和无线网络外的信号相互干扰。同属于 ISM 频段的公用频段还有 900MHz（900~928MHz）和 5.8GHz（5.725~5.850GHz）等。

无线网络大都采用源自军方的扩频技术传输数据，扩频技术的保密能力与抗干扰能力都很强，因此得到了广泛的应用。WLAN 中的扩频技术有跳频扩频（FHSS）和直接序列扩频（DSSS）等。

2. 窄频微波

微波采用高频率（3~30GHz）短波长的电波传输数据，可提供点对点的远距离无线连接；缺点是较易受到外界干扰，如雷雨天气或邻近频道的噪声干扰。

使用微波的无线网络还没有统一的标准，各厂商生产的产品无法互通。

正因为微波易受到外界干扰，所以在微波开放的公用频段内，很多的无线电产品会发送电波。如果在公用频段使用窄频微波传输数据，则很容易受到噪声干扰，导致传输质量不良。无线网络在使用微波频段时一般不使用公用频段，需要申请专用频道，并用非常窄的带宽（窄频微波）传输信号。这种窄频微波的带宽刚好能将信号塞进去，这样不但可以大幅降低频带的耗用，而且可以减小噪声干扰的影响。

使用无线电波传输技术的还有移动通信系统、蓝牙和 HomeRF 等。移动通信系统的无线传输技术主要用于 WWAN；蓝牙是一种短距离、低功率、低成本无线连接技术标准；HomeRF 是一种家用无线网络标准。这些标准将在后面介绍。

6.2 无线广域网

无线广域网（WWAN）技术是指利用手机、PDA、笔记本电脑等移动设备在蜂窝网络覆盖范围内可以随时连接到互联网的技术。WWAN 接入示意图如图 6-1 所示。WWAN 由电信运营商经营，连线能力可涵盖相当广泛的地理区域，但传输速率都偏低，4G 业务的应用为 WWAN 提供了更好的业务。WWAN 技术主要基于全球移动通信系统（GSM）和码分多址（CDMA）两大技术，目前主要采用中国电信、中国联通、中国移动提供的 GSM、GPRS、CDMA、2G/3G/4G/5G 和 WAP 等技术接入网络。

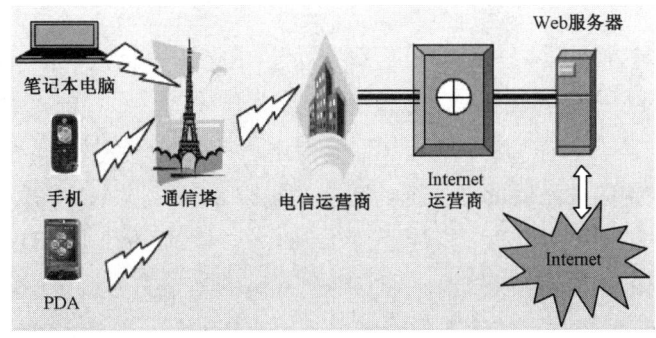

图 6-1　WWAN 接入示意图

6.2.1　GSM 和 GPRS

1. GSM

GSM（Global System for Mobile Communications，全球移动通信系统）是欧洲电信标准化协会（European Telecommunications Standard Institute，ETSI）于 1990 年年底制定的数字移动网络标准，是第二代移动通信技术，也是一种无线电波传输技术。该标准主要说明如何将模拟语音信号转为数字信号，再通过无线电波传送出去，目的是让全球各地使用同一个移动电话网络标准，实现用户国际漫游。

GSM 为世界最大的移动通信网络，大约占据了全球三分之二的市场，我国于 20 世纪 90 年代初开始采用此项技术，此前一直采用蜂窝模拟移动技术，即第一代 GSM 技术（2001 年 12 月 31 日，我国关闭了模拟移动网络）。GSM 包括 GSM900（900MHz）、GSM1800（1800MHz）及 GSM1900（1900MHz）等频段，中国移动、中国联通各拥有一个 GSM。大多数手机是双频（900MHz、1800MHz）手机，可以自由在两个频段间切换，三频手机可在 GSM900\GSM1800\GSM1900 三个频段内自由切换。

GSM 信号传输方式和传统有线电话的信号传输方式相同，都采用电路交换技术，即通信时通话两端独占一条线路，在通话期间，此线路将一直被占用。基于 GSM 技术的通信系统有 GPRS、EDGE，以及基于 3G 的 WCDMA 及延伸技术 HSDPA，提供的传输速率如下。

（1）GPRS（General Packet Radio Service，通用分组无线业务）：传输速率为56～114kbit/s。

（2）EDGE（Enhanced Data Rate for GSM Evolution，增强型数据速率GSM演进技术）：最高速率可达384kbit/s，一般为200kbit/s。

（3）WCDMA（Wideband Code Division Multiple Access，宽带码分多址）：基于3G的无线接口第三代移动通信系统，传输速率可达2Mbit/s。

（4）HSDPA（High Speed Downlink Packet Access，高速下行分组接入）：WCDMA在现有的3G业务中稍显力不从心，HSDPA是提高WCDMA网络高速下行数据传输速率最为重要的技术，理论最大值可达14.4Mbit/s，在中国香港、中国台湾、韩国、欧洲、美国等地区或国家，基本可实现3.6Mbit/s的传输速率，少部分地区可实现7.2Mbit/s的传输速率。

2．GPRS

GSM的数据传输速率只有9.6kbit/s，因此，利用GSM平台接入Internet时速度太慢，1998年，提出了一种新的技术来提高GSM数据的传输速率，这就是GPRS。GPRS是数字移动通信时代的宽带网络结构，它在GSM结构基础上构建，将数据交换技术改变，达到数据高速传输的目的。它和GSM的关系就如同传统调制解调器拨号上网和ADSL宽带上网的关系一样：两者都利用电话线路，通过调制解调器接入Internet，只是Modem和ADSL Modem的数据传输速率不同，GSM采用电路交换技术，而GPRS采用的是报文分组交换（GPRS中的P代表Packet）技术。GPRS的数据传输速率理论上可达171.2kbit/s，是GSM的传输速率近20倍。由于报文分组交换技术不像电路交换技术那样独占带宽，所以当多人使用信道时，会影响性能，再加上无线电波易受干扰及软件限制，GPRS实际传输速率大约为115kbit/s。

6.2.2 码分多址

码分多址（Code Division Multiple Access，CDMA）允许所有的使用者同时使用全部频带，并且把其他设备发出的信号视为杂讯，不必考虑信号冲突（Collision）问题。CDMA技术的出现源自第二次世界大战，初衷是防止敌方对己方通信的干扰，战争期间被广泛应用于军事抗干扰通信，后来由美国高通公司更新为商用蜂窝电信技术。1995年，第一个CDMA商用系统正式运行，CDMA技术的诸多优势在实践中得到了检验，从而在北美洲、南美洲和亚洲等地得到了迅速推广与应用。全球许多国家和地区都已建有CDMA商用网络。美国和日本将CDMA作为主要移动通信技术，美国10个移动通信运营公司中有7个商用网络。美国和日本将CDMA作为主要移动通信技术，美国10个移动通信运营公司中有7个选用CDMA，韩国有60%的人口成为CDMA用户。澳大利亚主办的第27届奥运会中，CDMA技术更是发挥了重要作用。中国联通于2002年1月8日正式开通了CDMA网络并投入商用，2008年10月1日后转由中国电信经营，手机号段为133、153、189和180等。

CDMA的优点：一是语音编码技术，其通话品质比GSM的通话品质好，而且可以把环境噪声降低，使通话更为清晰；二是利用扩频通信技术，减小了手机之间的干扰，可以增加用户的容量；三是手机功率可以做得比较低，使手机电池的使用时间更长，更重要的是降低了电磁波辐射;四是带宽可扩展得较大,适合传输影像等数据,因此 3G 网络选用 CDMA 技术;五是安全性能较好,CDMA 有良好的认证体制,使用码分多址,增强了防盗听的能力。

基于 CDMA 技术的通信系统及提供的传输速率如下。

(1)码分多址(Code Division Multiple Access,CDMA):最高速率是 230.4kbit/s,下载实际速率为 10~15kbit/s。

(2)CDMA2000 适用于 3G,是第三代 CDMA 的名称,它的第一阶段也称为 1x,其整体系统容量增加了一倍,数据速率提升到了 614kbit/s。

(3)CDMA2000 1x EV-DO:具有比 CDMA2000 1x 更高的数据传输速率技术,韩国、日本等国家已经实现了 2.4Mbit/s 的峰值速率,目前我国可达 3.1Mbit/s。

6.2.3 无线应用协议

无线应用协议(Wireless Application Protocol,WAP)是一个移动电话网络协议。WAP 的推出,使得用户除了可以使用移动式笔记本电脑接入网络,还可以使用 PDA 等轻薄、普及的随身设备轻松上网。

1999 年年底,全球各大移动通信公司已将近 9 成的基站更换,并陆续推出支持 WAP 的手机,当时由于受到 GSM 数据传输速率 9.6kbit/s 的限制,再加上手机屏幕过小、价格又较贵,所以 WAP 的应用范围很小。GPRS 普及以后,这些问题都得到了解决。

WAP 主要说明数据如何在无线通信网络中传输,包括如何进行保密操作,如何将数据压缩以降低带宽的损耗,如何在手机上正确显示所需信息。

WAP、GPRS 和 OSI-RM 相比,WAP 位于第 5 层到第 7 层,而 GPRS 则位于第 1 层到第 4 层,因此,WAP 和 GPRS 彼此之间是互补的关系。

6.2.4 3G 网络

1. 3G 通信技术

3G 是第三代移动通信技术的简称,是支持高速数据传输的蜂窝移动通信技术。1995 年问世的第一代模拟制式手机(1G)只能进行语音通话;1996—1997 年出现的第二代 GSM、TDMA 等数字手机(2G)增加了接收数据的功能,如接收电子邮件或网页。相对于第一代模拟制式手机和第二代 GSM、TDMA 等数字手机,3G 通信的名称较多,ITU-T 规定为国际移动电话系统 2000(International Mobile Telecom System-2000)标准,欧洲的电信业巨头称其为通用移动通信系统(Universal Mobile Telecommunications System,UMTS)。

3G 与 2G 的主要区别是在传输声音和数据的速度上的提升,它能够在全球范围内更好地实现漫游,并处理图像、音乐、视频流等多种媒体形式,提供包括网页浏览、电话会议、电子商务等多种信息服务,同时与 2G 系统有良好的兼容性。为了提供这种服务,3G 必须能够支持不同的数据传输速率,即在室内、室外和行车的环境中能够分别支持至少 2Mbit/s、384kbit/s

及 144kbit/s 的传输速率。

国际电信联盟正式公布第三代移动通信标准分别是 WCDMA、CDMA2000 和 TD-SCDMA，它们已成为 3G 时代最主流的三大技术。

（1）WCDMA。

宽带码分多址（Wideband CDMA，WCDMA）是基于 GSM 发展出来的 3G 技术规范。WCDMA 的支持者主要是以 GSM 为主的欧洲厂商，日本公司也或多或少参与其中，包括欧美的爱立信、阿尔卡特、诺基亚、朗讯、北电网络，以及日本的 NTT、富士通、夏普等厂商。该标准提出了 GSM（2G）-GPRS-EDGE-WCDMA（3G）的演进策略。这套系统能够架设在现有的 GSM 网络上，对于系统提供商而言，可以较轻易地过渡。

（2）CDMA 2000。

CDMA2000 是由窄带 CDMA 技术发展而来的宽带 CDMA 技术。CDMA2000 从原有的窄带 CDMA 结构直接升级到 3G，建设成本低廉，但 CDMA2000 的支持者不如 WCDMA 的支持者多。该标准提出了从 CDMA IS95（2G）-CDMA2000 1x-CDMA2000 3x（3G）的演进策略。CDMA2000 1x 被称为 2.5 代移动通信技术。CDMA2000 3x 与 CDMA2000 1x 的主要区别在于应用了多路载波技术，通过采用三载波使带宽增加。

（3）TD-SCDMA。

时分同步码分多址（Time Division-Synchronous CDMA，TD-SCDMA）是由我国独自制定的 3G 标准，它以我国知识产权为主，并被国际广泛接受和认可。

2．我国的 3G 业务

TD-SCDMA 标准具有辐射小的特点，被誉为绿色 3G。该标准将智能无线、同步 CDMA 和软件无线电等技术融入其中，在频谱利用率、对业务支持的灵活性、频率灵活性及成本等方面具有独特优势。另外，该标准受到各大主要电信设备厂商的重视，全球一半以上的设备厂商都宣布可以支持 TD-SCDMA 标准。

2009 年 1 月 7 日，工业和信息化部分别为中国移动、中国电信和中国联通发放了第三代移动通信（3G）牌照，并开始进行测试和试商用。其中，中国移动增加了基于 TD-SCDMA 技术制式的 3G 牌照；中国电信增加了基于 CDMA2000 技术制式的 3G 牌照；中国联通增加了基于 WCDMA 技术制式的 3G 牌照。此举标志着我国正式进入 3G 时代。3G 业务提供的传输速率可以和 DSL 相媲美。

WWAN 为因工作需要而不断移动使用网络的人提供了巨大的方便。只要有蜂窝服务提供的信号，就可以使用网络。

3G 的核心应用包括宽带上网、视频通话、手机电视、无线搜索、手机音乐、手机购物和手机网游等。

6.2.5 4G 网络

1. 4G 通信技术

4G 是第 4 代移动通信技术的简称。4G 通信技术是在 3G 通信技术上进行的一次改良,其相较于 3G 通信技术来说,一个更大的优势是将 WLAN 技术和 3G 通信技术进行了很好的结合,使图像的传输速率更高,让传输图像的质量更高。在智能通信设备中应用 4G 通信技术让用户的上网速度得到提升,速度可以高达 100Mbit/s。我国在 2001 年开始研发 4G 技术,在 2011 年正式投入使用,中国 4G 网络的主要制式有 TD-LTE 和 TDD-LTE。

LTE(Long Term Evolution)是长期演进的缩写,它是 3G 向 4G 过渡升级中的演进标准,包含 LTE-TDD 和 LTE-FDD 两种模式。

2013 年 12 月 4 日,工业和信息化部正式向三大运营商发布 4G 牌照,中国移动、中国电信和中国联通均获得 TD-LTE 牌照;2015 年 2 月 27 日,工业和信息化部向中国电信和中国联通发放 FDD-LTE 制式牌照,中国电信和中国联通拥有 TDD 和 FDD 两种制式的 4G 牌照。

2. 4G 的优势及特点

4G 通信技术与 3G 通信技术相比有以下优势:第一,在图片、视频传输上能够实现原图、原视频高清传输,其传输质量与计算机画质不相上下;第二,利用 4G 通信技术,在软件、文件、图片、音/视频下载方面,速度最高可达到每秒钟几十 Mbit,这是 3G 通信技术无法实现的,这也是 4G 通信技术的一个显著优势,这种快捷的下载模式能够为我们带来更佳的通信体验;第三,在智能通信设备中应用 4G 通信技术,可以让用户体验更高的上网速度,速度可以高达 100Mbit/s,是 3G 上网速度的 20 倍;第四,4G 通信技术具有较强的抗干扰能力,可以利用正交频分多路复用技术提供多种增值服务,防止信号干扰;第五,4G 通信技术的覆盖能力较强,传输过程中的智能性极强。

4G 通信技术的特点如下。

(1)高质量信号传输能力。3G 通信技术能覆盖的面积有限,无法实现全方位信号接收,容易出现通信质量低的问题。而 4G 通信技术拥有极强的信号传输能力,它既能满足常规通信的需求,又能满足高图画质量要求的电视业务、视频会议的需求。

(2)高速的数据传输速度。4G 通信技术的频宽为 2~8GHz,相当于 3G 网络通信频宽的 20 倍左右,在上行速度方面,4G 也能达到 3G 的 20 倍以上。4G 通信技术的接入能力更强,可以始终保证拥有较高的传输速度,使数据通信更为流畅。

(3)更高的智能化水平。4G 通信技术的高智能化主要体现在它的应用功能方面,它拥有自主选译和处理能力,可以为 4G 手机用户提供个性化定制服务。例如,常用的地理位置定位技术虽然在 2G、3G 网络就已实现,但 4G 通信技术的地理位置定位更精确、更快速。

(4)灵活的通信方式。4G 通信技术下的通信方式种类更多,4G 手机用户不再局限于传统语音通信模式,可以使用视频通信模式,这种高智能化的通信模式随时随地都可以展开。4G 通信技术也将手机与多媒体平台及计算机的功能联系起来,通过手机就能实现更多种类的通信方式，使人们的社交活动变得更加高效，内容也更加丰富精彩。

3．4G 的应用

4G 通信技术在通信领域得到了很广泛的应用，缩短了人与人之间的距离。另外，它在电视直播或智能手机中的应用也非常广泛。

1）云计算

云计算对于我国经济发展具有十分重大的意义，由于信息计算量十分巨大，所以对云计算提出了更高的要求，4G 以前，这项工作需要大量的人力、物力和财力，有了 4G 这个平台后，云计算的效率大大提高了。

2）电视直播

利用 4G 网络进行电视信号的传输，一方面可以降低传输的成本，另一方面可以提高电视信号的质量和传输速度，甚至实现超长距离传输。由于运营商架设了许多信号传输的中转站，所以电视信号的传输基本没有盲区。4G 通信技术能够突破比较复杂地形的制约，受自然灾害的影响比较小，因此，在地形情况比较复杂、气候条件比较差的地区进行直播，4G 通信技术是个很好的选择。

3）移动医护

移动医护是指医院内部依靠移动网络平台建立医疗服务信息系统，以方便医护人员与患者建立沟通渠道，医护人员借助手持智能终端设备准确并有效地开展诊疗工作，当患者有需求或有突发状况时，可以直接通过手持智能终端设备呼叫医护人员。通过 4G 通信技术，医护人员和患者之间的沟通更加方便快捷，效率更高。

4）智能手机

智能手机采用 4G 通信技术后，通话质量能够得到很好的提升，数据传输质量和速度也得到了很大的提高。

4．4G 的不足

随着经济社会及物联网技术的迅速发展，云计算、社交网络、车联网等新型移动通信业务不断出现，对通信技术提出了更高的要求，移动通信网络将覆盖我们的办公区、娱乐休息区、住宅区，且每个场景对通信网络的需求不一样。例如，一些场景对高移动性要求较高，一些场景要求较高的流量密度等，对于这些需求，4G 网络还不能完全满足。

6.2.6　5G 网络

互联网在不断发展，越来越多的设备接入移动网络中，新的服务和应用也层出不穷，为满足日益增长的移动流量需求，5G 应运而生。

1．5G 通信技术

5G 是第 5 代移动通信技术的简称，5G 移动网络与 3G、4G 一样，都是数字蜂窝网络，声音和图像等模拟数据经数字化后在网络中传输，蜂窝网络中的 5G 无线设备与本地天线阵中的低功率自动收发器（发射机和接收机）进行通信。收发器从公共频率池分配频道，这些频道在地理上分离的蜂窝网络中可以重复使用。本地天线通过带宽光纤或无线回程连接与电话网络和互联网连接。当用户从一个蜂窝网络转到另一个蜂窝网络时，移动设备将自动"切换"到新蜂窝网络中的天线。

5G 网络的主要优势在于其数据传输速率远远高于以前的蜂窝网络的数据传输速率，最高可达 10Gbit/s，比当前的有线互联网的传输速率要高，是 4G LTE 蜂窝网络数据传输速率的 100 倍。另外，5G 网络有较低的网络延迟，为 1ms（更快的响应时间），而 4G 的网络延迟为 30～70ms。由于数据传输速率更高，所以 5G 网络不仅为手机提供服务，还为一般家庭和办公网络提供服务。

2．5G 的发展历程

国内的华为、中国移动等，国外的高通、三星和爱立信等均有 5G 研发团队。2013 年 2 月，欧盟宣布拨款 5000 万欧元，加快 5G 移动技术的发展；2013 年 5 月 13 日，三星宣布已成功开发 5G 核心技术；2014 年 5 月 8 日，日本电信营运商 NTT DoCoMo 宣布将与 Ericsson、Nokia、Samsung 等 6 家厂商合作，开始测试 5G 网络，传输速率有望提升至 10Gbit/s；美国移动运营商 Verizon 无线公司于 2018 年 10 月 1 日开始试用 5G 网络，2017 年在美国部分城市全面商用。

3．我国 5G 发展及 5G 牌照

2017 年 11 月 15 日，工业和信息化部发布《关于第五代移动通信系统使用 3300-3600MHz 和 4800-5000MHz 频段相关事宜的通知》，确定 5G 中频频谱，能够兼顾系统覆盖和大容量的基本需求；2017 年 11 月下旬，工业和信息化部发布通知，正式启动 5G 技术研发试验第三阶段工作；2018 年 2 月 23 日，沃达丰和华为在西班牙合作采用非独立的 3GPP 5G 型无线标准和 Sub6 GHz 频段完成了全球首个 5G 通话测试；2018 年 2 月 27 日，华为在 MWC2018 大展上发布了首款 3GPP 标准 5G 商用芯片巴龙 5G01 和 5G 商用终端，支持全球主流 5G 频段；2018 年 6 月 28 日，中国联通公布了 5G 部署，以 SA 为目标架构，前期聚焦 eMBB；2018 年 11 月 21 日，重庆首个 5G 连续覆盖试验区建设完成，5G 远程驾驶、5G 无人机、虚拟现实等多项 5G 应用同时亮相。

2019 年 6 月 6 日，工业和信息化部正式向中国电信、中国移动、中国联通、中国广电四家运营商发放 5G 商用牌照；2019 年 8 月 12 日，中国电信决定 9 月率先在北京放出 5G 专用号段的手机号码，且老用户升级 5G 无须换卡、换号；2019 年 9 月 10 日，在匈牙利布达佩斯举行的国际电信联盟 2019 年世界电信展上，华为发布了《5G 应用立场白皮书》，展望了 5G 在多个领域的应用场景，并呼吁全球行业组织和监督机构积极推进标准协同、频谱到位，为 5G 商用部署和应用提供良好的资源保障与商业环境；2019 年 10 月 31 日，中国移动、中国电信和中国联通三大运营商公布 5G 商用套餐，并于 11 月 1 日正式上线。

4．5G 的应用

5G 网络以其更高的网速和更好的稳定性影响着各行各业。

1）制造业。

5G 能够使制造业的生产运作变得更加灵活，安全性提高、维护成本降低、效率更高。制造商能够利用自动化、人工智能、增强现实（AR）及物联网变为智能工厂。5G 网络质量保证远程控制、监控及重新配置，能够让机械及设备进行自我优化，从而达到生产线及整体规划简化的目的。

2）外科手术。

2019 年，我国一名外科医生利用 5G 技术实施了全球首例远程外科手术（动物实验），这名医生利用 5G 网络（5G 网络延时只有 0.1s）操控 48km 外的一个机械臂进行手术，切除了一只实验动物的肝脏；北京 301 医院利用远程技术指导金华市中心医院完成颅骨缺损修补手术。机器人手术给专业外科医生为世界各地有需要的人实施手术带来了很大的希望。

3）智能电网等公用事业。

5G 可以为能源产业的生产、传输、分配及使用带来更好的解决方案，智能电网能发挥更强大的功能和具有更高的效率。5G 能够连接海量的耗能设备，以保证电网的安全性和高可靠性，改善电网监测并使能源需求预测更加准确，让能源管理变得更加高效率，从而降低电力峰值和整体能源成本。在 5G 环境下使用无人机监控及进行信息传输，能够大大延长电网的正常运行时间。

在密云水库，北京移动通过 5G 无人船实现了水质监测、污染通量自动计算、现场数据采集及海量检测结果的分析和实时回传等。

4）农业。

使用物联网技术可以优化农业生产过程，如水源管理、灌溉施肥、家畜安全及农产物监测。5G 能够提供更及时的数据监控、追踪和自动化农业系统，提高生产效率及安全性。

5）VR/AR。

虚拟现实（Virtual Reality，VR）是一种计算机仿真系统。利用 VR 技术，可以创建并让用户体验虚拟世界。它利用计算机生成一种模拟环境，使用户沉浸到该环境中。

增强现实（Augmented Reality，AR）也称扩增现实，是一种将真实世界信息和虚拟世界信息巧妙融合的技术。它将原本在现实世界难以体验的实体信息在计算机等设备上实施模拟仿真处理，在真实世界中叠加虚拟信息的内容并加以有效应用,这一过程能够被人类的感官感知，从而实现超越现实的体验。AR 广泛应用于多媒体、三维建模、实时跟踪及注册、智能交互、传感等。它将计算机生成的文字、图像、三维模型、音乐、视频等虚拟信息应用到真实世界中，两种信息互为补充，从而实现对真实世界的增强功能。

由于 VR/AR 要处理大量数据，因此要求更大的网络容量和更高的网络速度，5G 技术使延迟减小为原来的 10 倍，流量及容量增大为原来的 100 倍，这意味着 5G 能够解决这些问题。

6）零售业。

使用智能手机等移动设备购物在全球非常受欢迎。5G 技术支持 AR/VR 应用，因此，在零售业推出了更多的 VR/AR 体验,如试穿、虚空间等,消费者可以在家里体验。

7)金融服务。

在金融方面,用户能体验银行推出的 5G+无人银行服务;5G 技术使金融机构可以在移动设备上推广更多的金融服务,使网络安全性和速度均大大提高,人们可以在手机上完成比现有任何流程都要快速且安全的交易;与使用者接洽的有可能是 AI,也有可能是远程的银行职员,皆可满足使用者的不同需求。此外,5G 还允许可穿戴设备(如智能手表)与金融服务共享生物识别数据,以便立即准确验证用户身份,更安全、快速地完成交易。

8)车联网与自动驾驶。

车联网技术依托通信技术,逐步进入自动驾驶时代。根据我国、美国、日本等国家的汽车发展规划,车联网与自动驾驶依托传输速率更高、时延更低的 5G 网络。

9)5G 手机。

5G 手机相对 4G 手机有更高的传输速率,低时延;通过网络切片技术,拥有更精准的定位。

10)娱乐业及游戏产业。

5G 影响媒体和娱乐业,包括移动媒体及广告、家庭网络和电视。5G 在 VR/AR 方面的应用,能够支持使用者与虚拟人物互动。

5G 可以为游戏产业开辟一个全新的市场,快速的运算让使用者获得更好的游戏体验,游戏质量得到了提高。

11)教育业。

5G 替 VR/AR 铺好路后,老师能够将这些技术应用于新的教育技术中。例如,学生可以不用外出就直接对世界各地进行虚拟实地考察。与传统教育方法相比,VR/AR 教育平台提供了许多好处,包括成本效益及风险的降低,其教育效果也优于传统课堂教学效果。

12)云端运算。

由于移动装置的低吞吐量、高延迟和不一致的连接性,云端运算的功能和特性经常被淡化,但 5G 网络可以提高其影响力及灵活性。5G 的高吞吐量及低延迟性能够解决现有问题,并将云端运算提升到另一个层次。

5. 5G 的评价

贝尔实验室无线研究部副总裁西奥多·赛泽表示,5G 并不会完全替代 4G 和 Wi-Fi,而是将 4G 和 Wi-Fi 等网络融入其中,为用户带来更为丰富的体验。通过将 4G、Wi-Fi 等整合进 5G 里面,用户不用关心自己所处的网络,不用再手动连接到 Wi-Fi 等,系统会自动根据现场网络质量情况连接到体验最佳的网络中,真正实现无缝切换。

欧盟数字经济和社会委员古泽·奥廷格表示,5G 必须是灵活的,能够满足人口稠密地区、人口稀疏地区及主要交通线等各种场景的需要。

5G 是一个复杂的体系,5G 网络中的终端也不只有手机,还有无人驾驶、无人飞机、家电、公共服务等多种设备。5G 将会是社会进步、产业推动、经济发展的重要推进器。

6.3 无线局域网

无线局域网（WLAN）是以无线信道作为传输媒体的计算机局域网，是局域网的重要补充和延伸，并逐渐成为计算机网络中一个至关重要的组成部分。它绝不是用来取代有线局域网络的，而是用来弥补有线局域网络的不足的，从而达到网络延伸的目的。无线网络技术较为成熟与完善，已广泛应用于金融证券、教育、大型企业、工矿港口、政府机关、酒店、机场、军队等需要可移动数据处理或无法进行物理传输介质布线的场合。大多 WLAN 使用 2.4GHz 和 5GHz 频段，该频段在全世界范围内可以自由使用。

6.3.1 WLAN 标准

目前，WLAN 仍处于众多标准共存的时期，不同的标准有不同的应用。WLAN 标准有 IEEE 802.11 协议族、Wi-Fi、蓝牙和 ZigBee 等。

IEEE 802.11 是在 1997 年审定通过的，它仅限于物理层和传输介质访问控制子层。WLAN 标准 IEEE 802.11 协议簇如表 6-1 所示。

表 6-1　WLAN 标准 IEEE 802.11 协议簇

标准	发布时间	定义内容
IEEE 802.11	1997 年	原始 WLAN 标准，支持 1～2Mbit/s
IEEE 802.11a	1999 年	用于 5GHz 频带的高速 WLAN 标准，支持 54Mbit/s
IEEE 802.11b	1999 年	2.4GHz 频段，主流的 WLAN 标准，支持 11Mbit/s
IEEE 802.11i	2004 年	完善安全性和各种认证机制
IEEE 802.11e	2004 年	支持所有 IEEE 无线广播接口的 QoS 机制，提供风机服务
IEEE 802.11g	2003 年	兼容 IEEE 802.11b 和 IEEE 802.11a，2.4GHz 频段的高速 WLAN 标准
IEEE 802.11f	2003 年	致力于内部接入点通信的发展
IEEE 802.11h	2004 年	动态频率选择和传输功率控制
IEEE 802.11n	2009 年	使用 2.4GHz 频段，支持 300Mbit/s，最高达 600Mbit/s

1）IEEE 802.11a

IEEE802.11a 使用 5GHz 频段，该频段不需要申请，是公用开放的频段，不过并非每个国家都开放，因此目前支持此规格的无线设备尚属少数。IEEE 802.11a 使用正交频分复用（Orthogonal Frequency Division Multiplexing，OFDM）传输技术，而不是扩频技术。OFDM 不能有效地防止干扰，它通过特殊的频道分割方式达到快速传输的目的。IEEE 802.11a 按所使用调制技术的不同，传输速率为 6～54Mbit/s。IEEE 802.11a 与 IEEE 802.11b 不兼容。

需要说明的是，2.4GHz 频段可用的带宽只有 80MHz，而 5GHz 频段的可用带宽达 300MHz。OFDM 技术需要使用较大的带宽，因此不适合用在拥挤且可用带宽较小的 2.4GHz。

2）IEEE 802.11b

IEEE 802.11b 使用 2.4GHz 频段，是采用高速直接序列扩频（HR/DSSS）的传输技术，传输速率为 11Mbit/s。

IEEE 802.11b 有时也被误认为无线保真（Wireless Fidelity，Wi-Fi），实际上，Wi-Fi 是 Wi-Fi 联盟的一个商标。后来人们逐渐习惯用 Wi-Fi 称呼 IEEE 802.11b 协议。笔记本电脑的迅驰技术就基于该标准。

Wi-Fi 支持 11Mbit/s 的数据传输速率，它是一种短距离无线技术，通信半径为 100m 左右。尽管 Wi-Fi 技术通信质量不是很好，数据安全性能也不尽如人意，但由于其推出时间早，产品种类多，因此被广泛应用在人员密集的地方，如家庭、办公楼、机场、车站、咖啡店和图书馆等。

3）IEEE 802.11g

由于 IEEE 802.11b 和 IEEE 802.11a 使用不同的频段和传输技术，两者不兼容，所以 IEEE 又推出了兼容 IEEE 802.11b 和 IEEE 802.11a 的 IEEE 802.11g 标准。IEEE 802.11g 有两个特点：一是在 2.4GHz 频段使用 OFDM 调制技术，使数据传输速率提高到 20Mbit/s 以上；二是能够与 IEEE 802.11b 系统互联互通，可共存于同一个网络，延长了 IEEE 802.11b 产品的使用寿命，降低了用户的投资。

它和 IEEE 802.11b 一样，工作在 2.4GHz 频段内，传输速率主要有 54Mbit/s、108Mbit/s 等，可向下兼容 IEEE 802.11b。

4）IEEE 802.11n

由于 WLAN 技术发展很快，WLAN、蓝牙、HomeRF、UWB 等竞相开放，虽然 IEEE 802.11 系列的 WLAN 应用最广，但 WLAN 依然面临带宽不足、漫游不方便、网管不强大、系统不安全等问题。为了实现大带宽、高质量的 WLAN 服务，使 WLAN 达到以太网的性能水平，IEEE 802.11n 应运而生。

IEEE 802.11n 使用 2.4GHz 频段，可以将 IEEE 802.11a 及 IEEE 802.11g 提供的 54Mbit/s 提高到 300Mbit/s 甚至高达 600Mbit/s。它采用多输入/多输出（MIMO）与 OFDM 相结合的技术，提高了无线传输质量，也使传输速率得到了极大的提升。

IEEE 802.11n 采用智能天线技术，通过多组独立天线组成的天线阵列动态调整波束，保证让 WLAN 用户接收到稳定的信号，并可以减少其他信号的干扰。因此，其覆盖范围可以扩大到几平方千米，使 WLAN 的移动性得到极大的提高。

在兼容性方面，IEEE 802.11n 采用了软件无线电技术，可作为一个可编程的硬件平台，使不同系统的基站和终端都可以通过这一平台的不同软件实现互通和兼容，这样，WLAN 不但能实现 IEEE 802.11n 向前后兼容，而且可以实现 WLAN 与 WWAN 网络的结合，如 3G 网络。

6.3.2 WLAN 硬件设备

WLAN 技术是计算机利用无线网卡通过无线等设备接入局域网，然后通过局域网接入 Internet 的一种技术。WLAN 中常见的设备有无限网卡、无线接入点 AP（包括无线路由器、无线网关或无线网桥）和无线天线等。

1. 无线网卡

这里的无线网卡的作用和以太网中的网卡的作用基本相同，作为 WLAN 与计算机连接的接口，在无线信号覆盖区域，计算机通过它以无线电信号方式接入局域网中，实现 WLAN 各客户机间的连接与通信。

无线网卡根据接口类型的不同主要分为 4 种类型，即 PCMCIA 无线网卡、PCI 无线网卡、USB 无线网卡、EXPRESS 无线网卡，如图 6-2 所示。

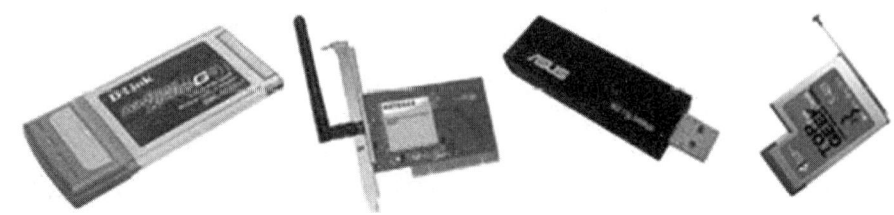

图 6-2　PCMCIA、PCI、USB 和 EXPRESS 无线网卡

PCMCIA 无线网卡仅适用于笔记本电脑，支持热插拔，可以非常方便地实现移动无线接入；PCI 无线网卡适用于台式计算机；USB 无线网卡适用于笔记本电脑和台式计算机，支持热插拔；EXPRESS 无线网卡用于 GSM 和 CDMA 网络，凭借其功耗低、热量低、速度快的特点，将 PCMCIA 无线网卡抛在身后。

2. AP 和无线路由器

AP 和无线路由器如图 6-3 所示，其作用类似于有线网络中的集线器或网桥，其中无线路由器还具有路由功能，用于连接两个或多个独立的网络段。AP 是一个在数据链路层实现 WLAN 互联的存储转发设备，它能够通过无线（微波）进行远距离数据传输。AP 有点对点、点对多点、中继连接 3 种工作方式。

图 6-3　AP 和无线路由器

理论上，一个 AP 可以支持一个 C 类地址（连接 254 个无线节点），但建议一个 AP 连接 15～25 个无线工作站。另外，AP 支持的网络协议标准最好和无线网卡支持的网络协议标准一

样,否则由于协议不匹配极易造成无线网络无法连接。

单纯型 AP 无路由功能,相当于无线集线器。而扩展型 AP 就是无线路由器,它的功能比较全面,大多数扩展型 AP 具有路由、DHCP 和防火墙等功能。下面从功能、应用、组网方面介绍无线 AP 和无线路由器。

1)功能方面

无线 AP 是无线网和有线网之间沟通的桥梁,提供无线工作站对有线局域网和从有线局域网对无线工作站的访问。无线 AP 一般连接到有线交换机或路由器上,为与它连接的无线网卡从路由器那里分得 IP。由于无线 AP 的覆盖范围是一个向外扩散的圆形区域,所以应当尽量把无线 AP 放置在无线网络的中心位置,而且各无线客户端与无线 AP 的直线距离最好不要超过 30m,以避免因通信信号衰减过多而使通信失败。

无线路由器是单纯型 AP 与宽带路由器的一种结合体,它利用路由器的功能,使无线网络中的计算机能进行 Internet 连接共享,实现 ADSL 或小区宽带的无线共享接入。另外,通过无线路由器,可以将无线和有线终端分配到一个子网中,子网内的设备可互相交换数据。因此,无线路由器就是 AP、路由功能和交换机的集合体,支持有线、无线组成同一子网。或者说,只要一台无线路由器,就可直接连接多台计算机以实现 ADSL 或小区宽带的无线共享接入;而无线 AP 相当于一台无线交换机,它通过接到有线交换机或路由器上,为与无线 AP 连接的无线网卡从路由器那里分得 IP 地址。

2)应用方面

无线 AP 在那些需要大量无线 AP 进行大面积覆盖的公司使用得比较多,所有无线 AP 通过以太网(有线)连接起来并连接到独立的 WLAN 防火墙。

无线路由器在 SOHO 环境下使用得比较多,在这种环境下,一个无线 AP 就足够了。无线路由器一般包括网络地址转换(NAT)功能,以支持 WLAN 用户的共享连接。大多数无线路由器都有 4 个以太网连接口。

3)组网方面

无线 AP 不能直接与 ADSL Modem 相连,使用时必须通过一台交换机(或集线器)来连接。而无线路由器由于具有宽带拨号的能力,因此可以直接与 ADSL Modem 连接并进行宽带共享。如果都连接到 Intranet(如校园网、企业网),则连接到无线 AP 的无线用户的 IP 地址为 Intranet 内部的网络地址,而连接到无线路由器的无线用户的 IP 地址一般为内部保留地址(如 192.168.1.x 等)。

3. 无线天线

当无线网络中各网络设备相距较远时,随着信号的减弱,传输速率会明显下降以致无法实现无线网络的正常通信,此时就要借助无线天线对所接收或发送的信号进行增强。无线天线有多种类型,常见的有室内天线和室外天线两种。室内天线的优点是方便灵活,缺点是增益小、传输距离短。室外天线的类型比较多,一种是锅状的定向天线,另一种是棒状的全向天线。室外天线的优点是传输距离远，因此适合远距离传输。无线天线如图 6-4 所示。

图 6-4　无线天线

6.3.3　WLAN 的安全性

现在的生活中，手机、PDA 等移动设备是必备的东西，Wi-Fi 也成了生活必需品之一。但是，2017 年 10 月 16 日，WPA2 安全加密协议已经被"KRACK"（密钥重装攻击）技术攻陷。

WPA（WiFi Protected Access）有 WPA 和 WPA2 两个标准，是一种保护无线网络安全的加密协议，可以防止无线路由器和联网设备被入侵，是一种广泛应用于网络传输过程中的安全防护机制。通俗地说，大多数 Wi-Fi 是要输入密码的，这一过程不只用于防止"蹭网"，更重要的是验证你的手机和路由器之间的通信有没有被别人窃取，WPA2 加密协议几乎是所有无线路由器默认的安全加密手段。由于 WPA2 被 KRACK 技术攻陷，所以即使更换 Wi-Fi 密码，也无法保护信息的安全。最直接的影响是用户使用的无线网络处于易受攻击的状态，信用卡、密码、聊天记录、照片、电子邮件等都有可能被窃取，尽管并非所有人都会因此遭殃，但随着非法访问者的不断加入，没有哪个无线网络是绝对安全的。因此，在机场、火车站、商场等公共场所，不随意登录那些完全不需要密码的 Wi-Fi，尽量使用手机流量上网，这样不容易受到攻击。

对于 WPA2 安全加密协议被 KRACK 技术攻陷，安全专家 Mathy Vanhoef 表示："该漏洞影响了许多操作系统和设备，包括 Android、Linux、Apple、Windows 等。"除了安全补丁，最好的办法就是及时下载路由器厂商的固定更新版本，升级到更安全的加密协议。

1）WLAN 的网络安全

WLAN 在信息的保密性方面没有有线网络那样严格，安装无线网卡的计算机都能访问无线网络，并有可能进入无线网络，这很容易给无线网络带来安全威胁。非法访问者一旦进入无线网络，就会很容易地窃取各种信息，造成安全损失。

2）WLAN 的安全性措施

需要及时有效地采取应对措施，加大非法访问者入侵无线网络的难度，WLAN 的安全性措施主要表现在数据加密和控制访问等方面。例如，通过加密技术或采用网络验证识别技术，确保只有事先指定的用户或网络设备才能进入无线网络，而其他想强行借助各种无线网络技术访问无线网络的操作都会被拒绝。具体措施有正确设置网络密钥、更改默认的 SSID 设置、合适放置天线等防范工作。例如，当 AP 支持简单网络管理（SNMP）功能时，应将该功能关闭，以防止非法访问者获取 WLAN 中的隐私信息；如果 AP 支持访问列表功能，就可以利用该功能，在无线网络节点设备中创建 MAC 访问控制表，将合法的 MAC 地址逐一输入表格中，这样，只有合法的 MAC 地址节点才能访问 WLAN。

6.4 Wi-Fi 和蓝牙技术

6.4.1 Wi-Fi

Wi-Fi 是由"Wireless"（无线电）和"Fidelity"（保真度）两个单词组成的，根据英文标准韦伯斯特词典的读音注释，标准发音为"waifai"。因为它是由两个单词组成的，所以书写形式为 Wi-Fi。

Wi-Fi 使用 IEEE 802.11 系列协议，它是 WLAN 中的一部分。Wi-Fi 也是一个无线网络通信技术的品牌，由国际 Wi-Fi 联盟组织（Wi-Fi Alliance）持有。Wi-Fi 工作在 2.4GHz 或 5GHz 频段，作用距离不远，目的是改善基于 IEEE 802.11 标准的无线网络产品之间的互通性，能将个人计算机、手持设备（Pad、手机）等终端以无线方式连接起来。

只要将 AP 或无线路由器（热点）连接到提供网络接入功能的接口，就可以把有线网络信号转换成 Wi-Fi 信号。一般，Wi-Fi 信号的覆盖半径在 100 米以内，但会受墙壁等阻挡物的影响，实际半径会更小一些。

Wi-Fi 与蓝牙技术一样，同属于短距离无线技术，是一种网络传输标准，主要优势在于不需要布线，即可以不受布线条件的限制，非常适合移动办公用户；并且由于其发射信号功率低于 100mW，低于手机发射功率，所以 Wi-Fi 得到了普遍应用，并给人们带来了极大的方便。虽然 Wi-Fi 通信质量有待改进，数据安全性能也比蓝牙的数据安全性能差一些，但其传输速度快，符合个人和社会信息化的需求。

由于 Wi-Fi 的工作频段在世界范围内是无须任何运营执照的，因此提供了一个世界范围内可以使用的、费用极其低廉且数据带宽极高的无线空中接口。基于 Wi-Fi 技术的 WLAN 已经日趋普及，住宅区、机场、图书馆、宾馆、咖啡厅等区域都有 Wi-Fi 接口。有了 Wi-Fi 就可以打网络电话、浏览网页、收发电子邮件、下载音乐、传递数码照片等，不用担心速度慢和花费高的问题。

Wi-Fi 在掌上设备上的应用越来越广泛，而智能手机就是最为普及的一个。与早前应用于手机上的蓝牙技术不同，Wi-Fi 具有更大的覆盖范围和更高的传输速率，因此，智能手机一般都具有 Wi-Fi 功能。

6.4.2 蓝牙技术

1. 蓝牙的由来

蓝牙（Bluetooth）一词曾是公元 10 世纪一位丹麦国王 Harald Blatand 的绰号，Blatand 的英文意思也可以被解释为蓝牙。由于国王酷爱吃蓝莓,每天牙龈都被染成蓝色,人称蓝牙国王。公元 10 世纪,丹麦国王 Harald Blatand 挺身而出,依靠他的沟通能力和不懈努力,结束了战争,使各方都坐到了谈判桌前。因此,蓝牙也就成了沟通的代名词。

1995 年,爱立信公司最先提出蓝牙的概念,其目的是开发出一种使手机和无线耳机连接起来的技术,使用户不必受电线的限制。1998 年 5 月,爱立信、IBM、Intel、Nokia 和东芝等计算机和通信公司成立了蓝牙技术联盟 Bluetooth SIG(Special Interest Group),该组织向业界无偿转让该项专利技术,制定了一套短距离无线连接技术的标准,这个标准就是蓝牙。

目前,用丹麦国王的绰号命名这种新技术标准,旨在希望它成为一个沟通能力很强的无线通信标准。

2. 蓝牙技术简介

蓝牙对于手机甚至整个 IT 业而言已经不仅是一项简单的技术了,而是一种概念。当蓝牙技术联盟对未来前景做出美好憧憬时,整个业界都为之震动。使人们可以抛开传统连线的束缚,享受无拘无束的乐趣。蓝牙标志和蓝牙适配器如图 6-5 所示。

图 6-5 蓝牙标志和蓝牙适配器

蓝牙是一种短距离、低功率、低成本无线电波传输技术的代称,这个技术可以将所有使用蓝牙的设备互相连通起来。它除了可以使两台或多台笔记本电脑实现无线通信,还被应用于其他无线设备(如 PDA、手机、无线电话)、图像处理设备(如照相机、打印机、扫描仪)、安全产品(如身份识别系统和安全检查系统)、消费娱乐设备(如无线耳机、MP3、游戏机)、汽车产品(如全球卫星定位系统 GPS)、家用电器(如音像设备和厨房设备)。例如,一部蓝牙手机在家里不仅可以变成无线电话,还可以把它当遥控器使用,也可以将它作为 PDA 来使用,手机之间利用蓝牙传输图像、音乐等资料。

现在,越来越多的消费类电子设备都内置了蓝牙功能,生活中经常可以看到。采用蓝牙技术的 PDA 可以接入 Internet;蓝牙手机可以将信息发送到电视机上进行显示等。无线个人网(WPAN)一般也都使用蓝牙技术。蓝牙技术全球开放,具有很好的兼容性,全世界可以通过蓝牙网连成一体。

3. 蓝牙技术的优势

(1)全球可用。

因为在免申请的 2.4GHz 频段运行,所以蓝牙技术全球免费使用,许多制造商都积极地在其产品中实施此技术,以减少使用零乱的电线,实现数据传输或语音通信。

(2)设备范围。

蓝牙技术得到了广泛的应用，集成该技术的产品从手机、汽车到医疗设备等，使用该技术的用户从消费者、工业市场到企业等。低功耗、小体积及低成本的芯片使得蓝牙技术可应用于极微小的设备中。

(3)易于使用。

蓝牙技术是一项即时技术，它不要求固定的基础设施，且易于安装和设置。

(4)全球通用的规格。

蓝牙技术是当今市场上支持范围较广、功能较丰富且较安全的无线标准。自 1999 年发布蓝牙标准以来，共有超过 4000 家公司成为蓝牙技术联盟成员。另外，蓝牙产品的数量也在成倍增长。

4．蓝牙的应用

(1)居家。

现在，越来越多的人开始了居家办公，生活更加随意、高效。通过使用蓝牙技术产品，人们可以免除居家办公时电缆缠绕的苦恼。鼠标、键盘、打印机、膝上型计算机、耳机和扬声器等均可以无线使用，这不仅可以增加空间美感,还为室内装饰提供了更多创意和自由。另外，通过在移动设备和计算机之间同步信息，用户可以随时随地存取最新的信息。蓝牙还能使家庭娱乐更加便利，用户可以无线控制计算机上的音频文件，允许从相机、手机、膝上型计算机等向电视发送照片，以与朋友共享。

(2)工作。

通过蓝牙技术，办公室里可以不用整理凌乱的电线；PDA 可以与计算机同步信息；外围设备可以直接与计算机进行通信；员工可以通过蓝牙耳机在整个办公室内行走时接听电话，所有这些都无须电线连接。

启用蓝牙设备，能够创建自己的即时网络，与同事共享演示稿或其他文件，不受兼容性或电子邮件访问的限制；使用蓝牙设备能方便地召开小组会议，通过无线网络与其他办公室的人进行对话。

(3)旅途。

具有蓝牙功能的手机、PDA、膝上型计算机、耳机和汽车等能够在旅途中实现免提通信，使用 GPRS 或 3G 等移动网络，可以无线地将计算机和 PDA 连接到 Internet，即使在旅途中也能高效工作。蓝牙技术应用最广的就是一些支持蓝牙的通话设备，如蓝牙耳机、车载免提等。

(4)娱乐。

蓝牙技术能真正实现无线娱乐，内置了蓝牙的游戏设备可以在地下通道、飞机场或起居室中轻松地发现对方设备，然后进行游戏；使用无线耳机可以方便地欣赏 MP3 播放器里的音乐；发送照片到打印机或朋友的手机这都是非常简单的。

蓝牙技术支持语音和数据传输，支持点对点及点对多点通信，可穿透不同物质及在物质间扩散，在近距离内将几台数字化设备呈网状连接起来。

利用蓝牙技术，能够有效地简化 PDA、笔记本电脑、无线耳机和移动电话等移动通信终端设备之间的通信，也能够成功地简化这些设备与 Internet 之间的通信，从而使现代通信设备与 Internet 之间的数据传输变得更加迅速高效，为无线通信拓宽了道路。

6.5 实验：组建无线网络

1．实验目的

掌握无线路由器的设置方法。

2．实验环境

分组实训。安装思科模拟器 Cisco Packet Tracer 6.2，在模拟器中添加如图 6-6 所示的拓扑结构图。

3．实验课时

本实验需要 2 课时。

4．实验内容

在本实验中，无线网络拓扑结构图如图 6-6 所示。

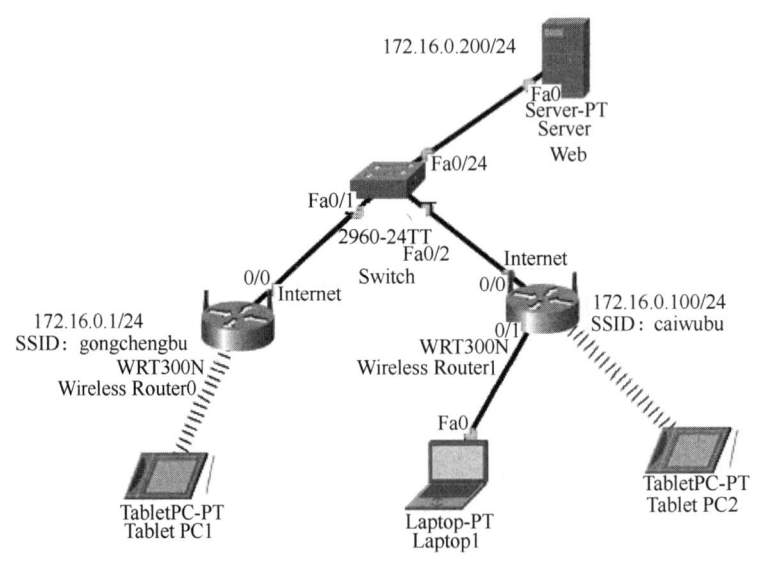

图 6-6　无线网络拓扑结构图

无线设备的 IP 地址和 SSID 分配情况如表 6-2 所示。

表 6-2 无线设备的 IP 地址和 SSID 分配情况

名 称	IP 地址	子 网 掩 码	SSID
Wireless Router0	172.16.0.1	255.255.255.0	gongchengbu
Wireless Router1	172.16.0.100	255.255.255.0	caiwubu
Web 服务器	172.16.0.200	255.255.255.0	—
Laptop1	自动获取		—
Tablet PC1、Tablet PC2	自动获取		—

本实验的具体要求如下。

（1）添加两台无线路由器 WRT300N。

（2）添加一台二层交换机 2960-24TT 和一台服务器 Server。

（3）添加一台笔记本电脑 Laptop 和两台移动终端 TabletPC。

（4）根据图 6-6，使用直通线连接好所有计算机，根据表 6-2 为每台计算机设置好相应的 IP 地址和子网掩码。

（5）实现笔记本电脑和移动终端通过有线和无线的形式访问服务器。

5．实验步骤

步骤 1：登录无线路由器 Wireless Router1。

单击"Laptop1"，选择"Desktop"选项卡，选择其中的"Web Browser"选项，在打开的浏览器地址栏中输入 http://192.168.0.1（访问 Wireless Router 的默认管理地址），按 Enter 键，如图 6-7 所示。

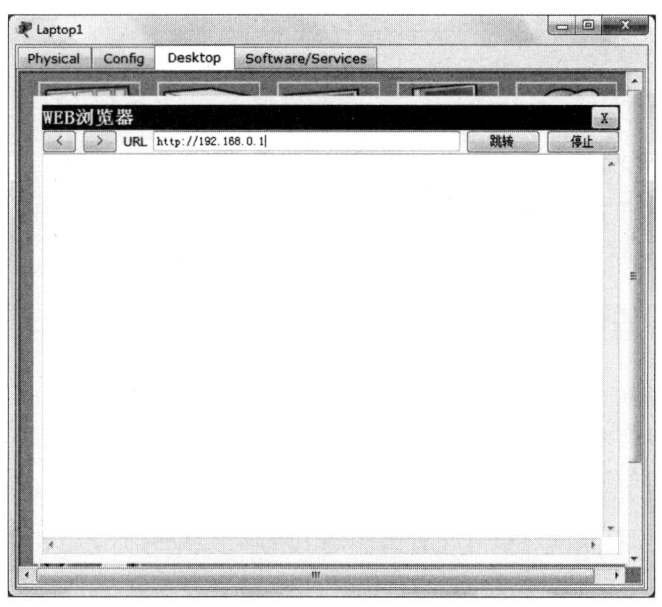

图 6-7 访问 Wireless Router 的默认管理地址

步骤 2：弹出如图 6-8 所示的"授权"对话框，提示输入用户名和密码。

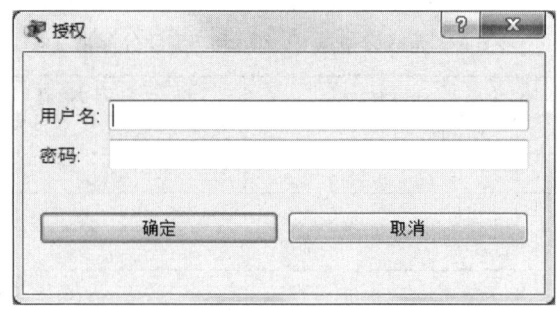

图6-8 "授权"对话框

步骤3：输入初始用户名admin，密码admin，单击"确定"按钮，登录无线路由器Wireless Router1，进入Web管理界面，如图6-9所示。

图6-9 Web管理界面

步骤4：无线路由器Wireless Router1的基本网络设置。

在如图6-9所示的界面中，选择"Setup"选项卡，输入无线路由器Wireless Router1的基本网络信息。这里将网络信息设置为静态IP模式，IP地址为172.16.0.100，子网掩码为255.255.255.0，默认网关为"172.16.0.100"，单击"保存配置"按钮后生效，如图6-10所示。

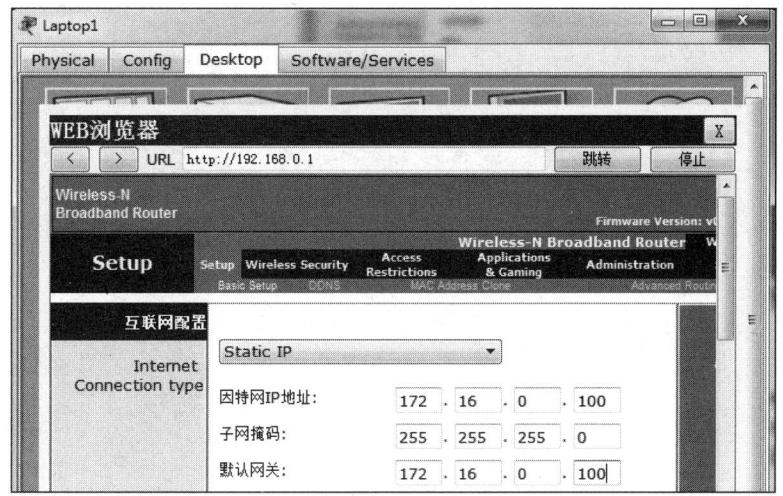

图 6-10 配置静态 IP 地址

步骤 5：在管理界面中还可以将无线路由器 Wireless Router1 的默认管理地址更改为 http://192.168.0.1，以及启用或禁用无线路由器 Wireless Router1 的 DHCP 服务器（默认为启用状态），并配置 DHCP 服务器的地址池，这里保持默认设置，如图 6-11 所示。

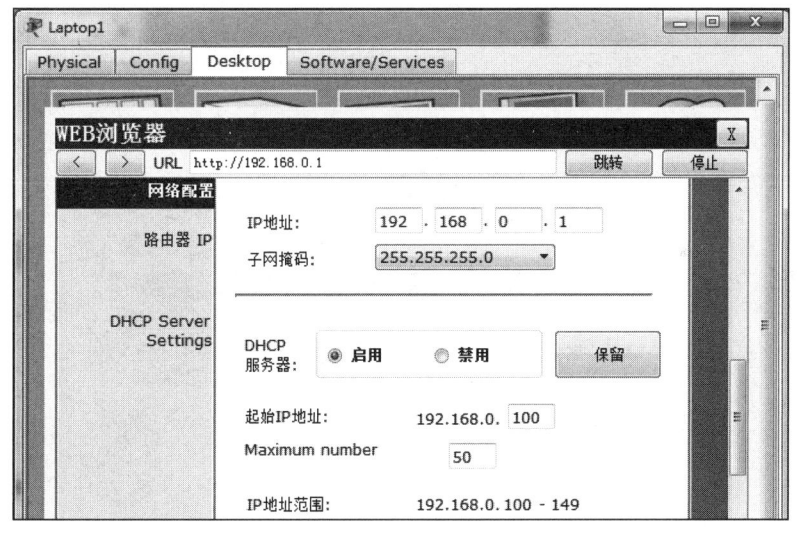

图 6-11 配置 DHCP 服务器

步骤 6：在如图 6-9 所示的界面中，选择"Administration"选项卡，在这里可以更改无线路由器 Wireless Router1 的登录密码，并设置是否允许远程管理等，如图 6-12 所示。

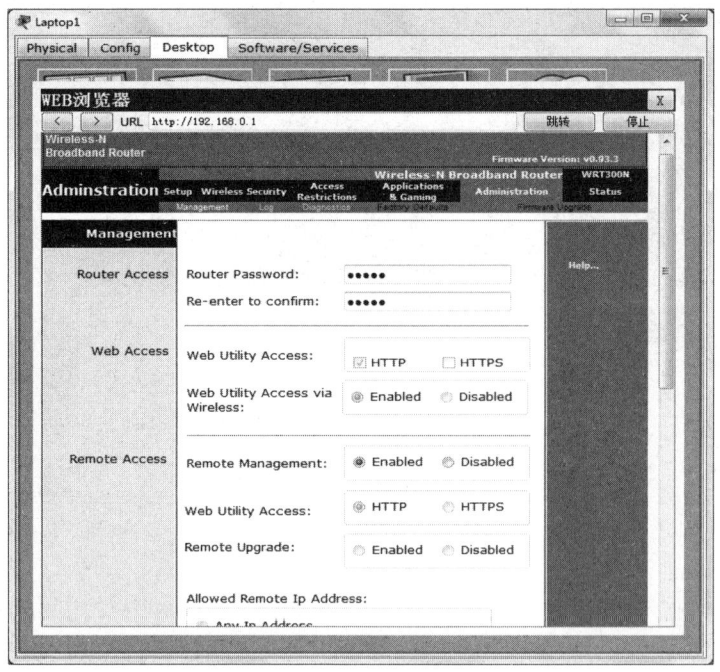

图 6-12 登录管理设置

步骤 7：在如图 6-9 所示的界面中，选择"Wireless"选项卡，即可设置无线网络的基本参数，如图 6-13 所示。这里将网络名称即 SSID 设置为"caiwubu"（默认情况下，该无线区域的登录密码为空）。

图 6-13 无线网络的基本参数设置

步骤 8：登录并配置无线路由器 Wireless Router0。

在"Laptop1"上打开 Web 管理界面，在浏览器的地址栏中输入 Wireless Router0 的默认管理地址 http://192.168.0.1，并按 Enter 键。将 Wireless Router0 设置为静态 IP 模式，IP 地址为 172.16.0.1，子网掩码为 255.255.255.0，默认网关为 172.16.0.1；启用 DHCP 服务器，并配置 DHCP 服务器的地址池，即 192.168.0.100～192.168.0.120；设置无线网络的网络名称即 SSID 为 gongchengbu（密码默认为空），如图 6-14 所示。

第 6 章 无线网络

图 6-14 无线网络 SSID 的设置

步骤 9：设置移动终端 Tablet PC1，将 Tablet PC1 加入 gongchengbu 无线网络。

单击"Tablet PC1"，在打开的窗口中选择"Config"→"Wireless0"选项，在"SSID"文本框中填入"gongchengbu"即可，如图 6-15 所示。

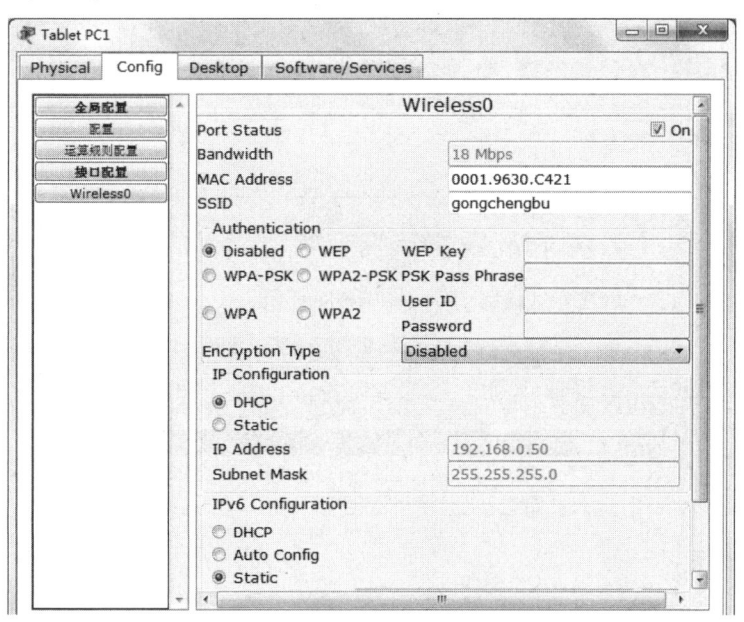

图 6-15 设置移动终端 Tablet PC1

步骤 10：设置移动终端 Tablet PC2，将该移动终端加入 caiwubu 无线网络。

单击"Tablet PC2"，在打开的窗口中选择"Config"→"Wireless0"选项，在"SSID"文本框中填入"caiwubu"即可，如图 6-16 所示。

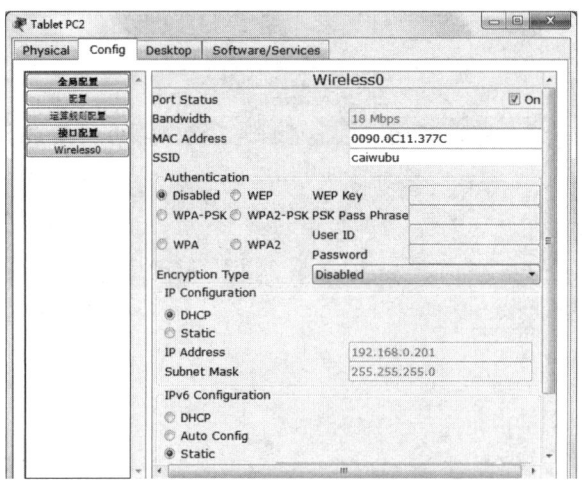

图 6-16 设置移动终端 Tablet PC2

步骤 11：测试两台移动终端与服务器的连通性。

（1）移动终端 Tablet PC1 的测试结果如图 6-17 所示。

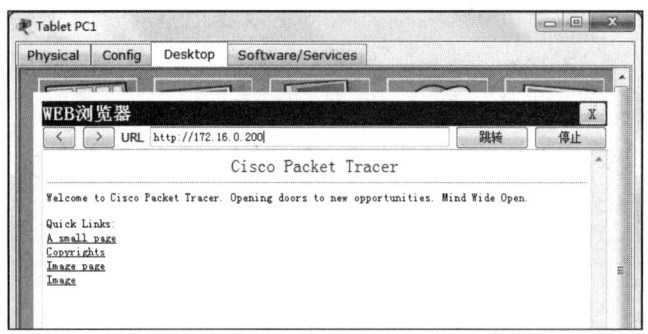

图 6-17 移动终端 Tablet PC1 的测试结果

（2）移动终端 Tablet PC2 的测试结果如图 6-18 所示。

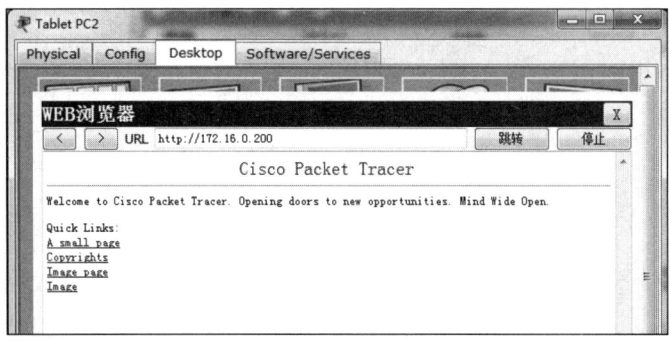

图 6-18 移动终端 Tablet PC2 的测试结果

6．实验小结

无线路由器是目前广泛采用的接入设备，尤其适合家庭用户。在模拟器中，计算机要测试无线网络，就必须添加无线网卡。DNS 服务器必须在全网连通的情况下才起作用。

思考与练习

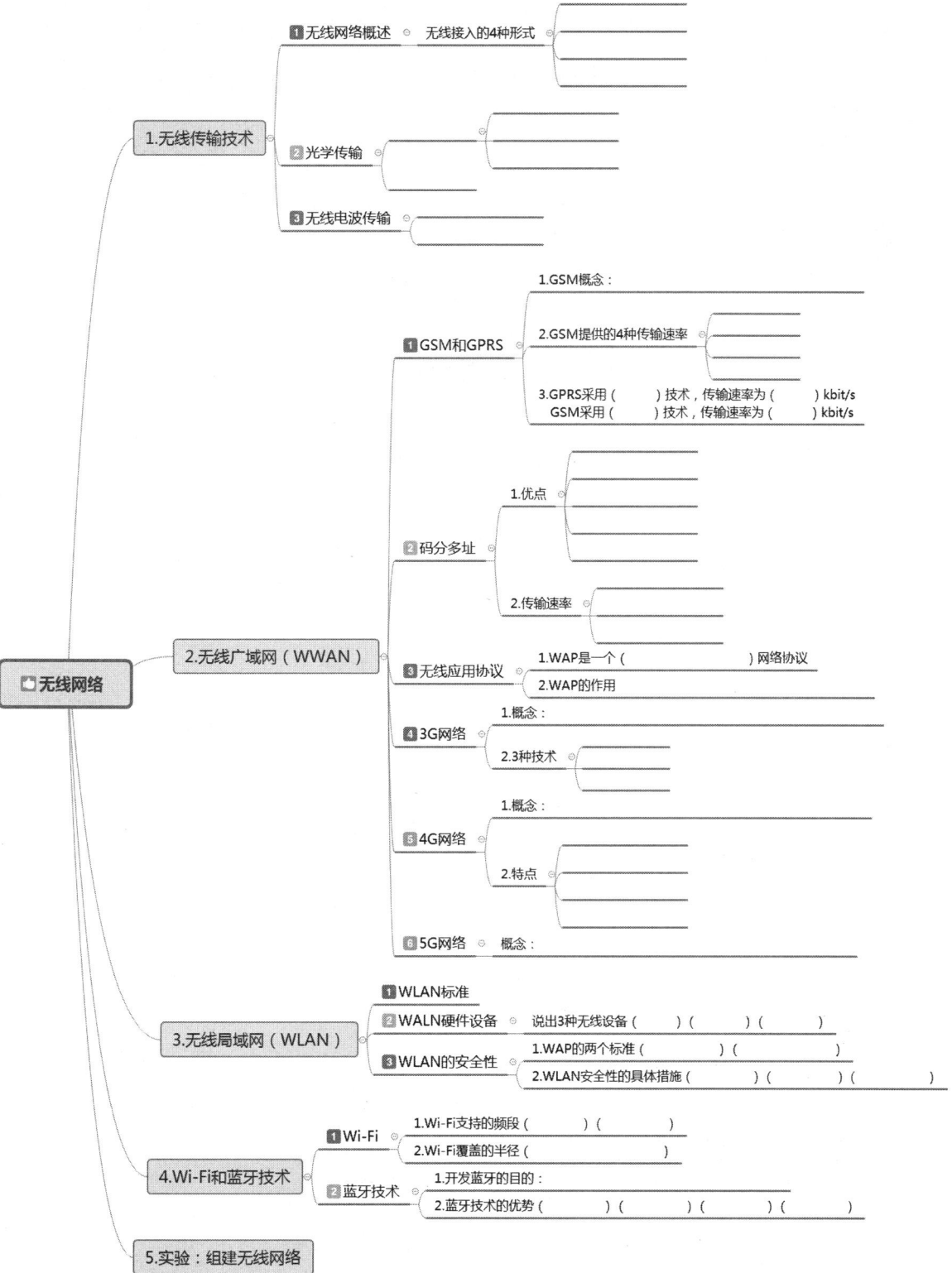

第 7 章

广域网技术

主要内容

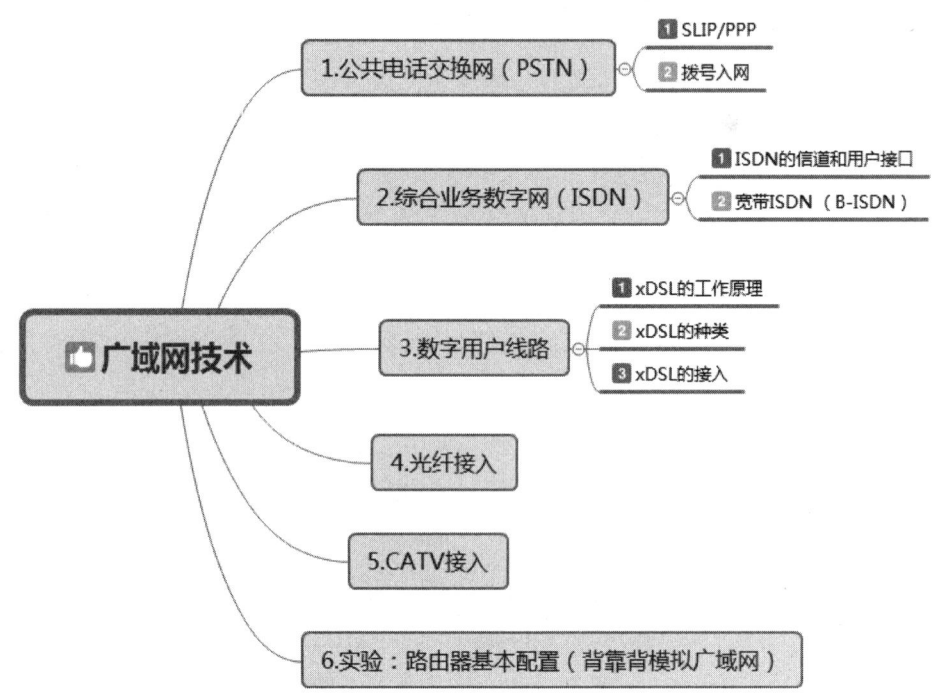

知识目标

(1) 了解公共电话交换网的基础知识和网络接入技术。
(2) 掌握各种数字用户线的区别和特点。
(3) 理解 ADSL、光纤接入和 CATV 接入的工作原理。

技能目标

（1）能够描述各种网络接入方式的区别及作用。
（2）能够描述 PPP 身份验证的特点及作用。
（3）能够举例说明 ADSL、光纤接入和 CATV 接入的应用情况。

7.1 公共电话交换网

公共电话交换网（Public Switched Telephone Network，PSTN）就是人们平时所用的电话系统。传统的 PSTN 是以模拟技术为基础的电路交换网络，利用它实现数据通信较为廉价，但传输质量较差，网络资源利用率也较低。可把 PSTN 看成是物理层的一个延伸，它的内部没有上层协议保障其差错控制，带宽也有限。

目前，我国大部分地区的长途中继系统实现了光纤化和数字化，线路质量大大提高。由于 PSTN 的分布范围广、代价小，因此是家庭用户、移动用户和要求不高的小型网络接入广域网的首选方案。在使用 PSTN 时，还可租用专线，传输效率高，但代价也会相对增大，是企业常用的方式。

终端方式可以通过 ISP 的某台主机，以终端身份接入广域网（如 Internet），用户不必申请 IP 地址和域名，只需从 ISP 的主机上申请一个账号即可。终端方式需要的硬件设备有计算机、调制解调器和电话线。为了实现与主机的通信，需要安装通信软件，如 Windows 下的 Terminal 等。用户通过拨号登录 ISP 主机，利用该主机提供的软件访问 Internet。终端方式入网较为经济，适用于业务量很小的单位和个人，目前已经很少使用。

7.1.1 SLIP/PPP

通过 SLIP/PPP 拨号上网是使用较多的一种方式，SLIP/PPP 是串行线路 IP 协议（Serial Line IP Protocol，SLIP）和点到点协议（Point to Point Protocol，PPP）的缩写。这种方式的优点是用户计算机成了网络的一个节点，有自己的 IP 地址（尽管它是每次拨号上网动态分配得到的），可享有 Internet 的所有服务。

1. SLIP

SLIP 是较早的一个协议，其目的是提供电话线（串行线路）访问 Internet 的方法，它只完成数据报的封装和传输，没有提供寻址、区分多种协议、检错、纠错和数据报压缩功能。因此 SLIP 较简单，实施起来也比较容易。SLIP 既可用于拨号上网，又可用于专线。它只支持 IP 协议，不允许动态分配 IP 地址，也不支持用户认证（用户名和口令等）。

SLIP 只支持异步传输方式，无协商过程，尤其不能协商诸如双方 IP 地址等网络属性，在后来的发展过程中，逐步被 PPP 替代。

2．PPP

PPP 是一个数据链路层协议，它提供了在点对点串行线路上传输多种协议数据报的方法。它提供在点到点链路上传输、封装网络层数据包的功能，是目前 TCP/IP 网络中主要的点到点数据链路层协议。PPP 支持多种协议，同时支持异步/同步通信、错误检测、选项商定、头部压缩等机制，因此它成为新标准并为广大用户所接受。

PPP 适用于通过调制解调器、点到点专线、HDLC 比特串行线路和其他物理层的多协议帧机制，故它是正式的 Internet 标准，广泛应用于如 PSTN/ISDN、DDN 等广域网，甚至能应用于同步数字系列（Synchronous Digital Hierarchy，SDH）和同步光纤网络（Synchronous Optical Network，SONET）等高速线路上。

3．PPP 身份验证

PPP 是针对点到点链路上传输网络协议数据而提出的，通常利用拨号线路进行通信。但是语音交换机对数据通信中的安全性考虑得很少，因此，PPP 增加了通信双方的身份验证和安全性协议，即在网络层协商 IP 地址前要通过身份验证。PPP 身份验证有口令认证协议和查询握手认证协议两种方式。

1）口令认证协议

口令认证协议（Password Authentication Protocol，PAP）是一种很简单的认证协议，验证过程从用户端（被验证方）发起，并以明文传输密码。PAP 只在连接建立时进行，连接建立后和数据传输过程中不进行认证。它是两次握手认证协议，如图 7-1 所示。具体验证过程如下。

（1）被验证方（访问网络的用户端）发送用户名和口令。

（2）验证方（系统端）检验用户名和口令的合法性。如果合法，则给用户端发送确认 ACK 报文，并接受连接；如果不合法，则发送 NAK 报文，并拒绝连接。

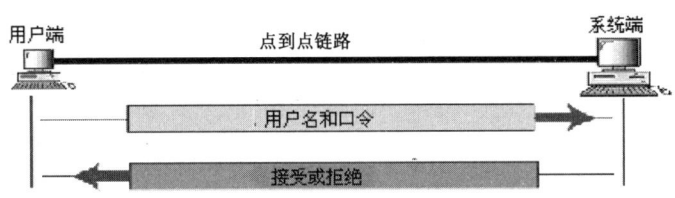

图 7-1　PAP 两次握手认证过程

因为 PAP 是以明文方式传输用户名和密码的，所以如果在传输过程中被截获，就有可能对网络安全造成威胁。因此，PAP 适用于对网络安全要求相对较低的环境。

2）查询握手认证协议

查询握手认证协议（Challenge Handshake Authentication Protocol，CHAP）是三次握手认证协议，其安全性比 PAP 的安全性高。这种方式在网络上只传输用户名，口令是保密的，不直接传输用户口令。CHAP 的三次握手认证过程如图 7-2 所示。与 PAP 相反，它是由验证方（系统端）首先发起验证请求的。

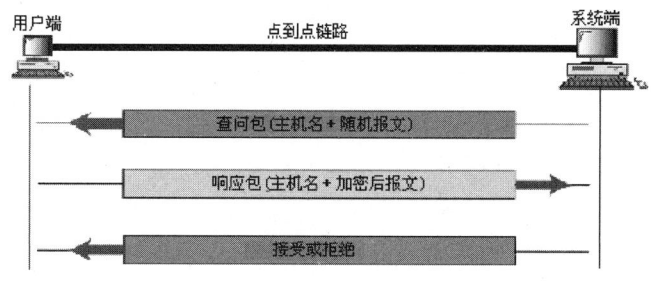

图 7-2　CHAP 的三次握手认证过程

CHAP 的验证过程如下。

（1）验证方（系统端）向被验证方（用户端）发送一个查问包，该查问包中包含系统端的主机名（用户名）和一些随机产生的报文。

（2）被验证方（用户端）根据发来的查问包中的主机名，在本端的用户数据库中查找用户口令。如果找到与发送来的查问包中主机名相同的用户，就利用接收到的随机报文加上本端的密钥和报文 ID，用加密算法得到一个结果，然后将这个结果和自己的主机名作为响应包发送给验证方。

（3）验证方（系统端）收到响应包后，利用对方的用户名在本端的用户数据库中查找对方的用户口令，再用本端保留的密钥、随机报文和报文 ID 用相同的算法得出结果，并与对端响应包中的应答进行比较，根据比较结果做出接受或拒绝的处理（ACK 或 NAK）。

CHAP 不仅在连接建立阶段进行，在数据传输过程中还可以按随机时间间隔继续进行验证。每次随机数据都不同，以防第三方猜出密钥。验证方一旦发现结果不一致，就立即断开线路。同时，它在网络上只传输用户名，而不传输用户口令，因此它的安全性比 PAP 的安全性要高。

7.1.2　拨号入网

拨号入网方式如图 7-3 所示。拨号入网采用模拟传输技术，使用普通的调制解调器实现远程通信；用户线路的传输速率较低，一般仅为 20～40kbit/s，最高传输速率为 56kbit/s。拨号入网可以采用终端方式，也可以使用 SLIP/PPP。

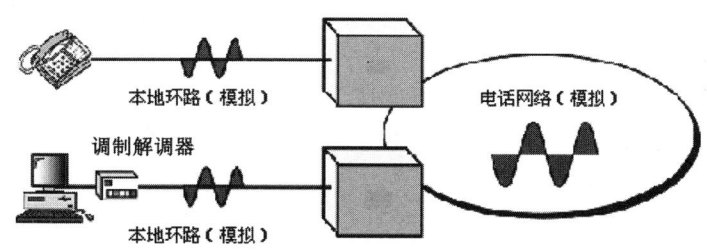

图 7-3　拨号入网方式

普通调制解调器分为内置式和外置式两种，内置式作为一块卡（Fax/Modem）插在主板扩展槽中，外置式是一个单独的设备，二者功能基本相同，内置式的价格较低。调制解调器的传输速率有 14.4kbit/s、19.2kbit/s、28.8kbit/s、33.6kbit/s 和 56kbit/s 等几种。

1．单机入网

采用 SLIP/PPP 上网所需的硬件与采用终端方式上网所需的硬件一样。单机入网时，用户相当于网上的一个独立节点，因此需要有一个 IP 地址。由于 IP 地址数量有限，所以采用多个用户公用某几个 IP 地址的方法。例如，100 个地址供 1000 个用户轮流使用，当某个用户拨号入网时，ISP 的主机会分配给该用户这 100 个 IP 地址中的某个，用户使用完毕后，主机将收回该 IP 地址，供其他用户使用，这就是动态 IP 地址分配。动态 IP 地址分配使得用户在每次拨号入网时得到的 IP 地址可能不同，因此不能作为主机节点供他人访问。

2．一线多机入网

所谓一线多机入网，就是指一个局域网中的多台计算机利用一条电话线入网的方式。这种方式在办公室和网吧等场合经常使用。它需要对网络中的计算机进行配置，一般将连接调制解调器和电话线的计算机设为代理服务器，将其他计算机设置为客户机。它使用的软件有两种：一种是利用 Windows 中的"Internet 连接共享"进行配置；另一种是使用专用软件，如 WinGate、SyGate 等。

7.2 综合业务数字网

综合业务数字网（Integrated Services Digital Network，ISDN）是 CCITT 推荐的一种基于电信业的新型网络。它以程控交换机为互联设备，具有目前电话网和数据网的优点，能同时为用户提供语音、数据、文字、图形及慢速图像等多种服务，并且比电话网和数据网更为有效、经济和方便。

宽带 ISDN（B-ISDN）是 ISDN 的下一代产品，它在 SONET 线路上使用 ATM 技术。数据传输速率为 155Mbit/s 和 622Mbit/s，因而在用户地点至电信公司网络的一条用户线路上可传输大量的声音、数据和图像。

宽带 ISDN 适用于局域网的远距离互联、医学图像的远距离传输（两张 X 光胸透图像的数据量相当于四卷大英百科全书）及 CAD 等。

ISDN 将所有的用户服务都变成数字的而不是模拟的，它将模拟的本地用户环路替换为数字用户环路。完全数字的业务比模拟业务更加有效和灵活。通过 ISDN，用户可实现对电话、传真、数据和图像等多种业务数据的传输和处理，在用户端，所有的通信都合并为单个接口，因此它是一个综合业务的数字网络。每个用户都通过一个数字管道连接到 ISDN 中心局，每个管道可以具有不同的传输速率。

ISDN 具有电路交换、包交换和无交换连接等功能，它先提供了 X.25 业务，后来又提供了帧中继业务，可大大提高数据处理的效率。一般来说，ISDN 只提供低三层的功能，当一些增值业务需要网络内部的高层功能支持时，可以在 ISDN 网络内部实现，也可以由单独的服务中心提供。

7.2.1 ISDN 的信道和用户接口

1．信道

为了实现灵活性，ISDN 中心将用户和 ISDN 局之间的数字管道定义为 3 种类型，分别是载体信道（B 信道）、数据信道（D 信道）和混合信道（H 信道），如表 7-1 所示。

表 7-1 ISBN 信道类型

信 道	数据传输速率/（kbit/s）
载体信道（B 信道）	64
数据信道（D 信道）	16，64
混合信道（H 信道）	384，1536，1920

B 信道是基本的用户信道，它被定义为 64kbit/s，可以用全双工方式传输任何数字信息，如数字数据、数字化语音或其他低速率信息。D 信道虽然名字是数据信道，但它是用来传输控制信息的信令信道。ISDN 采用了与以前不同的将数据和控制信息分开的办法。H 信道具有多种速率，适合视频、网络会议等信息的传输。

2．用户接口

窄带 ISDN（N-ISDN）有两种类型的标准接口：基本速率接口和主速率接口。其中，主速率接口适用于大型企业和集团用户。

（1）基本速率接口（Basic Rate Interface，BRI）的速率为 144kbit/s，它包含了 3 个信道：两个用于语音或数据传输 64kbit/s 的 B 信道和一个 16kbit/s 的 D 信道（2B+D）。另外，ISDN 本身需要 48kbit/s 的带宽，因此，BRI 实际占用 192kbit/s 的带宽。

BRI 适用于家庭用户或小型企业，一般不需要更换现有的电话线就可以在同一条双绞线上传输模拟信号和数字数据，但需要专门的 ISDN 调制解调器，接线方式也需要做一些调节。目前，我国使用 ISDN 主要采用 BRI 模式(它是 CCITT 的标准)。用户只要拥有一条 ISDN 线路，就可以进行上网、电话、收发传真和可视图文等多种业务。

（2）主速率接口（Primary Rate Interface，PRI）规定了 23 个 B 信道和一个 64kbit/s 的 D 信道，PRI 本身需要 8kbit/s 的带宽，因此，PRI 占用一个 1544kbit/s（1.544Mbit/s）的数字管道。它正好和 DS-1 的电话业务的 T1 线路相同。实际上，PRI 的设计就是兼容已经存在的 T1 线路的。而在欧洲，PRI 包含了 30 个 B 信道和两个 64kbit/s 的 D 信道，总容量是 2.048Mbit/s，这是 E1 线路的标准，30B+2D 的设计是为了兼容已存在的欧洲 E1 标准。

7.2.2 宽带 ISDN

N-ISDN 是 PSTN 逻辑演变的一个结果，它无法传输可视电话和视频点播（VOD）等多媒体信息的宽带业务，由于当时还没有今天的 ATM 和三网融合的信息高速公路，而且 N-ISDN 是将电路交换、包交换和无交换连接等功能放在同一个交换机中，带宽设计被证明也较窄。因此，N-ISDN 不适合同时传输大量数字业务的并发信号。

随着信息社会的到来，各个领域对通信的要求越来越高，除原有的语音、数据、传真业务外，还要求综合传输高清晰度电视、广播电视、高速数据传真等宽带业务。随着光纤通信的迅速发展，通信业务向着高速化、综合化及智能化方向发展。但是大部分网络都是面向特定的业务需求建设的，无法适应未来网络的发展。因此需要建立一个单一的多功能网络，这便是宽带 ISDN（B-ISDN）。B-ISDN 是未来通信网发展的方向。1988 年，CCITT 指定 ATM 作为实现 B-ISDN 的技术基础。

B-ISDN 为用户提供了 600Mbit/s 的传输速率，几乎是 PRI 的传输速率的 400 倍，现在已经是支持更高速率的技术。B-ISDN 基于 ATM 技术，表现了思想上的一个重大革命，改变了通信的方方面面。B-ISDN 是电信界从双绞线到光纤的一个改变，未来的信息高速公路主要由 B-ISDN 和 ATM 组成。

7.3 数字用户线路

用户到电信的"最后一千米"是模拟线路（本地用户环路），它成了传输瓶颈。因此，需要一种高速的用户接入方案。xDSL 很好地为用户解决了这个问题。

xDSL 是数字用户线路（Digital Subscriber Line，DSL）的统称，它是一种点到点的接入技术，利用现有电话网的用户环路为用户提供高速的数据传输功能，本地用户环路是带宽为 1MHz 或更大的双绞线电缆。由于电话用户环路已经被大量铺设，所以这种技术得到了广泛的应用。xDSL 中的 x 代表不同种类的数字用户线路技术，主要是传输速率、距离和对称/非对称的区别。

7.3.1 xDSL 的工作原理

传统的 PSTN 是一种模拟传输技术，它利用普通的调制解调器，传输速率不能超过 56kbit/s。而 DSL 不需要将数字数据进行 A/D 转换，便可将电话线更大的带宽用于传输数字数据。另外，DSL 技术还可以将信号分离，将一部分带宽用于传输模拟信号（语音），大部分带宽用于传输数字数据。因此，要使用这种技术，需要在用户端安装一台分离器，以分离语音和非语音数据。

有几种调制技术可为不同的 DSL 所使用，如分立多音频技术（DMT）、无载波振幅调制（CAP）、多虚拟线路（MVL）等。影响实际数据传输速率的因素：一个是在不使用增音器的情况下，最大传输距离为 5.5km，而且传输速率也随用户与电话局之间距离的增大而下降；另一个是用户线路的规格，较粗的 24 号线比 26 号线要好。当距离超过 5.5km 时，可使用光纤扩充用户环路，扩充后仍能使用 DSL。

7.3.2 xDSL 的种类

下面介绍几种主要的数字用户线路技术。

1. 非对称数字用户线（ADSL）

非对称数字用户线（Asymmetrical Digital Subscriber Line，ADSL）是 xDSL 技术中最常用的一种，它一问世就以至少 1Mbit/s 的传输速率令业界刮目相看，其气势让 ISDN 技术相形见绌。

ADSL 不需要改造用户线路，利用普通铜质电话线作为传输介质，用户只要拥有 ADSL 专线和专用的 ADSL 调制解调器，无须拨号（一直在线）过程便可以入网。

ADSL 将双绞线电缆的带宽（1MHz）划分为 3 个频带：第一个频带为 0~25kHz，用于常规的电话业务，这种业务只需使用 4kHz 的带宽，其余的用作警戒频带；第二个频带为 25~200kHz，用于上行传输数据；第三个频带为 200kHz~1MHz，用于下行传输数据。

ADSL 在不影响现有电话业务的情况下，进行非对称高速数据传输，它的上行传输速率为 224~640kbit/s，下行传输速率为 1.5~9.2Mbit/s，在实际使用时，传输距离一般为 3~5.5km。因为传输距离等因素，实际传输速率会低于理论值。ADSL 利用分离器将模拟语音信号和数字调制信号分开，即使在 ADSL 连接失败时也不影响语音服务。正因为如此，ADSL 技术已成为接入 Internet、视频点播、访问远程局域网络等理想的接入方式。ADSL 频带划分和各频带的传输速率如图 7-4 所示。

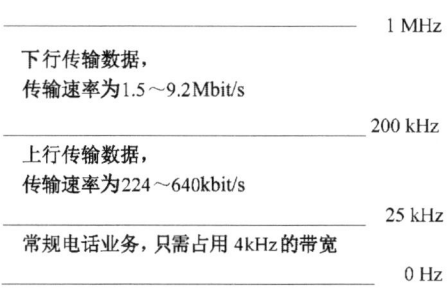

图 7-4 ADSL 频带划分和各频带的传输速率

2. 高比特率数字用户线（HDSL）

高比特率数字用户线（High bit-rate Digital Subscriber Line，HDSL）是对称的高速数字用户线技术，通过两对或三对双绞线提供全双工 1.544/2.048Mbit/s（T1/E1）的数据传输能力，支持 640kbit/s、1168kbit/s 和 2320kbit/s 三种速率，但不支持语音服务和 ISDN。HDSL 没有中继时的传输距离随用户线的规格不同而不同，为 4~7km。

3. 对称数字用户线（SDSL）

对称数字用户线（Symmetrical Digital Subscriber Line，SDSL）是 HDSL 的一个分支，也被称为单线对数字用户线（Single-pair Digital Subscriber Line，SDSL）或中等比特率数字用户线（Middle bit-rate Digital Subscriber Line，MDSL）。SDSL 使用一对双绞线在上、下行方向上实现 E1/T1 的传输，上行和下行的传输速率相同，从几百 kbit/s 到 2Mbit/s，传输距离在 3km 左右。

4．速度自适应数字用户线（RADSL）

速度自适应数字用户线（Rate Adapted Digital Subscriber Line，RADSL）可以根据线路质量动态调整自己的速率。它是在 ADSL 的基础上发展起来的，也属于非对称传输模式。它的上行传输速率为 128～768kbit/s，下行传输速率为 384kbit/s～9.2Mbit/s，传输距离在 5.5km 左右。

5．甚高比特率数字用户线（VDSL）

甚高比特率数字用户线（Very high bit-rate Digital Subscriber Line，VDSL）是较先进的数字用户线技术，在一对铜质双绞线上实现数字数据双向传输，上行传输速率为 1.5～7Mbit/s，下行传输速率为 13～52Mbit/s，传输距离为 300m～1.3km。

另外，传输速率高达 155Mbit/s 的超高比特率数字用户线（Super high bit-rate Digital Subscriber Line）正在研究中。

7.3.3 xDSL 的接入

xDSL 的接入由用户端和 xDSL 局端两部分组成。用户端设备由 xDSL 调制解调器和语音分离器组成，语音分离器将线路上的音频信号分离出来接到电话或传真机上，xDSL 调制解调器对用户数据进行调制或解调。

xDSL 局端设备由 DSLAM 接入平台、语音分离器和数据汇聚设备组成。其中，数据汇聚设备为可选设备，它可为 DSL 不同的广域网接口，如 ATM、帧中继等；语音分离器将线路上的音频信号分离出来接入电话交换机，而将高频数字信号送到 DSL 系统；DSLAM 接入平台可以同时有多种 DSL 接入卡和网卡等，它将线路上的调制信号调整为数字信号，如图 7-5 所示。

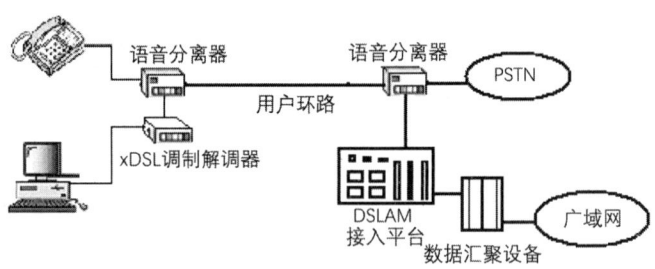

图 7-5　xDSL 的接入

7.4 光纤接入

ADSL 技术已经相当成熟，成本相对更为低廉，是目前广泛使用的宽带接入方式。随着市场对互联网网速要求的不断提高，铜资源的利益匮乏，光纤成本在不断降低，光纤接入技术逐渐成为宽带接入的发展目标。

光纤接入网是指以光纤为传输介质的网络环境。光纤接入网从技术上分为两大类，即有源光网络（Active Optical Network，AON）和无源光网络（Passive Optical Network，PON）。其中，AON 又可分为基于 SDH 的 AON 和基于 PDH 的 AON；PON 又可分为窄带 PON 和宽带 PON。有源光接入技术适用于带宽需求大、通信保密性高的企事业单位的接入，无源光接入技术既可以用来解决企事业用户的接入，又可解决住宅用户的接入。目前，一些运营商已经使用"PON+xDSL"混合接入方案，解决住宅用户或企事业用户的宽带接入。窄带 PON 的服务范围不超过 20km，其应用主要面向住宅用户或中小型企事业用户的接入。

由于光纤接入网使用的传输介质是光纤，因此，根据光纤深入用户群的程度，可将光纤接入网分为 FTTC（光纤到路边）、FTTZ（光纤到小区）、FTTB（光纤到大楼）、FTTO（光纤到办公室）和 FTTH（光纤到户），统称为 FTTx。FTTx 不是具体的接入技术，而是光纤在接入网中的推进程度或使用策略。对于用户而言，当采用光纤接入方式接入 Internet 时，就像使用局域网一样简单，不需要拨号，也无须 PPP/PPPoE，就可以达到 Gbit/s 或 Mbit/s 的带宽。

7.5 CATV 接入

有线电视（Cable TV，CATV）网的传输介质是同轴电缆，它已走进千家万户。为增大传输距离和提高传输质量，许多 CATV 网正逐渐用混合光纤同轴电缆（Hybrid Fiber Coaxial，HFC）替代纯同轴电缆。所谓混合光纤同轴电缆，就是指信号首先通过光纤传输到光纤节点（Fiber Node），再通过同轴电缆传输至 CATV 网用户。利用 HFC，网络的覆盖面积可以扩大到整个大中型城市，信号的传输质量可以大幅度提高。

HFC 的通频带为 750MHz，45～750MHz 主要用于传输 CATV 信号。其中，45～582MHz 用来传输模拟的 CATV 信号，每一通路需要带宽 6～8MHz，因此可传输 60～80 路电视节目；582～750MHz 用于传输附加的模拟 CATV 信号或数字 CATV 信号，特别是视频点播（Video On Demand，VOD）。

可以看出，CATV 的传输带宽远远没有得到充分利用，它还有着巨大的潜力。1998 年 3 月，ITU 第 9 工作组通过了有线电缆数据服务接口规范（The Data Over Cable Service Interface Specification，DOCSIS），成为多媒体线缆网络系统的国际标准。

利用 CATV 接入广域网，必须要有线缆调制解调器（Cable Modem），它是近几年开始试用的一种超高速调制解调器，从理论上讲，线缆调制解调器下载数据的峰值速度最高可达到 36Mbit/s，这比拨号接入方式的峰值速度至少要高 640 倍。随着 Internet 的迅猛发展，基于 HFC 建立一个宽带 IP 网将成为未来发展方向。一级干线以环路为主，二级干线（从工作站到光节点）采用星型结构，每个光节点可以覆盖 500～1500 个用户群。

线缆调制解调器与普通的调制解调器相比，不但体积更大，而且结构更复杂，它集调制解调器、路由器、加密/解密装置、网络接口卡和以太网集线器等于一体。线缆调制解调器的连接方式分为两种：对称速率型和非对称速率型。对称速率型的上行和下行传输速率相同，都为 500kbit/s～2Mbit/s；非对称速率型的上行传输速率为 500kbit/s～10Mbit/s，下行传输速率为 2～40Mbit/s。在实际应用时，非对称速率型的上行速率为 200kbit/s～2Mbit/s，下行速率为 3～10Mbit/s。

尽管利用 CATV 接入广域网拥有廉价和带宽优势，使它具有广阔的应用前景，但也存在以下问题。

（1）首先需要将原有基于纯同轴电缆单向传输的 CATV 改造为双向传输的 HFC。为了实现双向通信，需要用双路信号放大器替换原有的单路信号放大器；为了能接入广域网，还需要安装 IP 路由器。

（2）由于线缆调制解调器的模式采用的是将几个节点连在一起形成一个总线型网络结构，所以网络用户要和邻居分享带宽。在传输数据时，若正好有较多的用户收看电视节目或邻居正在上网，则会影响传输速率。为改进传输性能，可以将其改为星型结构。即使如此，在多数情况下，线缆调制解调器的传输速率也达不到理论传输速率的一半。

无线接入技术、ADSL 接入技术和 CATV 接入技术各有自己的优点与缺点。下面简单说明一下它们存在的问题。ADSL 接入技术属于点到点连接，独占线路带宽，但是用户端与 ADSL 局端的距离及线路质量会影响传输速率，电缆越粗，传输质量越好。另外，因为 ADSL 使用原有电话线路作为传输介质，所以它的抗干扰性比 CATV 接入方式的抗干扰性差。CATV 接入技术的主要问题是与邻居共享带宽，邻居打开电视或使用网络下载数据，都会影响其他共享用户的传输速率。无线接入技术需要解决的主要问题是要防止非法用户的入侵，以及数据的加密和解密。

7.6 实验：路由器基本配置（背靠背模拟广域网）

1．实验目的

（1）了解 PPP 的基本概念。

（2）掌握使用路由器在思科模拟器上实现模拟广域网的方法。

2．实验环境

分组实训。安装思科模拟器 Cisco Packet Tracer 6.2，在模拟器中添加如图 7-6 所示的拓扑结构图。

3．实验课时

本实验需要 2～4 课时。

4．实验内容

本实验的拓扑结构图如图 7-6 所示。

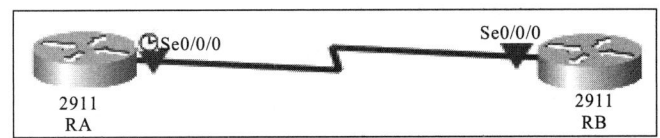

图 7-6 本实验的拓扑结构图

本实验的具体要求如下。

（1）添加两台路由器 2911，分别更改标签名为 RA 和 RB。

（2）为两台路由器添加 HWIC-2T 模块，添加在 S0/0/0 口位置。

（3）使用 DCE 串口线连接两台路由器的 S0/0/0 口，设置 RA 为 DCE 端。

（4）RA 的 S0/0/0 口的 IP 地址为 10.1.1.1/24，RB 的 S0/0/0 口的 IP 地址为 10.1.1.2/24。

（5）在两台路由器之间做 PPP 封装，并测试两台路由器的连通性。

5．实验步骤

按要求连接网络拓扑结构图，并添加相应模块，在使用 DCE 串口线进行连接时，要注意 DCE 端和 DTE 端的设置，把 RA 定义为 DCE 端。

步骤 1：RA 的配置。

```
Router>
Router>ena                                           !进入特权配置模式
Router#conf t                                        !进入全局配置模式
Router(config)#hostname RA                           !配置路由器名称
RA(config)#interface serial 0/0/0                    !进入端口配置模式
RA(config-if)#ip address 10.1.1.1 255.255.255.0      !配置端口 IP 地址
RA(config-if)#encapsulation PPP                      !做 PPP 封装
RA(config-if)#clock rate 2000000                     !配置 DCE 时钟频率
RA(config-if)#no shutdown
RA(config-if)#exit
RA(config)#
```

步骤 2：查看 RA 的端口配置情况（注意加粗的文字）。

```
RA#show interfaces serial 0/0
Serial0/0 is down, line protocol is down (disabled)
  Hardware is HD64570
  Internet address is 10.1.1.1/24
  MTU 1500 bytes, BW 1544 kbit, DLY 20000 usec,
reliability 255/255, txload 1/255, rxload 1/255
  Encapsulation PPP, loopback not set, keepalive set (10 sec)
  LCP Closed
  Closed: LEXCP, BRIDGECP, IPCP, CCP, CDPCP, LLC2, BACP
  Last input never, output never, output hang never
  Last clearing of "show interface" counters never
  Input queue: 0/75/0 (size/max/drops); Total output drops: 0
  Queueing strategy: weighted fair
  Output queue: 0/1000/64/0 (size/max total/threshold/drops)
     Conversations  0/0/256 (active/max active/max total)
     Reserved Conversations 0/0 (allocated/max allocated)
     Available Bandwidth 1158 kilobits/sec

5 minute input rate 0 bits/sec, 0 packets/sec
5 minute output rate 0 bits/sec, 0 packets/sec
    0 packets input, 0 bytes, 0 no buffer
    Received 0 broadcasts, 0 runts, 0 giants, 0 throttles
```

```
         0 input errors, 0 CRC, 0 frame, 0 overrun, 0 ignored, 0 abort
         0 packets output, 0 bytes, 0 underruns
         0 output errors, 0 collisions, 1 interface resets

         0 output buffer failures, 0 output buffers swapped out
         0 carrier transitions
      DCD=down  DSR=down  DTR=down  RTS=down  CTS=down
```

步骤 3：RB 的配置。

```
Router>ena                                        !进入特权配置模式
Router#conf t                                     !进入全局配置模式
Router(config)#hostname RB                        !配置路由器名称
RB(config)#interface serial 0/0/0                 !进入端口配置模式
RB(config-if)#ip address 10.1.1.2 255.255.255.0   !配置端口 IP 地址
RB(config-if)#encapsulation PPP                   !做 PPP 封装
RB(config-if)#no shutdown
RB(config-if)#exit
RB(config)#
```

步骤 4：再次查看 RA 的端口配置情况（注意加粗的文字）。

```
RA#show interfaces serial 0/0
Serial0/0 is up, line protocol is up (connected)
   Hardware is HD64570
   Internet address is 10.1.1.1/24
   MTU 1500 bytes, BW 1544 kbit, DLY 20000 usec,
reliability 255/255, txload 1/255, rxload 1/255
   Encapsulation PPP, loopback not set, keepalive set (10 sec)
  LCP Open
  Open: IPCP, CDPCP
Last input never, output never, output hang never
Last clearing of "show interface" counters never
   Input queue: 0/75/0 (size/max/drops); Total output drops: 0
   Queueing strategy: weighted fair
   Output queue: 0/1000/64/0 (size/max total/threshold/drops)
      Conversations  0/0/256 (active/max active/max total)
      Reserved Conversations 0/0 (allocated/max allocated)
      Available Bandwidth 1158 kilobits/sec
5 minute input rate 0 bits/sec, 0 packets/sec
5 minute output rate 0 bits/sec, 0 packets/sec
      0 packets input, 0 bytes, 0 no buffer
      Received 0 broadcasts, 0 runts, 0 giants, 0 throttles
      0 input errors, 0 CRC, 0 frame, 0 overrun, 0 ignored, 0 abort
      0 packets output, 0 bytes, 0 underruns
      0 output errors, 0 collisions, 0 interface resets
      0 output buffer failures, 0 output buffers swapped out
      0 carrier transitions
      DCD=up  DSR=up  DTR=up  RTS=up  CTS=up
```

在任意一台路由器上，在特权配置模式下，使用 ping 命令测试其与对方路由器的连通性。

例如，在 RA 上测试 RB 的结果如下：

```
RA#ping 10.1.1.2
Type escape sequence to abort.
Sending 5, 100-byte ICMP Echos to 10.1.1.2, timeout is 2 seconds:
!!!!!                                      !5 个 "!" 表示测试通过
Success rate is 100 percent (5/5), round-trip min/avg/max = 1/2/5 ms
```

6. 实验小结

通过实验发现,路由器在封装广域网协议时,必须添加相应的广域网功能模块,使用 DCE 线缆(DCE/DTE 串口线)连接两个端口,先连接的一端为 DCE 端,若使用 DTE 串口线,则相反。路由器两端封装的协议必须一致,否则无法建立链路。

思考与练习

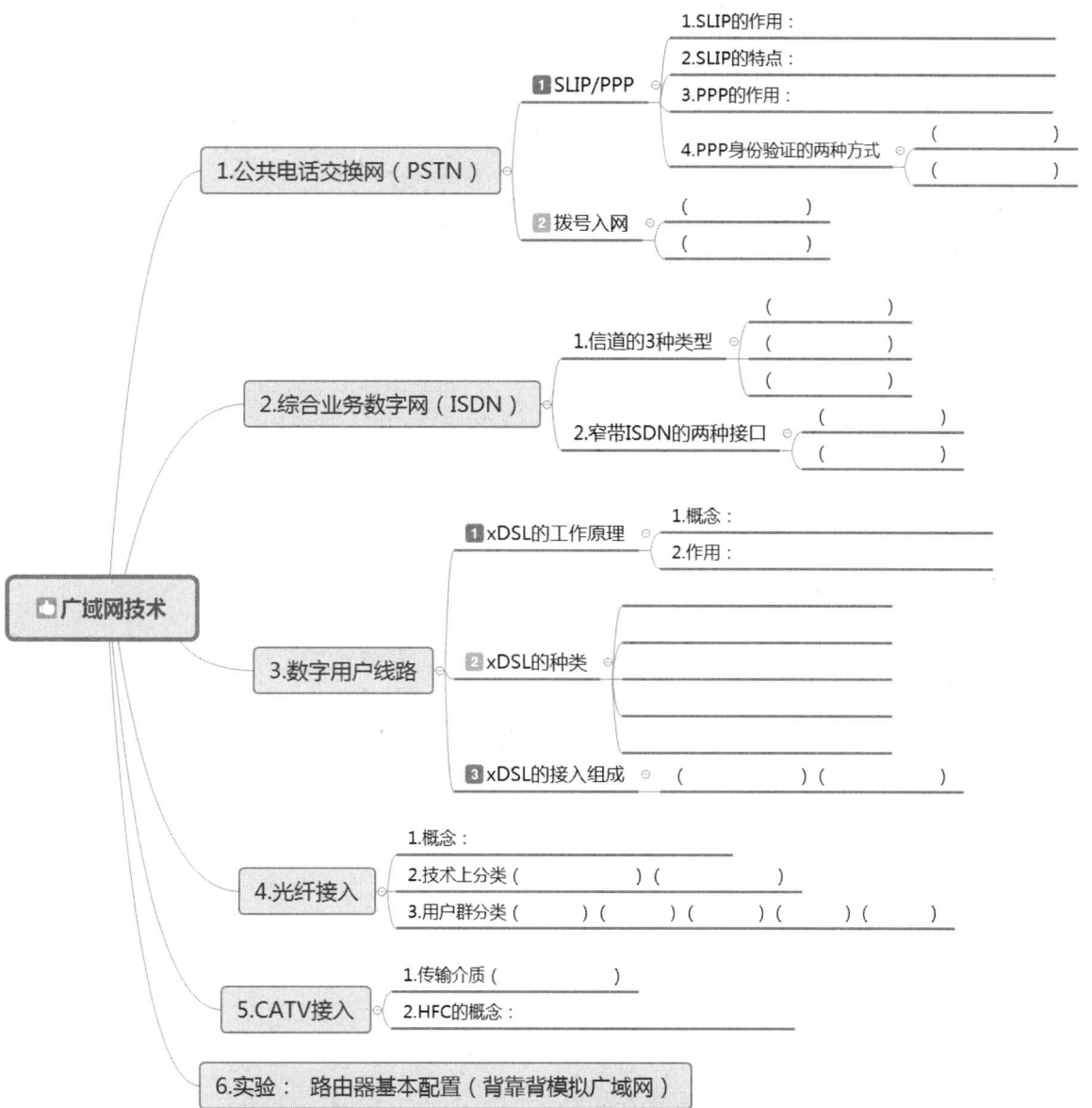

第 8 章

Internet 应用

主要内容

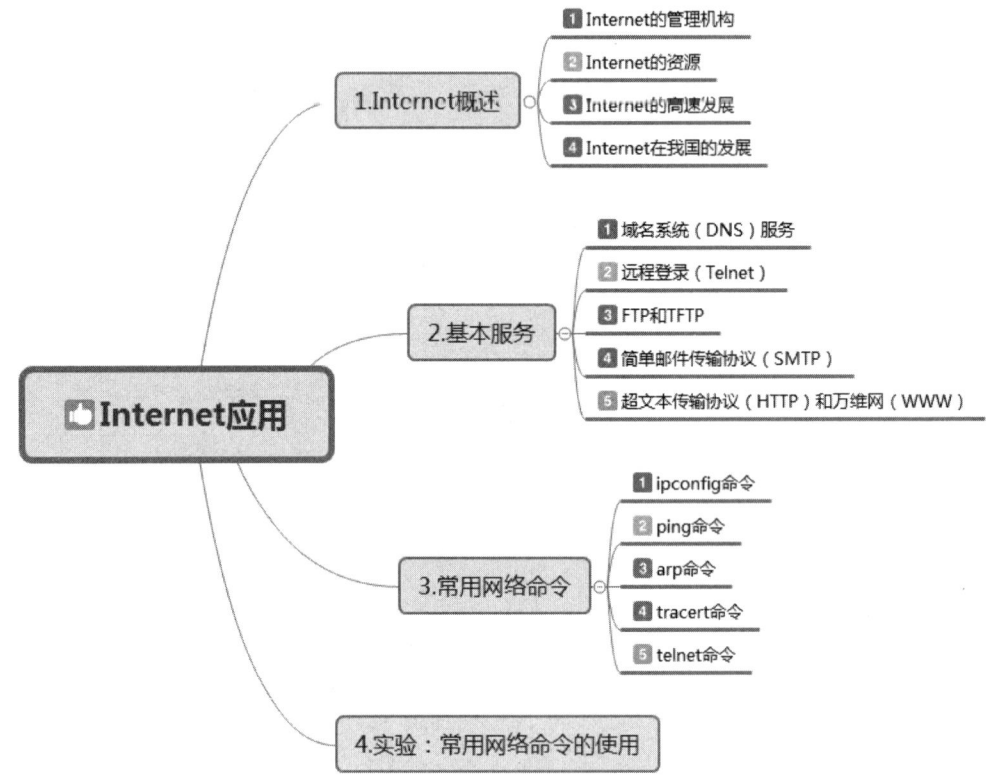

知识目标

(1) 了解 Internet 的由来和发展。
(2) 了解常用的 Internet 网络服务的应用。
(3) 理解常用网络命令的原理。

第 8 章 Internet 应用

> **技能目标**

（1）能够清晰描述 Internet 在我国的发展。
（2）能够使用常用网络命令。
（3）能够举例说明 Internet 常用网络服务的应用。

8.1 Internet 概述

Internet 是由成千上万的不同类型、不同规模的计算机网络和计算机主机组成的覆盖世界范围的巨型网络。

从技术角度来看，Internet 包括各种计算机网络，从小型的局域网、城市规模的城域网到大规模的广域网。计算机主机包括了 PC、专用工作站、小型机和大型机。这些网络和计算机通过电话线、高速专用线、微波、卫星和光缆连接在一起，在全球范围内构成了一个四通八达的"网间网"。图 8-1 显示了 Internet 的用户视图和典型内部结构。Internet 起源于美国，并由美国扩展到世界其他地方。在这个网络中，核心的几个最大的主干网络组成了 Internet 的骨架，它们主要属于美国的 Internet 服务供应商，如 GTE、MCI、Sprint 和 AOL 等。通过主干网络之间的相互连接，建立起一个非常快速的通信网络，承担了网络上大部分的通信任务。每个主干网络间都有许多交汇的节点，这些节点将下一级较小的网络和主机连接到主干网络上，这些较小的网络再为其服务区域的公司或个人提供连接服务。

从应用角度来看，Internet 是一个世界规模的巨大的信息和服务资源网络，能够为每个 Internet 用户提供有价值的信息和其他相关的服务。也就是说，通过使用 Internet，世界范围的人们既可以互通信息、交流思想，又可以从中获得各方面的知识、经验和信息。

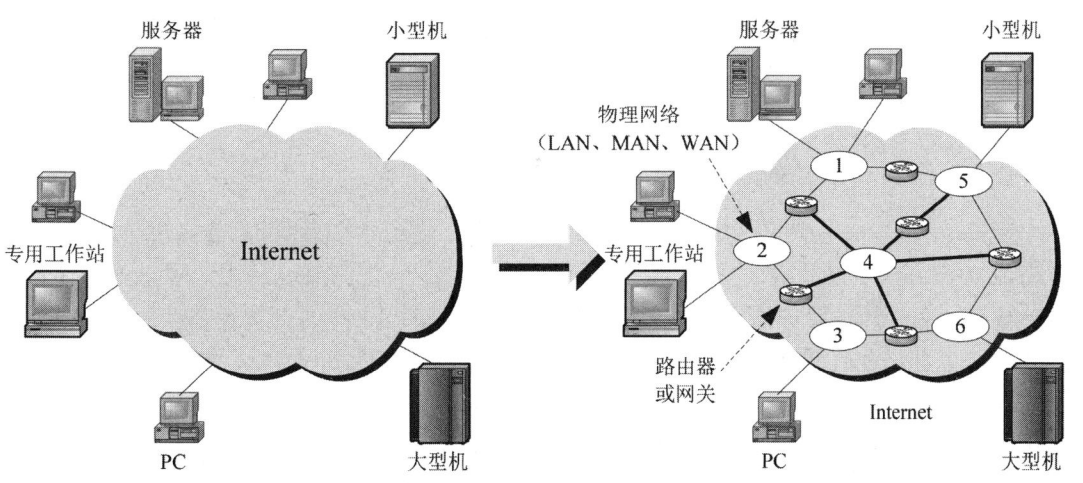

图 8-1 Internet 的用户视图和典型内部结构

8.1.1　Internet 的管理机构

Internet 不受政府或个人控制，但它本身却以自愿的方式组成一个帮助和引导 Internet 发展的最高组织，称为国际互联网协会（Internet Society，ISOC）。该协会成立于 1992 年，是非营利性的组织，其成员是由与 Internet 相连的各组织和个人组成的。ISOC 本身并不经营 Internet，但它支持 Internet 架构委员会（Internet Architecture Board，IAB）开展工作，并通过 IAB 实施。

IAB 负责定义 Internet 的总体结构（框架和所有与其连接的网络）和技术上的管理，对 Internet 存在的技术问题及未来将会遇到的问题进行研究。IAB 下设 Internet 研究任务组（IRTF）、Internet 工程任务组（IETF）和 Internet 网络号码分配机构（IANA）。

Internet 研究工作组（IRTF）的主要任务是促进网络和新技术的开发与研究。

Internet 工程任务组（IETF）的主要任务是解决 Internet 出现的问题，帮助和协调 Internet 的改革与技术操作，为 Internet 各组织之间的信息沟通提供条件。

Internet 网络号码分配机构（IANA）的主要任务是对诸如注册 IP 地址和协议端口地址等 Internet 地址方案进行控制。

Internet 的运行管理可分为两部分：网络信息中心（InterNIC）和网络操作中心（InterNOC）。其中，网络信息中心负责 IP 地址分配、域名注册、技术咨询、技术资料的维护与提供等；网络操作中心负责监控网络的运行情况及网络通信量的收集与统计等。

几乎所有关于 Internet 的文字资料都可以在 RFC（Request For Comments）中找到，它的意思是"请求评论"。RFC 是 Internet 的工作文件，其主要内容除了包括对 TCP/IP 协议标准和相关文档的一系列注释和说明，还包括政策研究报告、工作总结和网络使用指南等。

8.1.2　Internet 的资源

Internet 是一个信息资源的海洋，为了更加充分地利用 Internet 这个得天独厚的信息资源，人们发明和开发了各种各样的软件工具，从而使 Internet 为人们提供的信息服务越来越完善。

Internet 作为一个整体，为使用者提供越来越完善的信息服务。信息是 Internet 上最重要的资源，也是进入 Internet 的人们希望得到的东西。

不少人在 Internet 上查找自己所需的信息资源时，往往只注意到通过计算机系统获取信息，却忽略了从 Internet 上的"人"资源那里获取信息。事实上，在 Internet 上，可以找到能够提供各种信息的人，包括教育家、科学家、工程技术专家、医生、律师及具有各种专长和爱好的人们。Internet 对所有的网上用户提供在完全平等条件下进行交流和讨论的渠道。只要你愿意，几乎在所有可能想到的题目下都能够找到进行讨论和交流的专题小组。对于 Internet 的一般用户来说，他们即使不属于任何特定的专题小组成员，也同样可以就任何问题寻求有关专家或其他用户的帮助，从他们那里获得咨询信息。另外，只要自己愿意，每个用户也都能成为信息的提供者。

在 Internet 上，大量的信息资源存储在各个具体网络的计算机系统上，所有计算机系统存储的信息组成信息资源的海洋。信息的内容几乎无所不包，有科学技术领域的各种专业信息，也有与大众日常工作和生活息息相关的信息；有知识性和教育性的信息，也有娱乐性和消遣性的信息；有历史题材的信息，也有现实生活的信息等。信息的载体几乎涉及所有媒体，如文档、表格、图形、影像、声音及它们的组合。信息的容量小到几行字，大到一份报纸、一本书甚至一个图书馆。信息分布在世界各地的计算机系统上，并以各种可能的形式存在，如文件、数据库、公告牌、目录文档和超文本文档等。用户如果希望获得这些信息资源，则一般需要知道信息资源所在的计算机系统的地址。因此，对于经常使用 Internet 的用户来说，一项重要的任务就是要积累信息资源的地址，即需要知道存储信息的资源服务器（或数据库）的地址、访问资源的方式（包括应用工具、进入方式、路径和选择项等）。

应当指出，在 Internet 上，有很多人在从事信息活动，Internet 本身又在急剧扩展，因此，网上的信息资源几乎每天都在增加和更新，重要的是要掌握信息资源的查找方法。随着 Internet 在我国的发展，特别是国内各大骨干网的建成和互联，为中文信息大规模上网提供了良好的国内网络环境。

8.1.3　Internet 的高速发展

20 世纪 80 年代中期，在计算机网络领域中，发展速度最快的莫过于 Internet，目前它已成为世界上最大的国际性计算机互联网。

1969 年 12 月，ARPANET 投入运行，到 1983 年，ARPANET 已连接了 300 多台计算机，供美国各研究机构和政府部门使用。1984 年，ARPANET 被分解为两个网络：一个是民用科研网，另一个是军用计算机网络（MILNET）。由于这两个网络都是由许多网络互联而成的，因此它们都被称为 Internet，ARPANET 就是 Internet 的前身。美国国家科学基金会（NSF）认识到计算机网络对科学研究的重要性，因此，从 1985 年起，NSF 就围绕其 6 个大型计算机中心建设计算机网络。1986 年，NSF 建立了国家科学基金网（NSFNET），这是一个三级计算机网络，分为主干网、地区网和校园网，覆盖了全美国主要的大学和研究机构。NSFNET 也和 ARPANET 相连。最初，NSFNET 主干网的传输速率不高，仅为 56kbit/s。1989—1990 年，NSFNET 主干网的传输速率提高到 1.544Mbit/s，并且成为 Internet 的主要组成部分；到了 1990 年，鉴于 ARPANET 的实验任务已经完成，在历史上起过重要作用的 ARPANET 就正式宣布关闭。

1991 年，NSF 和美国的其他政府机构认识到，Internet 必将扩大其使用范围，而不会仅限于大学和研究机构。世界上的许多公司纷纷接入 Internet，使网络上的通信量急剧增大，于是，美国政府决定将 Internet 的主干网转交给私人公司来经营，并开始对接入 Internet 的单位进行收费。1992 年，Internet 上的主机超过 100 万台。1993 年，Internet 主干网的传输速率提高到 45Mbit/s。1996 年，传输速率为 155Mbit/s 的主干网建成。1999 年，MCI 和 WorldCom 公司将美国的 Internet 主干网的传输速率提高到 2.5Gbit/s，此时 Internet 上注册的主机已超过 1000 万台。2000 年，Internet 主干网的传输速率达到 5Gbit/s。

Internet 已经成为世界上规模最大和增长速度最快的计算机网络，没有人能够准确说出 Internet 究竟有多大。Internet 的迅猛发展始于 20 世纪 90 年代。由欧洲核子研究组织（CERN）开发的万维网（WWW）被广泛使用在 Internet 上，大大方便了广大非网络专业人员对网络的使用，成为 Internet 发展的指数级增长的主要驱动力。

8.1.4 Internet 在我国的发展

Internet 在我国的发展可以追溯到 1986 年。当时，中国科学院等一些科研单位通过长途电话拨号到欧洲一些国家，进行国际联机数据库检索，这可以说是我国使用 Internet 的开始。1990 年，中国科学院高能物理研究所、北京计算机技术及应用研究所、华北计算技术研究所、石家庄五十四所等单位先后将自己的计算机与 CNPAC（X.25）相连接。利用欧洲国家的计算机作为网关，在 X.25 网与 Internet 之间进行转接，实现了我国 CNPAC 科技用户与 Internet 用户之间的 E-mail 通信等。

1993 年 3 月，中国科学院高能物理研究所为了支持国外科学家使用北京正负电子对撞机做高能物理实验，开通了一条 64 kbit/s 国际数据信道，连接中国科学院高能物理研究所和美国斯坦福线性加速器中心（SLAC）。

1994 年 4 月，中国科学院计算机网络信息中心正式接入 Internet。该网络信息中心于 1990 年开始主持一项世界银行贷款和国家科委（1998 年改名为科学技术部）共同投资的项目——"中国国家计算与网络设施"（NCFC），在北京中关村地区建设一个超级计算中心，为了便于各单位使用超级计算机，将中国科学院中关村地区的 30 多个研究所和北大、清华两所高校全部用光缆连接在一起。1994 年 4 月，64kbit/s 国际线路连到美国，开通路由器，正式接入 Internet。自 1994 年初我国正式加入 Internet 并成为 Internet 的第 71 个成员单位以来，入网用户数量增长很快。据 CNNIC 公布的网上调查，截至 2020 年 12 月底，我国网络用户规模达 9.89 亿人。

我国目前已经建成中国电信（ChinaNet）、中国联通互联网（UNINet）、中国移动互联网（CMNET）、中国教育和科研计算机网（CERNET）和中国科技网（CSTNET）等互联网提供商，截至 2019 年 2 月，中国互联网主要骨干网络国际出口带宽为 8946570Mbit/s，其中，中国电信为 4537680Mbit/s，中国联通互联网为 2234738Mbit/s，中国移动互联网为 1997000Mbit/s，中国教育和科研计算机网为 61440Mbit/s，中国科技网为 115712Mbit/s。

8.2 基本服务

8.2.1 域名系统服务

1. 域名和域名系统

用户通常利用客户端软件使用某个网络应用，如浏览器、邮件收发软件等，这些软件称为用户代理（user agent）。当用户通过用户代理软件使用网络应用时，需要指定期望访问服务器的 IP 地址与端口号。但是，普通用户并不习惯或并不愿意记忆和直接使用 IP 地址来标识一台主机，而更喜欢为服务器主机起一个更容易读懂、有一定自然语言含义的名字，这个名字就是主机的域名（domain name）。大多数情况下，用户在使用网络应用时，都是通过在用户代理软件中输入服务器域名来指定要访问的服务器主机的，如图 8-2 所示。然而，网络协议在通信时必须使用 IP 地址，如何将用户喜欢使用的域名映射为协议使用的 IP 地址呢？这就是域名系统（Domain Name System，DNS）的任务。

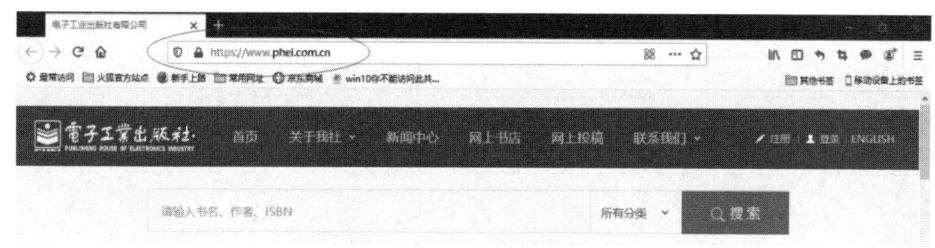

图 8-2　用户使用网络应用场景示例

DNS 是一个重要的基础应用，因为任何一个需要使用域名进行通信的网络应用在应用通信之前都需要请求 DNS 应用，将域名映射为 IP 地址。实现将域名映射为 IP 地址的过程称为域名解析。

DNS 为了实现域名解析，需要建立分布式数据库，存储网络中域名与 IP 地址的映射关系数据，这些数据库存储在域名服务器上，域名服务器根据用户的请求提供域名解析服务。DNS 作为分布式数据库，域名服务器分布在整个 Internet 上，每个域名服务器只存储了部分域名信息。为了完成域名解析，通常需要在多个域名服务器之间进行查询，因此，DNS 也必须定义相应的应用层协议。

2. 层次化域名空间

DNS 为了实现域名的有效管理与高效查询，DNS 服务器按层次结构进行组织，并且该层次结构与域名的结构相对应。Internet 采用了层次树状结构的命名方法。任何一台 Internet 上的主机或路由器，都可以有一个唯一的层次结构域名（当然，也可以不设置域名）。层次结构域名如图 8-3 所示。域名的结构由标号序列组成，各标号之间用"."隔开，如"……三级域名.二级域名.顶级域名"。

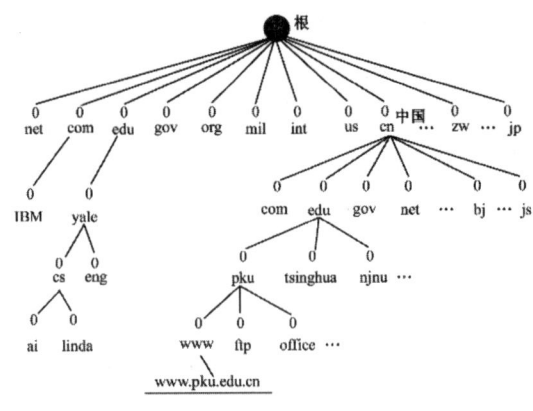

图 8-3　层次结构域名

最高级域分为两大类：机构性域名和地理性域名。各种域名代码在 IAB 公布的一系列工作文档中做了统一的规定。机构性域名和地理性域名分别如表 8-1 和表 8-2 所示。

表 8-1　机构性域名

机 构 类 型	域　　名
阿帕网	ARPA（ARPAnet-Internet）
商业机构（大多数公司、企业）	COM（Commercial）
教育机构（例如大学和学院）	EDU（Education）
Internet 网络服务机构	NET（Network）
政府机关	GOV（Government）
军事系统	MIL（Military）
其他组织机构	ORG（Other organizations）
国际组织	Int

表 8-2　地理性域名

国家或地区	域　　名
中国	cn
中国香港	hk
中国台湾	tw
中国澳门	mo
日本	jp
英国	uk
美国	us
……	……

3．域名服务器

一个服务器负责管辖的（或有权限的）范围叫作区（zone）。每个区设置相应的权威域名服务器，用来保存该区中所有主机的域名到 IP 地址的映射。DNS 服务器的管辖范围不是以域为单位的，而是以区为单位的。域名服务器根据其主要保存的域名信息及其在域名解析过程中的作用等，可以分为根域名服务器、顶级域名服务器、权威域名服务器、中间域名服务器 4

类。另外，在对任何一台主机进行网络地址配置时，都会配置一个域名服务器作为默认域名服务器，这台主机在任何时候需要进行域名解析时，都会将域名查询请求发送给该服务器，该服务器如果保存了被查询域名的信息，则直接做出响应；如果没有，则代理查询其他域名服务器，直到查询到结果，并将查询结果发送给查询主机。这个默认域名服务器通常称为本地域名服务器，是主机进行域名查询过程中首先被查询的域名服务器。

根域名服务器是最重要的域名服务器。全球 Internet 中部署了有限的几个根域名服务器，每个根域名服务器都知道所有的顶级域名服务器的域名和 IP 地址。不管是哪个本地域名服务器，若要对 Internet 上任何一个域名进行解析，那么只要自己无法解析，就首先求助根域名服务器。Internet 上共有 13 个不同 IP 地址的根域名服务器，它们的名字是用一个英文字母命名的，从 a 一直到 m（前 13 个字母），如 a.rootservers.net、b.rootservers.net、m.rootservers.net 等。

顶级域名服务器即 TLD 服务器，负责管理在该顶级域名服务器注册的所有二级域名。顶级域名服务器的名称对应一个域名的最后一个名字，是对一个行业的命名（如 com、org 等）或对一个区域的命名（如 cn、us 等）。

权威域名服务器负责一个区的域名服务器，保存该区中所有主机的域名到 IP 地址的映射。任何一台拥有域名的主机，其域名与 IP 地址的映射关系等信息都存储在所在网络的权威域名服务器上。在进行域名解析时，只要查询到被查询域名主机注册的权威域名服务器，就可以获得该域名对应的 IP 地址信息。

在层次域名结构中，有时还存在一些既不是根域名服务器，又不是顶级域名服务器，也不是权威域名服务器的域名服务器，这些域名服务器通常称为中间域名服务器。例如，某主机域名为 www.abc.xyz.com，它可能存在的域名服务器包括顶级域名服务器 com、中间域名服务器 xyz.com、权威域名服务器 abc.xyz.com。

4．域名解析过程

将域名转换为 IP 地址称为域名解析，将 IP 地址转换为主机的物理地址称为地址解析。域名解析由 DNS 服务器完成，地址解析由地址解析协议 ARP 完成，如图 8-4 所示。

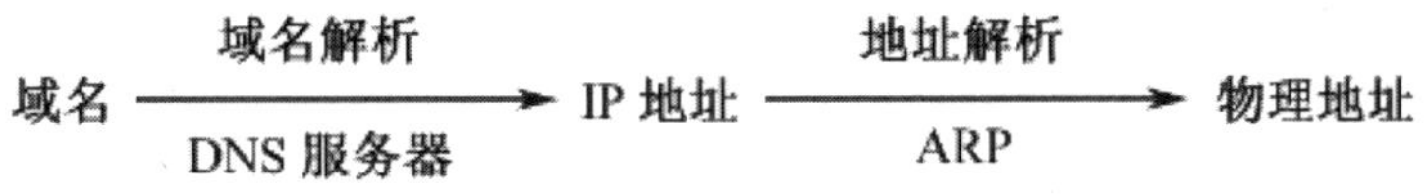

域名 —域名解析(DNS 服务器)→ IP 地址 —地址解析(ARP)→ 物理地址

图 8-4　域名解析和地址解析

域名解析分为递归解析（也叫递归查询）和迭代解析（也叫迭代查询）。提供递归查询服务的域名服务器可以代替查询主机或其他域名服务器进行进一步的域名查询，并将最终解析结果发送给查询主机或服务器；提供迭代查询的域名服务器不会代替查询主机或其他域名服务器进行进一步的查询，它只将下一步要查询的域名服务器告知查询主机或服务器（当然，如果该域名服务器拥有最终解析结果，则直接响应解析结果）。

通常，本地域名服务器都提供递归查询服务。主机在进行域名查询时，本地域名服务器如果没有被查询域名的信息，则代理主机会查询根域名服务器或其他域名服务器，直到查询到被查询域名的 IP 地址（当然，也可能查询不到），并将解析结果发送给主机。递归查询过程如图 8-5 所示。

仅提供迭代查询服务的域名服务器不会代理客户的查询请求，而是将最终结果或下一步要查询的域名服务器直接响应给查询客户。根域名服务器通常只提供迭代查询服务，当根域名服务器收到本地域名服务器的迭代查询请求报文时，要么给出所要查询的 IP 地址（这种情况不多见），要么在响应报文中告诉本地域名服务器下一步应当查询哪个域名服务器，本地域名服务器就继续查询下一个域名服务器，直到查询到被查询域名主机的权威域名服务器。迭代查询过程如图 8-6 所示。

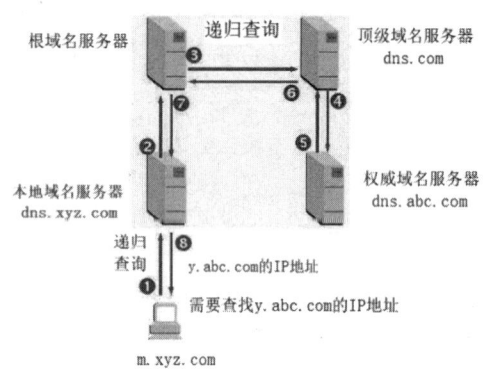

图 8-5　递归查询过程

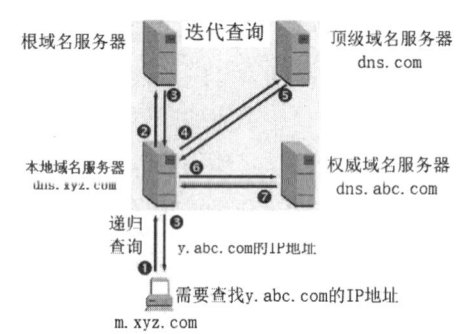

图 8-6　迭代查询过程

无论是递归查询还是迭代查询，在上述的查询过程中，只要本地域名服务器不能直接响应解析结果，就都需要从根域名服务器开始查询。整个 Internet 上的根域名服务器数量有限，如果每次都去查询根域名服务器，则根域名服务器的压力很大，会严重影响查询响应时间和查询效率，因此需要一些策略和方案来改进域名系统的查询效率。典型策略之一是域名服务器增加缓存机制，即在为客户做出响应的同时，每个域名服务器会将在域名解析过程中解析的结果存储到域名数据库中，当再次收到相同域名信息的查询请求时，便可利用缓存信息直接做出查询响应，从而缩短域名查询响应时间。另外，还可以在本地域名服务器中存储顶级域名服务器信息，使得在域名解析过程中跳过根域名服务器的查询，直接查询顶级域名服务器，提高域名查询效率。

8.2.2　远程登录

远程登录（Telnet）协议是 TCP/IP 协议族中的一员，是 Internet 远程登录服务的标准协议和主要方式，最初由 ARPANET 开发，现在主要用于 Internet 会话。它的基本功能是允许用户登录远程主机系统。在本地终端使用 telnet 程序，以连接到远程主机。本地终端在 telnet 程序中输入命令，这些命令会在远程主机上运行，就像直接在远程主机上操作一样，实现控制远程主机的功能，如远程控制 Web 服务器。

Telnet 是 Internet 最基本的服务之一，E-mail、FTP 等都是在 Telnet 的基础上实现的。在进行 Telnet 工作时，用户通过键盘发送字符串（命令）给终端驱动程序，本地操作系统接收这些字符但不解释它们，这些字符串被送到 telnet 程序中，再通过 Telnet 送到远程主机，并变换成远程主机能理解的相应字符，远程主机将这些字符传输给适当的应用程序，并将得到的结果再通过 Telnet 返回给终端。

利用 Telnet 可以使用远距离的大型计算机和外围设备中资源检索 Internet 上的数据库，也可以访问世界上众多图书馆信息目录和其他信息资源，网络管理人员也可以通过 Telnet 对远程主机进行配置和管理。在使用 Telnet 时，用户需要知道远程主机的名字或 IP 地址，并且要使用正确的用户名和口令。

实现 Telnet 的工具程序很多，最常见的就是 telnet 程序（与 Telnet 协议同名），它在 UNIX、Windows 操作系统中都可以找到并运行。

8.2.3 FTP 和 TFTP

1. 文件传输协议（FTP）

文件传输协议（File Transfer Protocol，FTP）用于将文件从一个主机复制到另一个主机，在网络上进行"上传"和"下载"就是利用 FTP 程序实现的。FTP 使用 TCP 传输，客户与服务器需要通过三次握手建立连接，保证客户与服务器之间的连接是可靠的、面向连接的，为数据传输提供可靠保证。

FTP 是基于客户/服务器（C/S）模型设计的，在客户端与 FTP 服务器之间建立两个连接，其中一个是数据连接，用于数据传送；另一个是控制连接，用于传送控制信息（命令和响应），这种将命令和数据分开传送的思想大大提高了 FTP 的效率。在整个交互的 FTP 会话中，控制连接始终处于连接状态，而数据连接则在每次文件传送时先打开后关闭。

Internet 上有两种 FTP 服务器：一种是普通的 FTP 服务器，当连接到这种服务器时，需要用户名和口令，它既允许下载文件，又允许上传文件；另一种是匿名 FTP 服务器，用户即使没有合法的用户名和口令也可以连接到这种服务器，进行下载或上传文件操作。匿名 FTP 服务器并非不需要用户名和口令，而是它使用一个公共的用户名 anonymous 和一个标准格式的口令。匿名 FTP 服务器通常只允许下载文件。

在实际应用中，下载文件通常在网页中通过链接的方式就可完成。另外，还有一些专门的上传和下载工具，如 CuteFTP、FlashFXP 等。

2. 简单文件传输协议（TFTP）

简单文件传输协议（Trivial File Transfer Protocol，TFTP）基于 UDP 协议，用于在 TFTP 客户端和 TFTP 服务器之间快速地传输文件。与 FTP 不同，TFTP 传输文件时不需要用户进行登录操作。

例如，当启动一个无盘工作站或路由器时，通常只需要下载引导程序和配置文件。这时不需要 FTP 提供的全部功能，而只需利用 TFTP 快速复制文件的协议就可以了。TFTP 就是设计成这类文件的传输，它非常简单，软件包都可以装到无盘站的 ROM 中。当 TFTP 用于引导程序时，可以让客户读或写文件，读是将文件从服务器站点复制到客户站点，写是将文件从客户站点复制到服务器站点。

8.2.4 简单邮件传输协议

Internet 上支持电子邮件的协议是简单邮件传输协议（Simple Mail Transfer Protocol，SMTP），它的目标是可靠高效地传送邮件，独立于传送子系统且仅要求一条可以保证传送数据单元的通道。

1．SMTP 的功能

SMTP 可以给网络用户之间提供邮件交换功能，并支持以下几种功能。

（1）发送一条报文给一个或多个接收者。

（2）发送包含文本、声音、图像和视频的报文。

（3）发送报文给网络之外的用户，如手机等。

2．多用途 Internet 邮件扩展（MIME）

SMTP 是一个简单的邮件传输协议，它受到某些限制。例如，它不支持 7 位 ASCII 码字符的语言，如法语、德语、希伯来语、俄语、汉语和日语等，它也不能发送二进制文件、视频或音频数据。为此，又建立了新的传输邮件的方法，它就是多用途 Internet 邮件扩展（Multipurpose Internet Mail Extension，MIME）。MIME 不是一个邮件协议，也不能替代 SMTP，它只是 SMTP 的一个扩展补充协议，目的是让人们能发送多媒体电子邮件和使用本国语言发送电子邮件。MIME 可以对邮件及附件进行编码，经 MIME 编码的邮件或附件的体积会增大，但是它可以通过 SMTP 发送非 ASCII 码数据，并完成非 ASCII 码数据和 ASCII 码数据之间的转换。

3．邮局协议

邮件到来后，首先被存储在邮件服务器中，当用户需要查看邮件时，可以通过 POP3 协议将邮件下载到用户的计算机中。邮局协议（Post Office Protocol，POP）主要用于从邮件服务器中取回邮件。POP3 是该协议的第 3 版。

一般来说，在网络中发送邮件的服务器称为 SMTP 服务器，而接收邮件的服务器称为 POP3 服务器。在许多单位，邮件总是由一台 24 小时在线的 SMTP 服务器来接收的，这个服务器代表该组织的每台主机接收邮件，如同一个单位的收发室，邮递员将属于该单位的信函、包裹单等先送到该单位的收发室，然后由收件人自己去取。收发、管理电子邮件的工具软件有很多，Windows 系统下自带的有 Outlook Express，还有专门的电子邮件工具 Foxmail 等。

8.2.5 超文本传输协议和万维网

1．超文本传输协议（HTTP）

超文本传输协议（HyperText Transfer Protocol，HTTP）主要用于万维网，它以明文、超文本、音频和视频等形式传输数据。超文本系统是一个用计算机实现链接相关文档的系统，可以实现各种检索。当链接被激活后,便可以检索并转到相关的文档并显示。被链接的文档又可以链接其他文档,如此循环嵌套,以至无穷。超文本文件只包含文本,而超媒体文件可以包含文字、声音和视频等各种多媒体信息。HTTP 使用 TCP 协议传输文件,而且只在浏览器和服务器之间传输数据。浏览器首先向服务器发送一个请求,而服务器发送一个报文(作为响应)给浏览器,如图 8-7 所示。从浏览器到服务器的命令嵌入请求报文中,而请求的文件内容和其他信息则嵌入响应报文中。

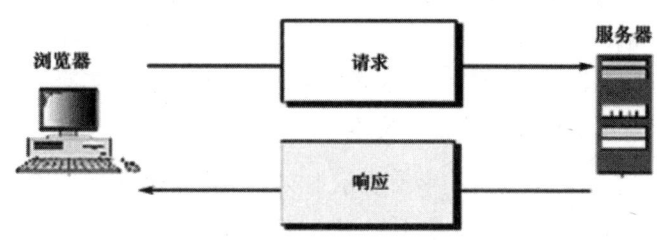

图 8-7 HTTP 的事务

2. 万维网(WWW)

万维网(World Wide Web,WWW)简称为 Web 或 3W 等,它是指遍布全球并被链接在一起的信息存储库,综合了易修改、可移植和对用户友好的特性。

WWW 技术在 Web 服务器端提供各种信息服务,客户端使用统一界面的浏览器访问 Internet 资源,WWW 可以根据用户的需求组织和传输各种信息,使信息的交流和共享在全球范围内变得极为迅速和方便。WWW 的最大特点是为用户提供良好的信息查询界面,它把各种形式的信息,如文本、图像、声音、视频等无缝地集成在一起。用户只要提出自己的请求,而不管所要访问的服务器或信息究竟在什么地方,就可以通过浏览器查到所需的信息。

WWW 计划最初是由位于瑞士的欧洲核子研究组织提出的,目的是让分散在世界各地的物理学家能共享最新研究成果和进行科研合作,即创建一个新系统来处理分布式资源。

WWW 是一个分布式结构,使用浏览器的用户可以访问服务器提供的各种服务。这些服务器(Web 站点)分布在世界各地。对用户来说,可完全不必知道 Web 站点究竟在什么地方。

3. 统一资源定位符(URL)

统一资源定位符(Uniform Resource Locator,URL)用来标识或定位网络上的文档或其他资源,即指明信息所在的位置和使用方式,用来表示 Internet 和 Web 的地址。每个 Web 主页(包括 Web 节点中的网页)都有一个存放地址,它们需要通过 URL 来定位。URL 的语法形式如下:

```
<协议>://<信息资源地址>[:端口号/<文件路径>]
```

(1)协议:所访问的服务器的通信协议,如 HTTP、FTP 等。

(2)信息资源地址:可以使用域名(包括中文域名),也可以输入要访问的服务器的 IP 地址,是存放信息的主机地址,如 ftp://211.70.248.2。

(3)端口号:标识了应用程序提供的服务类型。标准的通信协议有默认的端口号,如 HTTP 的默认端口号为 80、FTP 的默认端口号为 21、Telnet 的默认端口号为 23 等。当端口号在 URL 中省略时，表示的就是默认端口号。例如，http://www.edu.cn:80 与 http://www.edu.cn，这两个 URL 的效果是相同的。

（4）文件路径：有时根据查询需要，可以输入要访问文件的路径，路径本身可以包含斜杠。

4．超文本标记语言（HTML）

超文本标记语言（HTML）是用来创建网页的一种语言。标记语言来自图书出版业，书在出版印刷前，编辑修改时会做许多标记，这些标记告诉排版人员文档的排版格式。在 HTML 中，采用的也是这种方法。例如，为了让文本的某一部分用黑体方式显示，需要在这部分文本的开始和结束的地方加上标记符，这两个标记符就是告诉浏览器的指令。浏览器看到这两个标记符后，在显示时，就用黑体显示这部分文本。

HTML 只允许使用 ASCII 编码的字符表示主文本和格式化指令。其中，主文本是数据；格式化指令可以被浏览器用来显示数据格式。HTML 设计的网页由头部（head）和主体（body）两部分组成。其中，头部包含网页的标题和浏览器将要用到的其他参数；主体是网页的实际内容，包括文本和标记符，文本是最终浏览器显示的实际内容，标记符定义了文本显示的方式。所有标记符都放在"< >"中，如果标记符是一个属性，则其后面跟上一个等号和属性值。有些标记符可单独使用，而大部分标记符则必须成对使用。成对使用的（如<p>和</p>）分别称为开始标记符和结束标记符。开始标记符可以有属性和值；结束标记符不能有属性和值，而且结束标记符前必须有斜杠。

【例 8.1】下面是一个简单的 HTML 文件格式。

```
<html>
<head>
<title>这是一个例子</title>
<meta http-equiv="Content-Type" content="text/html; charset=gb2312">
<script language="JavaScript" type="text/JavaScript">
…
</script>
</head>
<body>
<H1>这是主题部分</H1>
<a href=" http://www.163.com ">链接到 163.com</a>
<td><img src="sg00-a.gif" width="69" height="31"></td>
…
</body>
</html>
```

5．静态文档、动态文档和活动文档

静态文档是在服务器上创建的内容固定的文档，浏览器只能得到它的一个副本。静态文档的内容只有在服务器上对它进行修改才可以改变，浏览器端是不能改变它的（非法访问量攻击除外）。动态文档并不存在一种预先定义好的格式，它是在浏览器请求文档时由 Web 服务器动态创建的，文档的内容根据请求的不同而有所变化，如考试查询系统根据考生输入的准考证号给出不同的页面。

CGI、ASP、JSP 和 PHP 等是创建动态文档的技术，它们定义了如何编写动态文档、如何将输入数据提供给程序及如何处理输出结果等。

活动文档是一个在浏览器端运行的程序，如动画或与用户交互的程序，它们需要在浏览器端运行。

8.3 常用网络命令

Windows 平台下常用的网络命令有 ipconfig、ping、netstat、arp、tracert、pathping、route、telnet、ftp、nbtstat 和 net 等。它们都是在 DOS 命令提示符下进行的。DOS 命令提示符可从 Windows 系统的"开始"→"程序"→"附件"选项中找到，也可以在"开始"→"运行"窗口中输入"cmd"后，进入命令行界面。下面介绍几个常用的网络命令。

8.3.1 ipconfig 命令

ipconfig 命令用于显示本机 TCP/IP 配置值，对于通过 DHCP 服务器自动获取 IP 地址的客户端较为实用。ipconfig 可以帮助用户查询计算机是否成功地租用了一个 IP 地址，如果已租用成功，则可以查询它租用的 IP 地址是什么。

1. ipconfig 命令格式

ipconfig 命令一般用来检查 TCP/IP 配置是否正确，查看本机 IP 地址、子网掩码和默认网关信息。ipconfig 命令格式（可输入"ipconfig/?"显示）如下：

```
ipconfig [/allcompartments] [/? | /all |
                            /renew [adapter] | /release [adapter] |
                            /renew6 [adapter] | /release6 [adapter] |
                            /flushdns | /displaydns | /registerdns |
                            /showclassid adapter |
                            /setclassid adapter [classid] |
                            /showclassid6 adapter |
                            /setclassid6 adapter [classid] ]
```

2. ipconfig 命令参数

ipconfig 不使用参数及使用不同参数选项时的命令作用不相同，下面介绍几种常用的参数。

（1）ipconfig。

默认情况下，ipconfig 不带任何参数选项，仅显示绑定到 TCP/IP 的每个适配器的 IP 地址、子网掩码和默认网关，如图 8-8 所示。

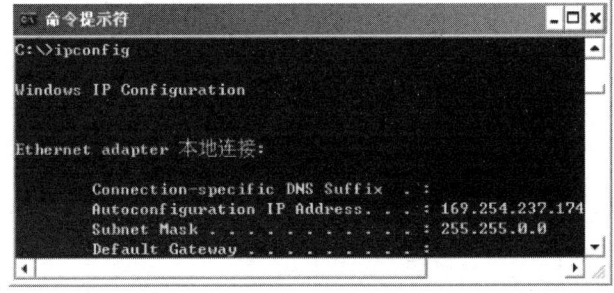

图 8-8　无参数 ipconfig 命令返回信息

（2）ipconfig/all。

当使用/all 参数时，将显示所有接口的详细信息，包括本地主机名、网卡的物理地址、使用 WINS 和 DNS 服务器解析名称等。如果 IP 地址是从 DHCP 服务器获取的，则将显示 DHCP 服务器的 IP 地址和租用地址失效的日期。当采用拨号方式入网时，会显示相应的拨号连接信息，如图 8-9 所示。

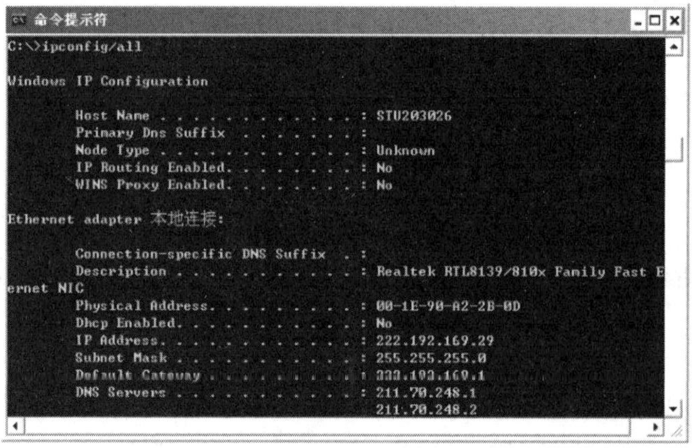

图 8-9　ipconfig/all 命令返回信息

（3）ipconfig/renew 和 ipconfig /release。

如果未指定适配器名称，/renew 和/release 参数会更新或释放所有绑定到 TCP/IP 的适配器的 IP 地址。

/release 和/renew 只适用于向 DHCP 服务器租用 IP 地址的计算机。/release 将所有获得的地址交还给 DHCP 服务器；/renew 将重新与 DHCP 服务器联系，并租用获得一个新的 IP 地址。

（4）ipconfig /flushdns 和 ipconfig /displaydns。

使用/flushdns 和/displaydns 参数的功能分别是删除和显示本机上的 DNS 域名解析列表。

其他参数请参阅相关资料。

8.3.2　ping 命令

1. ping 命令概述

ping 命令工作在 TCP/IP 网络体系结构的应用层，主要用于测试与远程计算机的连通性。ping 命令通过向特定的目的主机发送 ICMP（Internet Control Message Protocol，因特网报文控制协议）请求报文，再根据返回信息推断 TCP/IP 参数是否设置正确、运行是否正常、网络是否通畅等。

在网络中，ping 是一个十分强大的 TCP/IP 工具。它的作用主要有以下几点。

（1）检测网络的连通情况和分析网络速度。

（2）根据域名得到服务器的 IP 地址。

（3）根据 ping 返回的 TTL 值判断对方使用的操作系统及数据包经过路由器的数量。

如果 ping 返回信息正确，就可以排除网络访问层、网卡、传输介质和路由器等存在的故障，减小故障范围。ping 也被某些别有用心的人作为 DDoS（拒绝服务攻击）的工具，非法访问者利用数百台可以高速接入 Internet 的计算机连续发送大量 ping 数据包而使许多网站瘫痪。

ping 命令在参数默认情况下可以发送 4 个 ICMP 回送请求，每个请求为 32 字节的数据，如果一切正常，就能得到 4 个回送应答。回送应答以 ms 为单位，显示发送请求到返回应答之间的时间，如果应答时间短，则表示网络连接速度比较快（或数据报通过路由器的数量少）。

例如，在命令提示符下输入 ping 163.177.151.110 后，返回信息如图 8-10 所示，具体参数如下。

bytes 值：数据包大小，即字节数。

time 值：响应时间，这个时间越短，说明连接到目的地址的速度越快。

TTL 值：数据包生存周期（Time To Live，TTL）值，通过 TTL 值可以推算数据包经过了多少个路由器。起始值是比返回值略大的一个 2 的乘方数（如 32、64、128、256 等），源节点 TTL 起始值和返回时的 TTL 值之间的差即经过的路由器的数量。在图 8-10 中，TTL=56，由此推算 TTL 的初始值为 64，即数据包经过路由器的个数为 8 个。

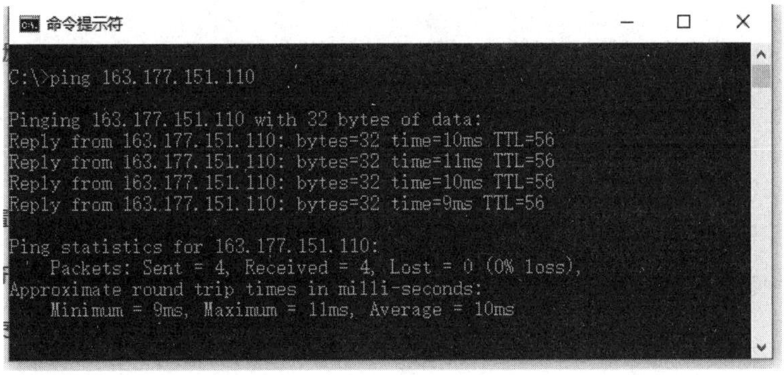

图 8-10　ping 命令返回信息

如果不知道目的主机的 IP 地址，则可以直接 ping 域名。例如，ping 央视网，输入 ping www.cctv.com，返回信息如图 8-11 所示，并且可以从返回信息中获得央视网主机 IP 地址为 112.90.133.248。

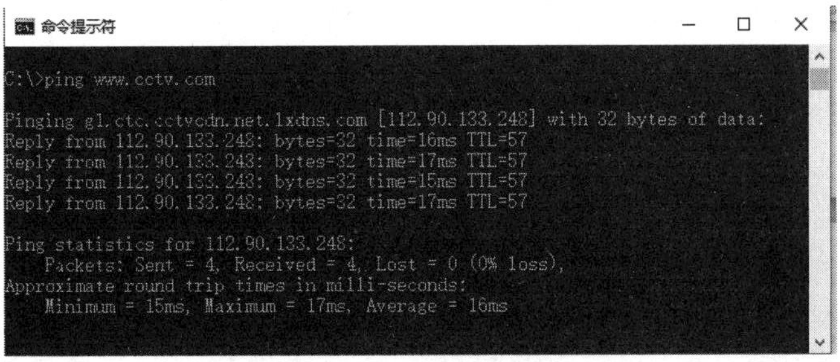

图 8-11　ping 央视网的返回信息

如果 ping 不通，则会显示"Request timed out"（超时）或"Destination host unreachable"（目的主机无法访问）的信息，说明网络有故障，如图 8-12 所示。有时虽然网络能连通，但由于目的主机设置了防火墙来拦截 ping 包，所以也会造成 ping 包丢失或网络不通的假象。

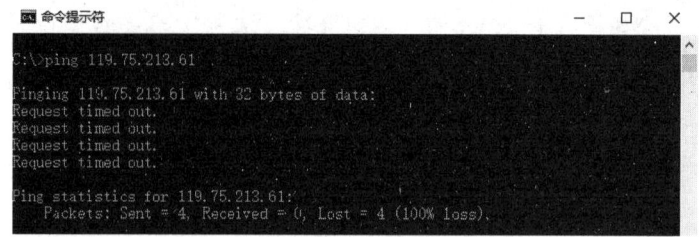

图 8-12　ping 不通时返回超时信息

2．ping 命令格式

在命令行界面输入"ping/?"，可显示格式 ping 命令的详细参数：

```
ping [-t] [-a] [-n count] [-l size] [-f] [-i TTL] [-v TOS]
     [-r count] [-s count] [[-j host-list] | [-k host-list]]
     [-w timeout] [-R] [-S srcaddr] [-c compartment] [-p]
     [-4] [-6] target_name
```

其中几个主要参数的含义如下。

```
-t                %一直 ping 指定的主机，直到键入 Ctrl+C 组合键停止
  -a              %将地址解析为主机名
  -n count        %要发送的回送请求数，默认值为 4
  -l size         %发送缓冲区的大小
  -f              %在数据包中设置"不分段"标记(仅适用于 IPv4)
  -i TTL          %生存时间
  -v TOS          %服务类型(仅适用于 IPv4，该设置已被弃用)
  -r count        %记录计数跃点的路由(仅适用于 IPv4)
  -s count        %计数跃点的时间戳(仅适用于 IPv4)
  -w timeout      %等待每次回复的超时时间(ms)
  -S srcaddr      %要使用的源地址
  -c compartment  %路由隔离舱标识符
-4                %强制使用 IPv4
  -6              %强制使用 IPv6
```

（1）参数"-t"。有时为了方便观察网络变化，可以使用此参数，ping 命令会一直执行，直到键入 Ctrl+C 组合键才停止执行，命令如下：

```
ping -t 112.90.133.248
```

（2）参数"-n count"。count 的默认值为 4，可以自己定义发送的数据包个数，以更好地衡量网络速度。例如，测试发送 100 个数据包的返回平均时间，可以键入如下命令：

```
ping -n 100 112.90.133.248
```

然后查看返回信息中发送的数据包数、返回的数据包数、丢失的数据包数、发送包的最快时间/最慢时间/平均时间，可用平均时间衡量网络速度。

（3）参数"-l size"。在默认情况下，ping 发送的数据包的大小为 32 字节，可以自己定义它的大小，但有一个限制，最大可定义为 65535。这是因为 Windows 系统都有一个安全漏洞，当一次发送的数据超过 65535 字节时，对方就很有可能"down"机。所以这个参数配合其他

参数后危害依然非常强大。例如，通过配合"-t"参数来实现一个带有攻击性的命令，可以输入如下命令（请注意：下面命令带有危险性，仅在本地实验环境中用于练习）：

```
ping -l65535 -t 192.168.1.16
```

（4）参数"-r count"。该参数用于设定需要跟踪的路由个数。注意：count 值小于9，即最多跟踪9个路由。例如，跟踪本地到新浪服务器经过的路由情况，可以输入如下命令：

```
ping -r 9 www.sina.com。
```

（5）如果使用的是 IPv6，那么还可以使用以下参数：

```
-R              %跟踪 round-trip 路径
-S srcaddr      %需要使用的源地址
[-4] [-6]       %强制使用 IPv4 或 IPv6
```

3．ping 检测网络故障的典型顺序

当 ping 与对端主机不通时，表示网络有故障，这时需要查找故障原因。一般，检测步骤如下。

（1）ping 127.0.0.1。本命令被送到本机的 IP 软件中，如果 ping 不通，则表示 TCP/IP 的安装或运行存在问题。

（2）ping 本机 IP。本命令被送到本机所配置的 IP 地址中，计算机应该对该 ping 命令做出应答，如果没有，则表示本地配置或安装存在问题。局域网用户需要断开电缆再发送本命令，如果 ping 正确，则表示网络中有另一个计算机可能配置了相同的 IP 地址。

（3）ping 局域网内其他主机的 IP。当返回正确的回送应答时，表示本地网络正常；如果收到 0 个回送应答，则表示子网掩码不正确、网卡配置错误或电缆系统有问题。

（4）ping 网关 IP。如果应答正确，则表示局域网中的网关路由器正在运行并能够做出应答。

（5）ping 远程 IP。如果收到 4 个应答，则表示成功使用了默认网关。对于拨号入网用户，表示能够成功访问 Internet（但不排除 ISP 的 DNS 有问题）。

（6）ping localhost。localhost 是系统保留的是本地主机名（127.0.0.1 的别名），如果 ping localhost 出现问题，则表示主机文件（/Windows/host）存在问题。

（7）ping www.xxx.com。以 ping www.cctv.com 为例，执行 ping www.xxx.com 命令（通过 DNS 服务器解析），如果出现故障，则表示 DNS 服务器的 IP 地址配置不正确或 DNS 服务器有故障（对于拨号入网用户，某些 ISP 不需要设置 DNS 服务器）。本命令可以将域名对应的 IP 地址解析出来，如图 8-11 所示。

注意：如果步骤（1）～（7）都正常，则说明本机和远程通信的功能正常。

8.3.3 arp 命令

arp 是地址解析协议，作用是将网络层地址解析为数据链路层的物理地址。在实际应用中，大多数是将 IP 地址转化成网卡（NIC）地址。

arp 命令用来显示和修改 IP 地址映射的物理地址,它允许查找同一物理网络上其他主机的 MAC 地址(前提是本机已经获取其他主机的 IP 地址),也允许查看另一台计算机的 arp 高速缓存中的 IP 地址与物理地址映射表。另外,arp 命令还可以通过人工方式输入静态 IP 地址到 MAC 地址的映射。例如,为默认网关和本地服务器进行这项操作,可减少网络上的信息量。

1. arp 命令格式

```
ARP -a [inet_addr] [-N if_addr]
ARP -d inet_addr [if_addr]
ARP -s inet_addr eth_addr [if_addr]
```

其中,inet_addr 为 Internet 地址,如 IP 地址;eth_addr 为物理地址,如网卡地址;if_addr 为网络接口。

2. arp 命令参数

(1)-a:all 的意思,用于查看高速缓存中的所有地址映射。-a 也可以用-g 替代,-g 是 UNIX 平台使用的选项,Windows 系统也接受。

(2)-d:删除主机中一个由 inet_addr 指定的静态地址映射,inet_addr 可以使用*表示所有主机。

(3)-s:向 arp 高速缓存中添加一个静态地址映射,该地址映射在计算机引导过程中将保持有效状态;或者在出现错误时,人工配置的物理地址将自动更新该地址映射。例如,在命令提示符下输入 arp -a,显示信息如图 8-13 所示。

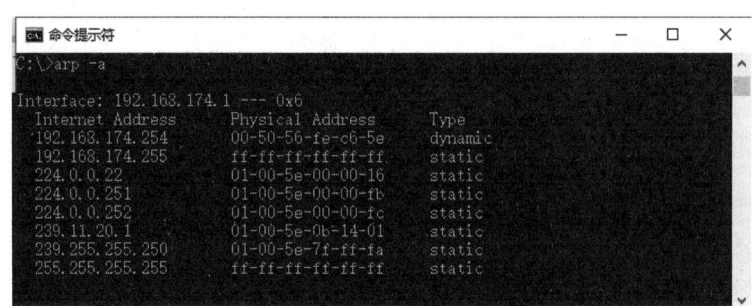

图 8-13　arp -a 命令显示信息

其中,第一列为 IP 地址;第二列为对应的物理地址;在第三列中,dynamic 表示获取类型为动态,static 表示获取类型为静态。

如果显示信息为 No ARP Entries Found,则表示目前无 IP 地址的 arp 映射信息。arp 欺骗是非法访问者常用的攻击手段之一,分为两种:一种是对路由器 ARP 表的欺骗;另一种是对内网计算机网关的欺骗。

对路由器 ARP 表的欺骗的目的是截获网关数据,它通知路由器一系列错误的内网 MAC 地址,并按照一定的频率不断进行,使真实的地址信息无法通过更新保存在路由器中,导致路由器只能发送错误的 MAC 地址,导致正常计算机无法收到信息。另一种 arp 欺骗是伪造网关,即设置假网关,让被它欺骗的计算机向假网关发送数据,而没有到达正常的路由器,用户就不能正常上网。

8.3.4 tracert 命令

tracert 是一个网络诊断和路由跟踪实用程序，用于检查 IP 数据报访问目的 IP 地址时经过的路径（一组路由器）、每跳所需时间并记录结果。如果数据包不能传递到目的地，tracert 将显示路径中最后转发数据包的那个路由器。如果存在 DNS，则 tracert 返回信息中会有城市、地址和通信公司的名字。

当指定的目的 IP 地址较远时，tracert 的运行速度就较慢，经过每个路由器都需要大约 15s。tracert 命令是用 IP 数据报中 TTL 字段和 ICMP 出错报告来确定从一个主机到目的主机的路由的，路径上的每个路由器在转发数据包之前都将 TTL 值减 1。当 TTL 为 0 时，路由器将"ICMP 已超时"的报告（该报告包含路由器地址）发回源主机。这时源主机再发送一个 TTL 值为 1 的回应数据包，随后在回应路径中每经过一个路由器，TTL 值就递增 1，直到目的主机响应或 TTL 达到最大值。tracert 命令按返回"ICMP 已超时"报告的路径顺序显示近端路由器列表，从而确定路由。

1. tracert 命令格式

```
tracert [-d] [-h maximum_hops] [-j host-list] [-w timeout] [-R] [-S srcaddr] [-4] [-6] target_name
```

2. tracert 命令参数

```
-d                    %不将地址解析成主机名
-h maximum_hops       %搜索目标的最大跃点数
-j host-list          %与主机列表一起的松散源路由(仅适用于 IPv4)
-w timeout            %等待每个回应的超时时间(以 ms 为单位)
-R                    %跟踪往返行程路径(仅适用于 IPv6)
-S srcaddr            %要使用的源地址(仅适用于 IPv6)
-4                    %强制使用 IPv4
-6                    %强制使用 IPv6
```

3. tracert 的使用

tracert 的使用较简单，最常见的用法为 tracert IP address [-d]，该命令返回到达 IP 地址经过的路由器列表。使用 -d 选项，将更快地显示路由信息，因为 tracert 不尝试解析路径中路由器的名称。例如，在命令提示符下输入 tracert www.jd.com，会显示如图 8-14 所示的信息。可以看到，从本地主机到 www.jd.com（IP 地址为 27.36.120.3）共经过了 8 个路由节点，最后到达 www.jd.com（27.36.120.3）。

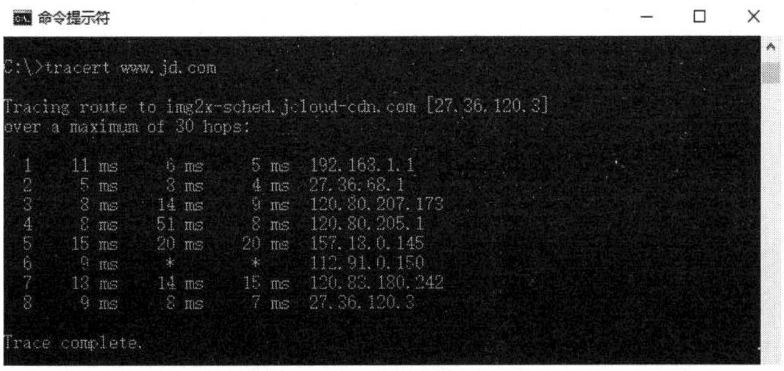

图 8-14 tracert 命令显示信息

tracert 一般用来检测故障的位置，可以用 tracert IP 确定在哪个环节出了问题，虽然不能确定具体是什么问题，但它已经指出问题所在，此时就可以很有把握地告诉别人某某地方出了问题。

8.3.5 telnet 命令

telnet 和 ftp 作为不安全的服务，在安全性要求较高的网络中已经不太使用了，但在局域网中仍然广泛地被使用，特别是对安全性要求不高的场合。telnet 为用户提供了在本地计算机上完成远程主机工作的能力，用户在终端使用 telnet 连接到服务器，在 telnet 程序中输入命令，在服务器上运行，就像直接在服务器的控制台上输入一样。要开始一个 telnet 会话，必须输入用户名和密码来登录服务器。需要注意的是，telnet 虽然方便了用户进行远程登录，但也给非法访问者提供了一种入侵手段。

1. telnet 命令格式及参数

telnet 命令格式如下：

```
telnet [-a] [-e escape char] [-f log file] [-1 user] [-t tern] [host [port]]
```

telnet 命令参数如图 8-15 所示。

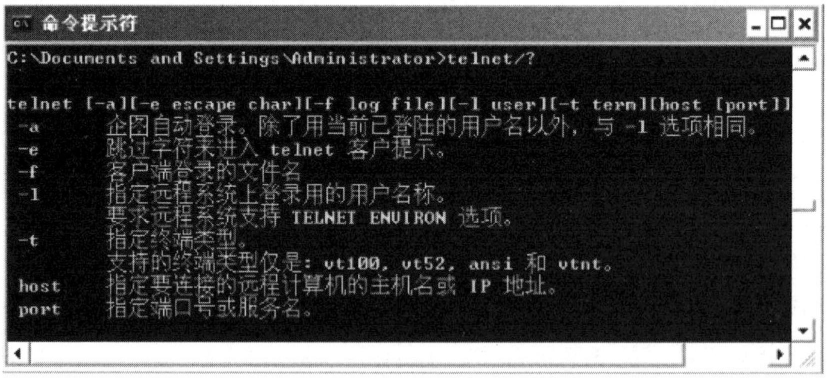

图 8-15　telnet 命令参数①

2. telnet 模式下的命令

在命令提示符后输入 telnet 命令，进入 telnet 模式。屏幕显示 telnet 模式提示符"Microsoft Telnet>"。telnet 模式支持的命令如图 8-16 所示（命令可以缩写）。例如，在该提示符下键入 display 或 d，都表示查看当前配置信息。

---

① 注：软件图中的"登陆"的正确写法为"登录"。

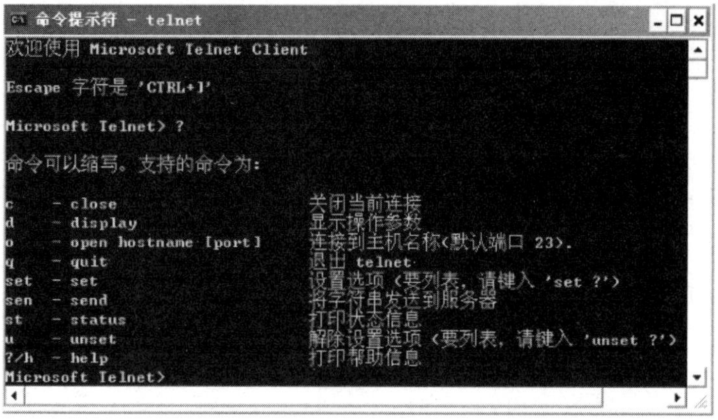

图 8-16 telnet 模式支持的命令

3. telnet 的使用

Windows 2000 提供了 telnet 客户端和服务器端程序。telnet.exe 是客户端（Client）程序，tlntsvr.exe 是服务器端（server）程序。另外，它还提供了 telnet 服务器管理程序 tlntadmn.exe。一般情况下，Windows 2000 会默认安装 telnet 服务，但是并没有默认启动，服务器端启动 telnet 的方法是选择"开始"→"程序"→"管理工具"→"计算机管理"→"服务和应用程序"命令，选择窗口左侧部分的"服务"选项，再双击窗口右侧部分的"telnet 项目"选项，设置为启动服务即可。例如，使用 telnet 服务连接主机 10.50.10.45，可以输入命令"c:\>telnet 10.50.10.45"，并输入用户名和密码，如图 8-17 所示；也可以在 telnet 模式下键入命令"Microsoft Telnet> open 10.50.10.45"。使用 telnet 一定要有正确的远程主机名和端口号，当端口号不是默认值时（默认的端口号是 23），需要指定远程主机端口号，否则不能进入对方主机。登录到远程主机后，就可以进行各种操作了。

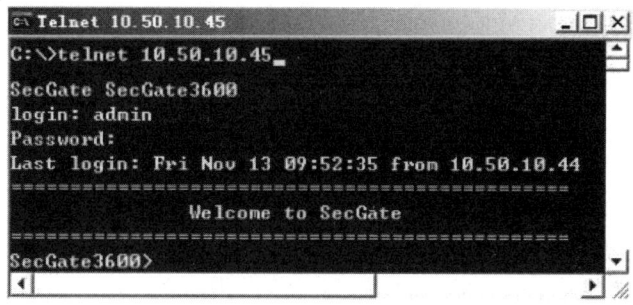

图 8-17 使用 telnet 服务连接主机

8.4 实验：常用网络命令的使用

1. 实验目的

学会在网络环境中使用网络命令。

2．实验环境

Internet 环境、计算机 1 台。

3．实验课时

本实验需要 2 课时。

4．实验内容

学习在网络环境中使用网络命令 ipconfig、ping、arp、tracert 和 telnet。

5．实验步骤

步骤一：进入命令提示符窗口。

执行"开始"→"程序"→"附件"→"命令提示符"命令；或者选择"开始"→"运行"选项，在弹出的窗口中输入"cmd"，进入命令行界面。

步骤二：参照 8.3 节，在"命令提示符"窗口中练习网络命令，记录实验结果，重点练习 ipconfig 和 ping 两个命令。

（1）ipconfig。

（2）ping。

（3）arp。

（4）tracert。

（5）telnet。

6．实验小结

通过常用网络命令的使用，可以学会命令的语法结构和简单应用，并能够对现有的网络环境下的简单故障进行认定、分析和排错，提高了工作效率。

第 8 章 Internet 应用

思考与练习

- **Internet应用**
  - **1. Internet概述**
    - ① Internet的管理机构
      - 1. 从技术角度看：＿＿＿＿＿＿＿＿
      - 2. 从应用角度看：＿＿＿＿＿＿＿＿
      - 3. Internet的运行管理分为两部分（　　　）（　　　）
    - ② Internet的资源
    - ③ Internet的高速发展
      - 1. 1969年12月，（　　　）投入运行
      - 2. （　　　）标志着Internet出现
    - ④ Internet在我国的发展
      - 正式接入Internet的时间（　　　）
      - Internet提供商（　　）（　　）（　　）（　　）
  - **2. 基本服务**
    - ① 域名系统（DNS）服务
      - 1. 作用：＿＿＿＿＿＿＿＿
      - 2. 域名解析的两种形式＿＿＿＿＿＿＿＿
    - ② 远程登录（Telnet）　作用：＿＿＿＿＿＿
    - ③ FTP和TFTP
      - 1. FTP的作用：＿＿＿＿＿＿＿＿
      - 2. TFTP的作用：＿＿＿＿＿＿＿＿
    - ④ 简单邮件传输协议（SMTP）
      - 1. SMTP的功能：＿＿＿＿＿＿
      - 2. POP3的作用：＿＿＿＿＿＿
    - ⑤ 超文本传输协议（HTTP）和万维网（www）
      - 1. HTTP的作用：＿＿＿＿＿＿
      - 2. WWW的作用：＿＿＿＿＿＿
      - 3. URL语法格式：＿＿＿＿＿＿
  - **3. 常用网络命令**
    - ① ipconfig命令　作用：＿＿＿＿＿＿＿＿
    - ② ping命令　作用：＿＿＿＿＿＿＿＿
    - ③ arp命令　作用：＿＿＿＿＿＿＿＿
    - ④ tracert命令　作用：＿＿＿＿＿＿＿＿
    - ⑤ telnet命令　作用：＿＿＿＿＿＿＿＿
  - **4. 实验：常用网络命令的使用**

第 9 章

网络安全与管理

主要内容

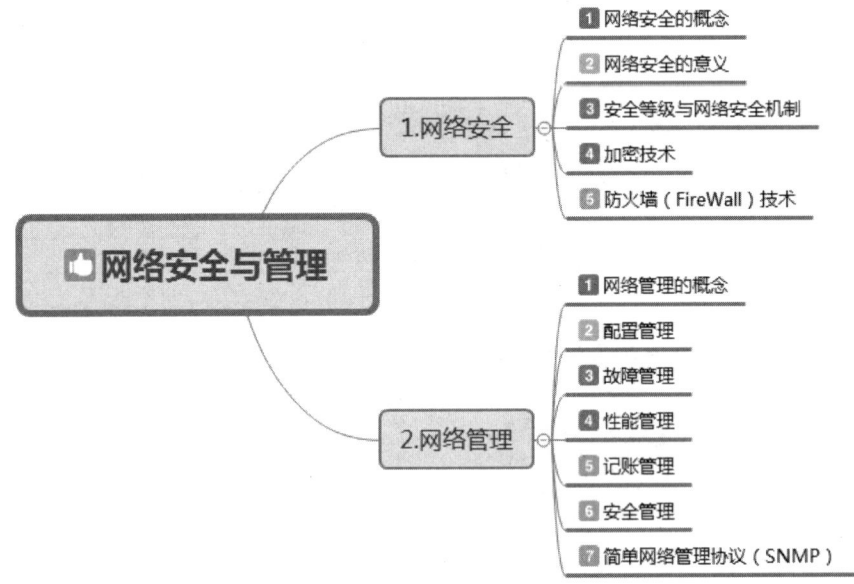

知识目标

（1）了解网络安的概念和网络经常面临的威胁。
（2）掌握计算机网络管理的概念及简单网络管理协议。
（3）理解安全等级与网络安全机制。

> **技能目标**
>
> (1)能够描述计算机网络管理的功能与协议运行的原理。
> (2)能够运用网络工具应对网络安全威胁。
> (3)能够举例说明网络安全的应对措施。

9.1 网络安全

计算机及网络面临的安全威胁一直伴随着计算机和网络技术的发展而普遍存在。从 20 世纪 70 年代开始,计算机及网络安全问题就日益突出。计算机及网络安全问题涉及方方面面,包括技术问题、法律问题和社会问题等。

9.1.1 网络安全的概念

网络安全是一门涉及计算机科学、网络技术、通信技术、密码技术、信息安全技术、应用数学、数论、信息论等多门学科的综合性学科。它主要是指网络系统的硬件、软件及其系统中的数据受到保护,不因偶然的或恶意的原因而遭到破坏、更改、泄露,系统连续可靠地运行,网络服务不中断。

由于现代的信息系统都是建立在网络基础之上的,因此网络的安全也就是信息系统的安全。而如今大家重点强调网络安全,这是由于网络的广泛应用使得安全问题变得尤为突出。因此,网络安全包括系统运行的安全、系统信息的安全保护、系统信息传播后的安全和系统信息内容的安全 4 方面的内容。

9.1.2 网络安全的意义

1988 年,ISO 在有关安全结构的文件中指出,安全的意义是将资产及资源所受威胁的可能性降到最低。就整个网络系统而言,其资产及资源可分成 3 类。

(1)系统资源:包括网络连接的设备,如计算机主机、存储器、终端设备、输入/输出装置及网络接口、传输信道及执行运算的资源等。

(2)数据或信息:包括各种系统程序、应用程序,以及在系统中存储、处理及传输的数据等。

(3)通信双方的依赖关系:包括收、发双方的确认,交换数据的安全性、合法性及完整性。

一般而言,网络系统可能受到的威胁主要包括对硬件设备的威胁、对操作系统的威胁和对网络本身的威胁。除了硬件设备和操作系统安全,网络本身的安全是网络规划、设计、使用和管理的一个重要方面。

由于网络系统分散在各地,所以任何侵害行为的发生极不容易被察觉。网络侵害行为是指在网络上任一处,非法入侵者窃取、篡改、伪造或重新发送网络上传输的数据或故意传输大量无意义的数据,或者利用信息干扰网络的正常传输,甚至使用个人计算机伪装网络上的某一主机,达到破坏别人要求服务的目的。

9.1.3 安全等级与网络安全机制

1. 计算机系统安全等级

1983 年,美国桔皮书公布安全等级,2015 年修订后由低到高分为 4 类 7 级。

D1 级:安全保护欠缺级,计算机安全的最低一级。

C1 级:自主安全保护级,个体权限和隔离。

C2 级:受控存取保护级,注册、审计和隔离。

B1 级:标记安全保护级,数据标记和强制存取。

B2 级:结构化保护级,最小特权原则。

B3 级:安全域级,最小特权原则、审计、记录、报警和恢复。

A1 级:验证设计级,B3 级功能、数学证明。

网络安全机制主要包括以下内容。

(1)认同用户和对等实体鉴别。

(2)存取控制。

(3)数据完整性控制。

(4)加密。

(5)防否认。

(6)集中审计。

(7)系统容错。

(8)防火墙技术。

2. 网络安全法

《中华人民共和国网络安全法》是为保障网络安全,维护网络空间主权和国家安全、社会公共利益,保护公民、法人和其他组织的合法权益,促进经济社会信息化健康发展而制定的法律。

《中华人民共和国网络安全法》由中华人民共和国第十二届全国人民代表大会常务委员会第二十四次会议于 2016 年 11 月 7 日通过,自 2017 年 6 月 1 日起施行。

3. 信息安全等级保护制度

1994 年,中华人民共和国国务院颁布的《中华人民共和国计算机信息系统安全保护条例》规定,计算机信息系统实行安全等级保护,安全等级的划分标准和安全等级保护的具体办法由公安部会同有关部门制定。以该条例及后续的一系列法规为制度基础，我国建立健全了信息安全等级保护制度。

国家市场监督管理总局、国家标准化管理委员会召开新闻发布会，与网络安全等级保护制度 2.0 标准相关的《信息安全技术 网络安全等级保护基本要求》《信息安全技术 网络安全等级保护测评要求》《信息安全技术 网络安全等级保护安全设计技术要求》等国家标准正式发布，并于 2019 年 12 月 1 日开始实施。

9.1.4 加密技术

加密是保护数据免遭攻击的一种主要方法，不但可用于维护数据的隐秘性，而且可用于协助辨识、进行数据完整性保护，以及各种其他安全防护工作。因此，加密机制是最重要的、用得最广泛的方法。

在计算机网络中，加密可分为通信加密（传输过程中的数据加密）和文件加密（存储数据的加密）。其中，通信加密又分为节点加密、链路加密和端-端加密 3 种方式。

1．节点加密

节点加密就是对相邻两节点之间传输的数据进行加密。在这种方式中，加密仅对报文实施，而不对报头加密，以便于传输路由的选择。这种方式易被某种形式的报务分析发觉，破坏者据此可获取与一个给定节点收/发信息有关的统计资料。

2．链路加密

链路加密位于数据链路层，它是对相邻节点之间的链路上传输的数据进行加密，对数据和所有的报头都加密。这种方式能有效地抵抗线路串扰、主动或被动地搭线窃听造成的威胁。

3．端-端加密

端-端加密是对用户之间传送的数据进行连续的保护。这种方式在初始节点上加密，在中间节点上以密文形式传输，仅在目的节点才能解密。但加密时，报头仍为明码形式。这种方式对于防止线路串扰、搭线窃听、把网络中间节点数据转储到不同的主机中是很有效的。另外，对于实行故障修复和网络监控，以及防止复制网络软件和软件泄露等情况也十分有效。由于端-端加密位于表示层，因此，虽然提供了灵活性，但增加了主机的负担。

目前，在网络环境下经常使用的加密算法有对称性算法、非对称性算法和单向函数法。其中，对称性算法是指加密和解密使用同一个密钥；非对称性算法是指加密和解密分别使用不同的密钥；单向函数法是指数据经由该函数转换后，所得结果与原数据不同，且从该结果数据难以推算还原成原来的数据。单向函数法虽然只能进行单向转换，但在安全防护上有特殊的用途。

9.1.5 防火墙技术

防火墙原是建筑物设计用来防止火灾从建筑物的一部分传播到另一部分的。从理论上讲，防火墙服务也有类似目的,它防止网络外的危险(病毒、资源盗用等)传播到自己的网络内部。防火墙主要用于企业内部网与 Internet 之中,有如下多个作用。

(1) 限制人们从一个特别的控制点进入。

(2) 防止非法入侵者接近自己的其他防御设施。

(3) 限定人们从一个特别的点离开。

(4) 有效地阻止非法入侵者对自己的计算机系统进行破坏。

1．防火墙的概念

防火墙是一种将内部网和公众网分开的方法,它实际上是一种隔离技术,是在两个网络通信时执行的一种访问控制手段。它能允许用户"同意"的人和数据进入网络,同时将用户"不同意"的人和数据拒之门外,最大限度地阻止网络中的非法入侵者访问自己的网络,防止他们更改、复制和毁坏自己的重要信息。

2．防火墙的优点和不足

防火墙的优点如下。

(1) 防火墙能强化安全策略。每天都有许多人在 Internet 上收集信息、交换信息,不可避免地会出现违反规则的人。防火墙是为了防止不良现象发生的"交通警察",它执行站点的安全策略,仅容许"认可的"和符合规则的请求通过。

(2) 防火墙能有效地记录 Internet 上的活动。因为所有进出信息都必须通过防火墙,所以防火墙非常适用于收集关于系统和网络使用与误用的信息。作为访问的唯一点,防火墙能在被保护的网络和外部网络之间进行记录。

(3) 防火墙限制暴露用户点。防火墙能够用来隔开网络中的一个网段与另一个网段。这样,能够防止影响一个网段的问题通过整个网络传播。

(4) 防火墙是一个安全问题的检查站。所有进出的信息都必须通过防火墙,防火墙便成为安全问题的检查站,使可疑的访问被拒之门外。

防火墙也有一些不足之处。

(1) 防火墙不能防范恶意的知情者。防火墙可以禁止系统用户经过网络连接发送专有的信息,但用户可以将数据复制到磁盘、磁带上,放在公文包中带出去。如果非法入侵者已经在防火墙内部,则防火墙将无能为力。内部用户偷窃数据,破坏硬件和软件,并且巧妙地修改程序而不接近防火墙。对于来自知情者的威胁,只能要求加强内部管理,如主机安全和用户教育等。

(2) 防火墙不能防范不通过它的连接。防火墙能够有效地防止通过它进行传输的信息,却不能防止不通过它传输的信息。例如,如果站点允许对防火墙后面的内部系统进行拨号访问,那么防火墙绝对没有办法阻止非法入侵者进行拨号入侵。

(3) 防火墙不能防备全部的威胁。防火墙用来防备已知的威胁,如果是一个很好的防火墙设计方案，那么它可以防备新的威胁，但没有一个防火墙能自动防御所有新的威胁。

（4）防火墙不能防范病毒。

3．防火墙的结构

目前，防火墙的结构一般有以下几种。

（1）双重宿主主机体系结构。

双重宿主主机体系结构是围绕具有双重宿主的主机计算机构筑的，该计算机至少有两个网络接口。这样，主机可以充当与这些接口相连的网络之间的路由器，能够从一个网络向另一个网络发送 IP 数据包。然而，实现双重宿主主机的防火墙体系结构禁止这种发送功能。因而，IP 数据包并不是直接从一个网络（如 Internet）发送到其他网络（如内部的被保护的网络）的。防火墙内部的系统能与双重宿主主机通信，但是这些系统不能直接互相通信。它们之间的 IP 通信被完全阻止。

双重宿主主机的防火墙体系结构是相当简单的：双重宿主主机位于两者之间，并且被连接到 Internet 和内部的网络，如图 9-1 所示。

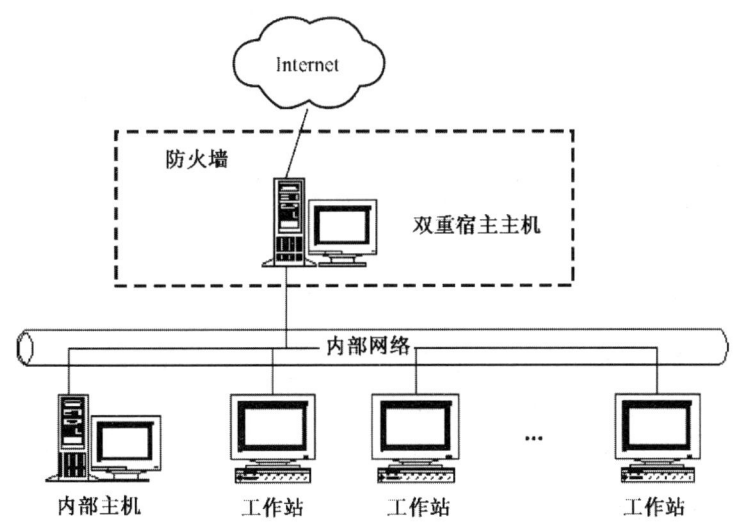

图 9-1　双重宿主主机体系结构

（2）屏蔽主机体系结构。

双重宿主主机体系结构提供来自与多个网络相连的主机的服务（但是路由关闭），而屏蔽主机体系结构使用一个单独的路由器提供来自仅仅与内部网络相连的主机的服务。在这种体系结构中，主要的安全防护功能由数据包过滤提供，如图 9-2 所示。

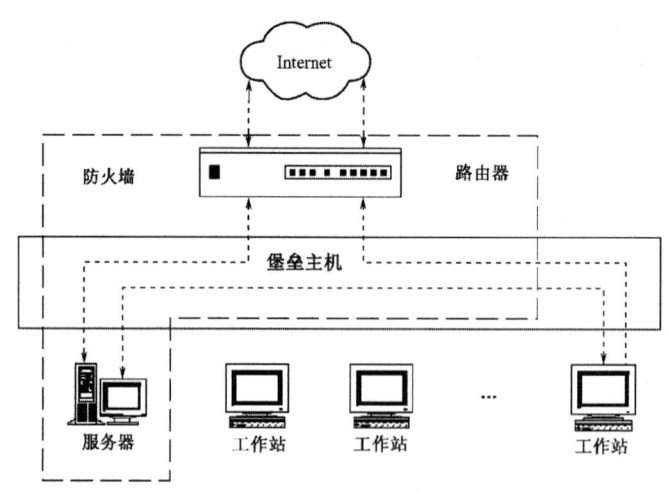

图 9-2 屏蔽主机体系结构

在图 9-2 中，堡垒主机位于内部网络。可以看出，在屏蔽的路由器上的数据包过滤是按这样一种方法设置的：堡垒主机是 Internet 上的主机能连接到内部网络系统的桥梁（如传送进来的电子邮件）。即使这样，也仅有某些确定类型的连接被允许。任何外部的系统试图访问内部的系统或服务，都必须连接到这台堡垒主机上。因此，堡垒主机需要拥有高等级的安全。

数据包过滤也允许堡垒主机开放可允许的连接（可允许的连接将由用户站点的安全策略决定）以连接外部世界。

在屏蔽的路由器上的数据包过滤配置可以按如下操作执行。

① 允许其他内部主机为了某些服务与 Internet 上的主机连接，即允许那些已经由数据包过滤的服务。

② 不允许来自内部主机的所有连接（强迫那些主机经由堡垒主机使用代理服务）。

用户可以针对不同的服务混合使用这些手段；某些服务可以被允许直接经由数据包过滤，而其他服务可以被允许仅仅间接地经过代理，这完全取决于用户实行的安全策略。

（3）屏蔽子网体系结构。

屏蔽子网体系结构添加额外的安全层到被屏蔽主机体系结构中，即通过添加周边网来进一步把内部网络与 Internet 隔离开。

堡垒主机是用户网络上最容易受侵袭的计算机。任凭用户尽最大的努力去保护它，它仍是最有可能被侵袭的计算机，因为它本质上是能够被侵袭的计算机。如果在屏蔽主机体系结构中，用户的内部网络对来自用户的堡垒主机的侵袭门户打开，那么用户的堡垒主机是非常诱人的攻击目标。在它与用户的其他内部计算机之间没有其他的防御手段时（除了它们可能有的主机安全，这通常是非常少见的），如果有人成功地侵入屏蔽主机体系结构中的堡垒主机，就可以毫无阻挡地进入内部系统了。

通过在周边网上隔离堡垒主机，能减小堡垒主机被侵入的影响。可以说，它只给入侵者一些访问的机会，但不是全部。

屏蔽子网体系结构最简单的形式为：两个屏蔽路由器（内部路由器和外部路由器），都连接到周边网，一个位于周边网与内部网络之间；另一个位于周边网与外部网之间（通常为 Internet），如图 9-3 所示。为了侵入用这种类型的体系结构构筑的内部网络，入侵者必须要通过两个屏蔽路由器。

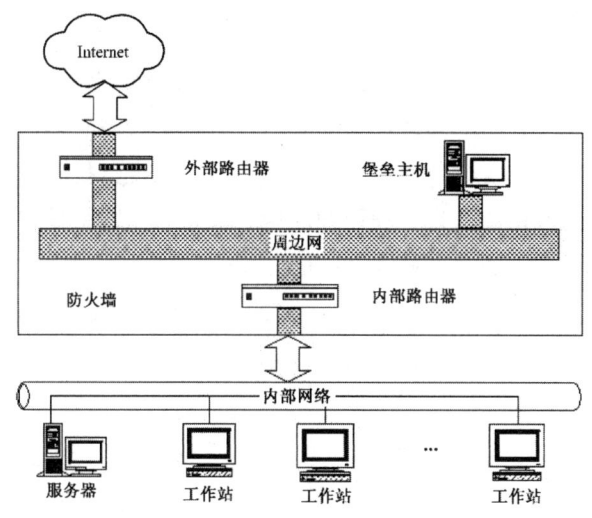

图 9-3　屏蔽子网体系结构

即使入侵者设法侵入了堡垒主机，他将仍然必须通过内部路由器，在这种情况下，整个系统中不存在损害内部网络的单一易受侵袭点。作为入侵者，只是进行一次访问。

4．内部防火墙

前面的论述都假定建立防火墙的目的在于保护内部网络免受外部网的侵扰。但有时为了某些原因，还需要对内部网络的部分站点加以保护，以免其受内部其他站点的侵袭。因此，有时需要在同一结构的两个部分之间，或者在同一内部网络的两个不同组织结构之间再建立防火墙（也称内部防火墙）。因为网络中的每个用户所需的服务和信息经常是不一样的，它们对安全保障的要求也不一样，所以可以将网络组织结构的一部分与其余站点隔离开，如财务部分与其他部分分开、人事档案部与办公管理分开等。

目前，防火墙技术已经引起了人们的注意，随着新技术的发展，混合使用包过滤技术、代理服务技术和其他一些新技术的防火墙正在投入使用。越来越多的客户端和服务器端的应用程序本身就支持代理服务方式。例如，许多 WWW 客户服务软件包就具有代理能力，许多像 SOCKS 这样的软件在运行编译时也支持代理服务。

9.2　网络管理

具有一定规模的网络，如企业网、校园网等都是由诸多局域网集成的，这些网络经常处于不断变化和扩大之中，很容易使网络中的负荷不均匀，导致网络的某些部分因线路过载而性能严重下降。同时,网络出现故障的可能性也随之增大,这给网络的维护工作带来困难。所谓网络管理,就是指用软件手段对网络进行监视和控制,以降低故障发生的概率,一旦故障发生能及时发现,并能采取有效的恢复手段,最终使网络性能达到最优,进而降低网络的维护费用。

9.2.1 网络管理的概念

网络管理是指对网络的运行状态进行检测和控制,并能提供有效、可靠、安全、经济的服务。网络管理应完成两个任务:一是对网络的运行状态进行监测;二是对网络的运行状态进行控制。通过监测可以了解当前网络状态是否正常,是否出现危机和故障;通过控制可以对网络状态进行合理分配,提高网络性能,保证网络应有的服务。监测是控制的前提,控制是监测的结果。因此,网络管理就是对网络的监测和控制。

网络管理软件应具有足够强的功能,以保证能获得最佳的网络性能,它通常具有 5 方面的功能。

9.2.2 配置管理

配置管理包括跟踪并控制资源、获得文件、服务请求、服务协定及软件分布的活动。配置管理的主要目标是维护一个历史的、当前的、建议的网络配置详细记录。根据所处的环境不同,这一详细记录可能包含了配置信息的一个非常大的列表。

例如,网络管理人员可能要跟踪诸如软件许可证、计算机和其他设备的一般性信息或诸如特定硬件修订号、应用及驱动程序版本号、数据库的表及相关的域等详细信息,或者任何对系统管理有用的信息。把网络配置记录在文档里,可以帮助网络管理人员了解网络变化或故障带来的影响。因为所有的网络最终都是要请求服务的,所以一张完全的网络描述图是很关键的。在排除网络故障时,历史记录是非常有用的(特别是错误和维护报告)。

9.2.3 故障管理

故障管理包括所有网络管理人员用来诊断、测试和维修网络故障的产品与过程。它的主要目标是快速定位网络中的故障点(或潜在故障)。使用故障管理可以快速定位和孤立故障(可能在故障影响用户之前),给故障排除和维修任务赋予高优先权,及时以报告的方式回答不可避免的用户问题和请求。

故障管理可以使用硬件、软件及管理过程来提醒故障管理者,并帮助其进行恢复;也可以使用容错或冗余硬件和软件,这样,在故障发生时仍能提供网络服务。常用的故障管理工具有网络管理系统、协议分析器、电缆测试仪、冗余系统、数据档案和备份设备等。

9.2.4 性能管理

性能管理包括收集和解释周期性的性能指示的度量、验明瓶颈、估计趋势、对未来网络性能进行预测。性能管理指标通常包括网络响应时间、吞吐量、费用和网络负载。

对于性能管理，通过使用监视器（硬件和软件），能够给出一定性能指示的直方图。利用这一信息预测将来对硬件和软件的需求，验明潜在的需要改善的区域及网络故障。

9.2.5 记账管理

记账管理包括收集和解释网络费用信息。可以利用这一信息摊派费用或为改善工作做计划。通过记账管理，还可以了解网络的真实用途，定义它的能力和制定政策，使网络更有效。

9.2.6 安全管理

安全管理能保护自己的数据和设备，防止来自内部的与外部涉及硬件、软件和过程的危险，可防止如下情况的发生。

（1）不适当地从内部或外部访问公司的信息。

（2）对数据的窃取，或者滥用计算机或网络设备。

安全管理包括如下几个任务。

（1）验明安全性危险及它们的后果。

（2）实现网络安全结构设计。

（3）管理用户组和口令。

（4）使用网络监视设备，记录使用情况，报告越权或提供对高危险行为的警报。

作为一个网络管理人员或程序员，应该意识到潜在的危险，并用一定的方法减少这些危险的发生。

9.2.7 简单网络管理协议

国际上的网络协议有很多，除专门的标准化组织制定了一些协议外，一些网络发展比较早的机构和厂家，如 IBM 公司、Internet 组织机构和 DEC 公司，也制定了一些应用在各自网络上的管理协议。其中，较著名的和应用较广泛的是 Internet 组织机构的简单网络管理协议（SNMP）。

1．SNMP 的概念

SNMP 的体系结构是从早期的简单网关监控协议（SGMP）发展而来的，是 Internet 组织机构用来管理采用 TCP/IP 协议的互联网和以太网的。SNMP 的两个最显著的特点是：①虽然 SNMP 是为在 TCP/IP 之上使用而开发的，但它的监测和控制活动是独立于 TCP/IP 的；②SNMP 只需 TCP/IP 提供无链接的数据报传输服务即可。

因此，SNMP 很容易应用到其他网络上去。

2．SNMP 的目标

SNMP 的目标是管理 Internet 中众多厂家生产的软件、硬件平台，它提供了 5 类管理操作。

（1）get 操作：用于提取特定的网络管理信息。

（2）get-next 操作：通过遍历活动来提供强大的管理信息提取能力。

（3）set 操作：用来对管理信息进行控制。

（4）get response 操作：用来响应 get、get-next 及 set 操作，返回它们的操作结果。

（5）trap（陷阱）操作；用来报告重要事件。

SNMP 的体系结构是围绕以下 4 个概念和目标进行设计的。

（1）保持管理代理的软件成本尽可能低。

（2）最大限度地保持远程管理的功能，以便充分利用 Internet 的网络资源。

（3）体系结构必须能在将来需要时有扩充的余地。

（4）保持 SNMP 的独立性，不依赖于具体的计算机、网关和网络传输协议。

3．SNMP 的基本组成

SNMP 管理模型中有 3 个基本组成部分：管理代理（Agent）、管理进程（Manager）和管理信息库（MIB）。

（1）管理代理（Agent）。

管理代理是一种软件，在被管理的网络设备中运行，负责执行管理进程的管理操作。管理代理直接操作本地管理信息库（MIB），如果管理进程需要，它可以根据要求改变本地管理信息库或提取数据并传回管理进程。

每个管理代理都拥有自己的本地管理信息库，一个管理代理管理的本地管理信息库不一定具有 Internet 定义的信息库的全部内容，而只需包括与本地设备或设施有关的管理对象即可。管理代理具有以下两个基本管理功能。

① 从管理信息库中读取各种变量值。

② 在管理信息库中修改各种变量值。

这里的变量也就是管理对象。

（2）管理进程（Manager）。

管理进程是一个或一组软件程序，一般运行在网络管理站（或网络管理中心）的主机上，可以在 SNMP 的支持下命令管理代理执行各种管理操作。

管理进程完成各种网络管理功能，通过各设备中的管理代理对网络内的各种设备、设施和资源实施监测与控制。另外，操作人员还通过管理进程对全网进行管理。因而，管理进程也经常配有图形用户接口，以容易操作的方式显示各种网络信息，如给出网络中各管理代理的配置图等。有时管理进程也会对各管理代理中的数据进行集中存档，以备事后分析。

（3）管理信息库（MIB）。

管理信息库是一个概念上的数据库，由管理对象组成，每个管理代理管理库中属于本地的管理对象，各管理代理控制的管理对象共同构成全网的管理信息库。

管理信息库的结构必须符合使用 TCP/IP 的 Internet 的管理信息结构（SMI）。这个 SMI 实际上是参照 OSI-RM 的管理信息结构制定的。尽管两个 SMI 基本一致，但 SNMP 和 OSI-RM 的管理信息库中定义的管理对象并不相同。Internet 的 SMI 和相应的管理信息库是独立于具体的管理协议（包括 SNMP）的。

思考与练习

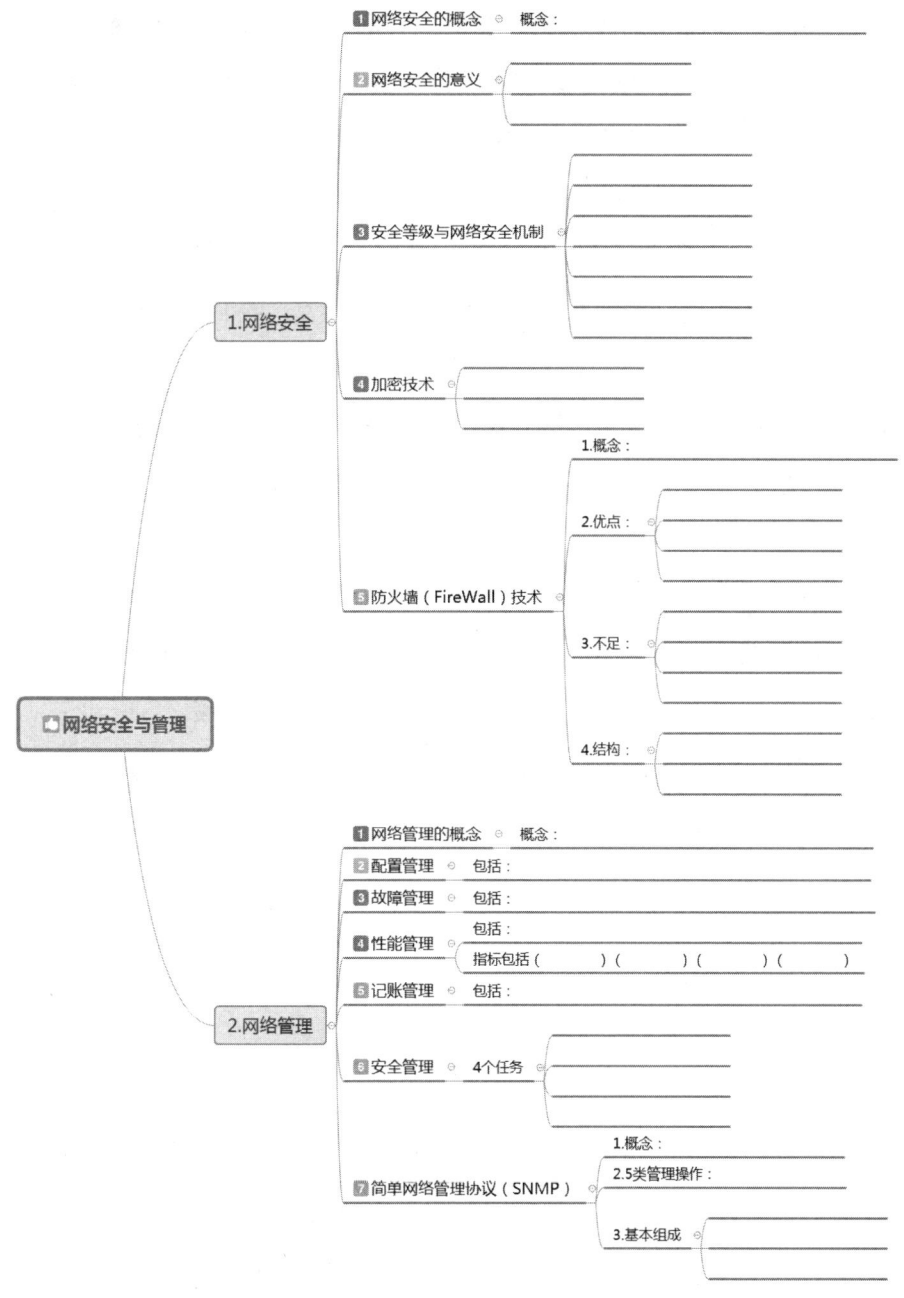

参考文献

[1] 谢希仁. 计算机网络[M]. 7版. 北京：电子工业出版社，2017.

[2] 李志球. 计算机网络基础[M]. 5版. 北京：电子工业出版社，2020.

[3] 杨心强，张国友. 数据通信与计算机网络[M]. 5版. 北京：电子工业出版社，2018.

[4] 谢雨飞，田启川. 计算机网络与通信基础[M]. 北京：清华大学出版社，2019.

[5] （美）特南鲍姆，（美）韦瑟罗尔. 计算机网络[M]. 5版. 严伟，潘爱民. 译. 北京：清华大学出版社，2012.

[6] 邢彦辰. 数据通信与计算机网络[M]. 3版. 北京：人民邮电出版社，2020.

[7] 雷震甲，严体华，景为. 网络工程师教程[M]. 5版. 北京：清华大学出版社，2018.

[8] 尚晓航. 计算机网络技术基础[M]. 2版. 北京：高等教育出版社，2004.

[9] 孟敬. 计算机网络基础与应用微课版[M]. 北京：人民邮电出版社，2021.

[10] FOROUZAN B A. 数据通信与网络[M]. 2版. 吴时霖，周正康，吴永辉，等. 译. 北京：机械工业出版社，2002.

[11] 华为技术有限公司. HCNA网络技术学习指南[M]. 北京：人民邮电出版社，2015.

[12] 杜煜，姚鸿. 计算机网络基础[M]. 3版. 北京：人民邮电出版社，2014.

[13] 张曾科，阳宪惠. 计算机网络[M]. 北京：清华大学出版社，2006.

[14] 陶智华. 计算机网络习题集与习题解析[M]. 北京：清华大学出版社，2006.

反侵权盗版声明

电子工业出版社依法对本作品享有专有出版权。任何未经权利人书面许可，复制、销售或通过信息网络传播本作品的行为；歪曲、篡改、剽窃本作品的行为，均违反《中华人民共和国著作权法》，其行为人应承担相应的民事责任和行政责任，构成犯罪的，将被依法追究刑事责任。

为了维护市场秩序，保护权利人的合法权益，我社将依法查处和打击侵权盗版的单位和个人。欢迎社会各界人士积极举报侵权盗版行为，本社将奖励举报有功人员，并保证举报人的信息不被泄露。

举报电话：（010）88254396；（010）88258888
传　　真：（010）88254397
E-mail：dbqq@phei.com.cn
通信地址：北京市万寿路173信箱
　　　　　电子工业出版社总编办公室
邮　　编：100036